面向数字化时代高等学校计算机系列教材

C++程序设计及项目实践
微课视频版

李小斌 祝义 编著

清华大学出版社
北京

内 容 简 介

本书结合产教融合、实例驱动和以生为本的教学理念,理论部分循序渐进,实践部分学以致用,由作者总结20多年一线教学与软件开发经验撰写而成。

全书共17章,分为4部分。第1部分(第1~9章)为C++面向过程程序设计,包括基础概念、表达式、三种流程、函数、数组、自定义类型、指针及引用等。第2部分(第10~13章)为C++面向对象程序设计,包括类和对象、继承、多态及运算符重载等。第3部分(第14~16章)为C++进阶部分,包括文件、异常、命名空间、预处理器、匿名函数、字符串、正则表达式、标准模板库等。第4部分(第17章)为C++项目开发实践,包括C++基础综合项目、图形用户界面项目、数据库项目、网络通信项目和游戏开发项目5个案例。

本书可作为高等院校计算机类相关专业"C++程序设计"课程的教材,也可作为对编程竞赛、软件开发感兴趣的读者的自学读物,并可作为相关行业技术人员的参考用书。

版权所有,侵权必究。举报: 010-62782989, beiqinquan@tup.tsinghua.edu.cn。

图书在版编目(CIP)数据

C++程序设计及项目实践:微课视频版 / 李小斌,祝义编著. -- 北京:清华大学出版社,2025.3.
(面向数字化时代高等学校计算机系列教材). -- ISBN 978-7-302-68801-3

Ⅰ. TP312.8

中国国家版本馆 CIP 数据核字第 2025WQ6034 号

策划编辑: 魏江江
责任编辑: 葛鹏程 薛 阳
封面设计: 刘 键
责任校对: 胡伟民
责任印制: 刘海龙

出版发行: 清华大学出版社
    网 址: https://www.tup.com.cn,https://www.wqxuetang.com
    地 址: 北京清华大学学研大厦A座 **邮 编:** 100084
    社 总 机: 010-83470000 **邮 购:** 010-62786544
    投稿与读者服务: 010-62776969, c-service@tup.tsinghua.edu.cn
    质量反馈: 010-62772015, zhiliang@tup.tsinghua.edu.cn
    课件下载: https://www.tup.com.cn,010-83470236
印 装 者: 三河市龙大印装有限公司
经 销: 全国新华书店
开 本: 185mm×260mm **印 张:** 23.25 **字 数:** 572千字
版 次: 2025年5月第1版 **印 次:** 2025年5月第1次印刷
印 数: 1~1500
定 价: 69.80元

产品编号: 109483-01

前言

党的二十大报告指出：教育、科技、人才是全面建设社会主义现代化国家的基础性、战略性支撑。必须坚持科技是第一生产力、人才是第一资源、创新是第一动力，深入实施科教兴国战略、人才强国战略、创新驱动发展战略，这三大战略共同服务于创新型国家的建设。高等教育与经济社会发展紧密相连，对促进就业创业、助力经济社会发展、增进人民福祉具有重要意义。

本书结合课程思想要求和产教融合需求，遵循实例驱动和以生为本的教学理念，以培养具备创新精神和实践能力的高素质编程人才。本书强调实践应用，鼓励创新思维，同时注重培养学生的编程素养和终身学习能力，期待本书能成为读者学习C++程序设计的得力助手。本书主要特点如下。

（1）课程思想的融入。教育的核心在于培养德才兼备的人才。本书将思想教育与C++程序设计教学相结合，通过程序设计的理论、案例、操作、方法的讨论，培养读者的科学创新精神。

（2）产教融合的实践。为了使学习内容与社会需求匹配，本书特别强调产教融合。作者与IT企业合作，分析企业的常用核心技术，简化并设计实用的项目案例，并通过细分步骤确保读者得以成功实现相关实践项目。

（3）实例驱动的教学。程序实例是理解复杂编程概念的有效途径。本教材采用实例驱动的教学方法，在理论讲解过后及时通过具体的编程实例引导读者理解C++的语言理论，帮助读者在编写、调试和优化代码的过程中深化对C++语言特性的理解。

（4）以生为本理念的贯彻。本书适合零基础的读者学习，覆盖面向过程、面向对象、标准模板库、项目实践等方面的知识要领，内容由浅入深、循序渐进。

为便于教学，本书提供丰富的配套资源，包括教学课件、电子教案、教学大纲、实验指导、程序源码、习题答案和微课视频。

> **资源下载提示**
> **数据文件**：扫描目录上方的二维码下载。
> **微课视频**：扫描封底的文泉云盘防盗码，再扫描书中相应章节的视频讲解二维码，可以在线学习。

  本书编写过程中参考和引用了许多书籍、文献、网络博客、论坛中的技术资料，在此一并对文献作者表示衷心感谢。同时感谢李纯、钱嘉颖、冯宇彤、周文艳、周园缘、葛旭妍等同学在本书编写过程中所提供的支持和帮助。

  由于作者水平有限，书中可能存在一些疏忽或错误，敬请读者不吝指正。让我们共同努力，提高程序设计水平，开发更多更好的软件，为建设伟大祖国贡献自己的力量。

作 者

2025 年 3 月

目 录

资源下载

第1章 概述 ……………………………………………………………… 1
  1.1 C++语言 …………………………………………………………… 2
  1.2 开发工具 …………………………………………………………… 2
  1.3 第一个 C++程序 …………………………………………………… 5
  1.4 开发流程 …………………………………………………………… 7
  1.5 本章小结 …………………………………………………………… 8
  习题 1 ………………………………………………………………… 8

第2章 常量、变量及表达式 …………………………………………… 9
  2.1 常量 ………………………………………………………………… 10
    2.1.1 常量基础 …………………………………………………… 10
    2.1.2 常量的多种形式 …………………………………………… 11
  2.2 变量及数据类型 …………………………………………………… 12
    2.2.1 变量 ………………………………………………………… 12
    2.2.2 标识符 ……………………………………………………… 14
    2.2.3 基本输入输出 ……………………………………………… 14
    2.2.4 数据类型 …………………………………………………… 16
    2.2.5 符号常量与命名常量 ……………………………………… 20
  2.3 运算符及表达式 …………………………………………………… 21
    2.3.1 赋值运算符 ………………………………………………… 21
    2.3.2 算术运算符 ………………………………………………… 22
    2.3.3 自增自减运算符 …………………………………………… 24
    2.3.4 关系运算符 ………………………………………………… 26
    2.3.5 逻辑运算符 ………………………………………………… 27
    2.3.6 位运算符 …………………………………………………… 30
    2.3.7 类型转换运算符 …………………………………………… 32
    2.3.8 复合赋值运算符 …………………………………………… 35
    2.3.9 逗号运算符 ………………………………………………… 37

　　　　2.3.10 运算符的优先级 …………………………………………………………… 37
　2.4 本章小结 …………………………………………………………………………… 38
　习题 2 ………………………………………………………………………………………… 38

第 3 章 顺序结构 …………………………………………………………………………… 40
　3.1 程序语句 …………………………………………………………………………… 41
　3.2 三种执行流程 ……………………………………………………………………… 42
　3.3 顺序结构 …………………………………………………………………………… 43
　3.4 应用 📹 …………………………………………………………………………… 44
　3.5 本章小结 …………………………………………………………………………… 47
　习题 3 ………………………………………………………………………………………… 47

第 4 章 选择结构 …………………………………………………………………………… 48
　4.1 if 语句 ……………………………………………………………………………… 49
　4.2 if-else 语句 ………………………………………………………………………… 50
　4.3 if 语句的嵌套 ……………………………………………………………………… 51
　4.4 条件运算符 ………………………………………………………………………… 55
　4.5 switch ……………………………………………………………………………… 57
　4.6 应用 📹 …………………………………………………………………………… 60
　4.7 本章小结 …………………………………………………………………………… 63
　习题 4 ………………………………………………………………………………………… 63

第 5 章 循环结构 …………………………………………………………………………… 65
　5.1 while 语句 ………………………………………………………………………… 66
　5.2 do-while 语句 ……………………………………………………………………… 69
　5.3 for 语句 …………………………………………………………………………… 70
　5.4 嵌套 ………………………………………………………………………………… 71
　　　　5.4.1 嵌套选择 ……………………………………………………………………… 71
　　　　5.4.2 嵌套循环 ……………………………………………………………………… 72
　5.5 break 语句 ………………………………………………………………………… 73
　5.6 continue 语句 ……………………………………………………………………… 75
　5.7 应用 📹 …………………………………………………………………………… 76
　5.8 本章小结 …………………………………………………………………………… 80
　习题 5 ………………………………………………………………………………………… 80

第 6 章 函数 ………………………………………………………………………………… 82
　6.1 定义及调用函数 …………………………………………………………………… 83
　　　　6.1.1 无参函数 ……………………………………………………………………… 83
　　　　6.1.2 有参函数 ……………………………………………………………………… 85
　　　　6.1.3 参数按值单向传递 …………………………………………………………… 88
　　　　6.1.4 函数提前声明 ………………………………………………………………… 89
　　　　6.1.5 变量作用域 …………………………………………………………………… 90

6.2 递归函数 …… 92
6.2.1 可用数学公式描述的问题 …… 93
6.2.2 不可用数学公式描述的问题 …… 94
6.3 重载函数 …… 96
6.4 函数模板 …… 98
6.5 参数默认值 …… 99
6.6 内联函数 …… 101
6.7 多文件项目 …… 102
6.8 标准库函数 …… 104
6.8.1 数学函数 …… 104
6.8.2 输入输出及格式控制函数 …… 105
6.9 应用 …… 110
6.10 本章小结 …… 113
习题 6 …… 113

第 7 章 数组 …… 114
7.1 一维数组 …… 115
7.1.1 定义数组 …… 115
7.1.2 数组初始化 …… 115
7.1.3 基于位置的数组元素访问 …… 116
7.1.4 基于值的数组元素访问 …… 117
7.2 二维数组 …… 118
7.2.1 定义数组 …… 119
7.2.2 数组初始化 …… 119
7.2.3 数组元素的访问 …… 121
7.3 高维数组 …… 122
7.4 函数中的数组 …… 123
7.4.1 元素值作为参数 …… 123
7.4.2 数组名作为参数 …… 124
7.5 字符数组 …… 126
7.5.1 定义及使用 …… 126
7.5.2 字符串 …… 128
7.5.3 字符串处理标准函数 …… 129
7.6 应用 …… 132
7.7 本章小结 …… 137
习题 7 …… 138

第 8 章 自定义类型 …… 139
8.1 结构体 …… 140
8.1.1 结构体类型定义 …… 140

  8.1.2 结构体变量的定义 …………………………………………………… 141
  8.1.3 结构体变量的初始化 ………………………………………………… 142
  8.1.4 读写结构体变量 ……………………………………………………… 143
  8.1.5 函数中的结构体 ……………………………………………………… 144
  8.1.6 结构体数组 …………………………………………………………… 147
 8.2 联合体 …………………………………………………………………………… 148
 8.3 枚举 ……………………………………………………………………………… 150
 8.4 类型别名 ………………………………………………………………………… 152
  8.4.1 #define ……………………………………………………………… 152
  8.4.2 typedef ……………………………………………………………… 153
  8.4.3 using ………………………………………………………………… 154
 8.5 应用 ……………………………………………………………………………… 155
 8.6 本章小结 ………………………………………………………………………… 161
习题 8 ………………………………………………………………………………………… 161

第9章 指针及引用 …………………………………………………………………… 162

 9.1 指针基础 ………………………………………………………………………… 163
  9.1.1 内存地址及指针 ……………………………………………………… 163
  9.1.2 指针变量的定义 ……………………………………………………… 164
  9.1.3 指针变量的使用 ……………………………………………………… 165
  9.1.4 void 指针 ……………………………………………………………… 166
  9.1.5 NULL 指针 …………………………………………………………… 167
  9.1.6 指向指针的指针 ……………………………………………………… 168
 9.2 指针与数组 ……………………………………………………………………… 169
  9.2.1 数组指针 ……………………………………………………………… 169
  9.2.2 指针数组 ……………………………………………………………… 170
  9.2.3 字符指针 ……………………………………………………………… 171
 9.3 内存动态分配 …………………………………………………………………… 172
  9.3.1 基础类型内存动态分配 ……………………………………………… 172
  9.3.2 可变长数组动态分配 ………………………………………………… 173
  9.3.3 结构体类型内存动态分配 …………………………………………… 174
 9.4 指针与函数 ……………………………………………………………………… 176
  9.4.1 指针作为函数参数 …………………………………………………… 176
  9.4.2 指针作为函数返回值 ………………………………………………… 178
  9.4.3 函数指针 ……………………………………………………………… 179
 9.5 单向链表 ………………………………………………………………………… 180
 9.6 引用 ……………………………………………………………………………… 182
  9.6.1 引用的声明及使用 …………………………………………………… 183
  9.6.2 引用作为函数参数 …………………………………………………… 183
  9.6.3 引用作为函数返回值 ………………………………………………… 185

9.7 const 对指针及引用的写保护 ·· 185
    9.7.1 保护指针及指针指向值 ·· 185
    9.7.2 保护引用 ·· 187
9.8 应用 ·· 188
9.9 本章小结 ·· 194
习题 9 ·· 194

第 10 章 类和对象 ·· 196

10.1 初步了解 ·· 197
10.2 类声明 ·· 198
    10.2.1 声明形式 ·· 198
    10.2.2 成员函数 ·· 200
10.3 对象 ·· 202
    10.3.1 对象的定义 ·· 202
    10.3.2 对象指针 ·· 204
    10.3.3 对象引用 ·· 206
    10.3.4 对象数组 ·· 207
10.4 构造函数 ·· 209
    10.4.1 一般构造函数 ·· 210
    10.4.2 复制构造函数 ·· 212
10.5 析构函数 ·· 215
10.6 this 指针 ·· 219
10.7 静态成员 ·· 220
    10.7.1 静态成员数据 ·· 220
    10.7.2 静态成员函数 ·· 222
10.8 const 对类及对象的保护 ·· 223
10.9 类模板 ·· 224
10.10 友元 ·· 226
    10.10.1 友元函数 ·· 226
    10.10.2 友元成员函数 ·· 227
    10.10.3 友元类 ·· 229
10.11 本章小结 ·· 230
习题 10 ·· 231

第 11 章 继承 ·· 232

11.1 单继承 ·· 233
    11.1.1 基础 ·· 233
    11.1.2 访问属性 ·· 234
    11.1.3 构造函数 ·· 237
    11.1.4 析构函数 ·· 239

11.2 多继承 240
    11.2.1 基础 241
    11.2.2 二义性 243
    11.2.3 虚继承及虚基类 245
11.3 本章小结 247
习题 11 248

第 12 章 多态

12.1 基类派生类对象赋值 251
12.2 虚函数 252
12.3 纯虚函数 255
12.4 虚析构函数 257
12.5 本章小结 259
习题 12 260

第 13 章 运算符重载

13.1 实现基础 262
    13.1.1 示例：成员函数实现 262
    13.1.2 示例：友元函数实现 263
13.2 双目运算符重载 265
13.3 关系运算符重载 266
13.4 单目运算符重载 267
13.5 赋值运算符重载 270
13.6 new 与 delete 运算符重载 271
13.7 特殊运算符重载 274
    13.7.1 函数调用运算符重载 274
    13.7.2 成员访问运算符重载 275
    13.7.3 下标访问运算符重载 276
13.8 类类型转换 277
    13.8.1 转换构造函数：其他类型向类转换 277
    13.8.2 类型转换函数：类向其他类型转换 278
13.9 输入输出运算符重载 279
13.10 本章小结 281
习题 13 282

第 14 章 文件

14.1 文本文件 285
    14.1.1 写文本文件 285
    14.1.2 读文本文件 286
14.2 二进制文件 287
    14.2.1 写二进制文件 288

14.2.2　读二进制文件 ………………………… 289
　14.3　文件随机访问 ………………………………… 290
　　　14.3.1　随机访问文本文件 ………………… 291
　　　14.3.2　随机访问二进制文件 ……………… 292
　14.4　应用 …………………………………………… 293
　14.5　本章小结 ……………………………………… 300
　习题 14 ……………………………………………… 300

第 15 章　C++进阶 …………………………………… 301
　15.1　异常处理 ……………………………………… 302
　　　15.1.1　处理框架 ……………………………… 302
　　　15.1.2　标准异常类 …………………………… 304
　　　15.1.3　自定义异常类 ………………………… 306
　15.2　命名空间 ……………………………………… 308
　　　15.2.1　单文件单命名空间 …………………… 308
　　　15.2.2　单文件多命名空间 …………………… 310
　　　15.2.3　多文件单命名空间 …………………… 312
　　　15.2.4　多文件多命名空间 …………………… 313
　15.3　预处理器 ……………………………………… 315
　　　15.3.1　预处理器指令 ………………………… 315
　　　15.3.2　预处理运算符♯和♯♯ ……………… 318
　　　15.3.3　预定义的预处理器宏 ………………… 319
　15.4　匿名函数 ……………………………………… 320
　　　15.4.1　基础使用 ……………………………… 320
　　　15.4.2　mutable 特性 ………………………… 323
　15.5　字符串 string 类 …………………………… 324
　15.6　正则表达式 …………………………………… 334
　　　15.6.1　基础 …………………………………… 334
　　　15.6.2　算法 …………………………………… 335
　　　15.6.3　迭代器 ………………………………… 339
　15.7　本章小结 ……………………………………… 342
　习题 15 ……………………………………………… 342

第 16 章　标准模板库 ………………………………… 344
　习题 16 ……………………………………………… 345

第 17 章　项目实践 …………………………………… 346

附录 A　ASCII 表 …………………………………… 347
附录 B　数的进制 …………………………………… 349
附录 C　转义字符表 ………………………………… 350

附录D　C++关键字 ………………………………………………………… 351
附录E　二进制编码 ………………………………………………………… 353
附录F　浮点数存储格式 …………………………………………………… 354
附录G　运算符优先级 ……………………………………………………… 356
附录H　常用数学函数 ……………………………………………………… 357
附录I　正则表达式字符 …………………………………………………… 359
参考文献 ……………………………………………………………………… 360

第1章 概　述

CHAPTER 1

　　C++是一种高效、功能强大的编程语言,支持过程化编程、面向对象编程以及泛型编程。它由 Bjarne Stroustrup 在 20 世纪 80 年代开发,是 C 语言的扩展。C++广泛用于系统/应用软件、游戏开发、实时系统、嵌入式系统等领域。主要特性包括类、继承、多态、模板、异常处理以及对低级别内存操作的控制。

1.1　C++语言

现代计算机自从诞生以来,经过多年的发展,已经广泛应用于人类生活的几乎所有领域。在计算机发展过程中,软件越来越重要,计算机软硬件相互之间发生着影响,相互促进。为了设计计算机软件,人们设计了计算机程序设计语言,早期的程序设计语言如机器语言和汇编语言等,比较贴近计算机的硬件指令,称为低级语言,这种语言学习起来难度较大。因此后来人们又设计了许多更贴近人类思维理解的程序设计语言,比如 FORTRAN、BASIC、ALGOAL、PASCAL、COBOL、ADA、C、C++、Java 等,这些语言也被称为高级语言。

C 语言是 1972 年由贝尔实验室的 D. M. Ritchie 研发成功的,后来被不断改进,并用于开发在几乎所有种类的硬件平台计算机上的软件,软件领域涵盖系统软件和应用软件,深受计算机专业人员的喜爱。C++是贝尔实验室的 Bjarne Stroustrup 及其同事于 1980 在 C 语言的基础上进行开发的,该语言兼具 C 语言的优点和面向对象的优点。1998 年国际标准化组织(ISO)开始建立 C++国际标准,当年的版本为 C++ 98,经过多年的演化,C++的标准目前已经演化到了 C++ 20,每一代标准中都会新增许多新的特性。

尽管现在市面上流行着众多的程序设计语言,但作为多年一直持续发展的 C++语言,结合作者的开发经验,可以简要地总结其一些显著优点(远不止这些)如下。

(1) **运行效率高**。C++是编译型的程序设计语言,其代码最终将会编译成本地处理器直接执行的机器码,不只是解释执行或者是转换成中间代码,可以充分利用 CPU 的硬件执行能力,因此许多特别强调速度和性能的软件,比如系统软件、游戏软件、算法软件包很多都使用 C++开发。

(2) **支持大型软件开发能力强**。由于 C++支持面向对象程序的设计,可以运用面向对象软件设计的思想和众多软件工具及分析、设计和测试系统,因此系统的开发效率大幅度提高。

(3) **易移植性**。由于 C++受到国际标准的规范,因此不同硬件和操作系统下的 C++程序很容易彼此迁移,这降低了跨平台的软件开发成本,从技术和成本上均有利于软件的移植。

(4) **硬件支持能力强**。C++提供了对底层硬件系统的直接访问能力,因此在单片机、嵌入式、驱动程序、游戏开发等相关领域中,C++往往是首选。

1.2　开发工具

用 C++语言书写的程序只有经过编译器的完整编译连接生成在操作系统上的可执行代码才能最终运行。

编译器是一种计算机程序,用于将高级程序语言(如 C++等)编写的源代码转换为计算机能够运行的可执行程序。编译器通常由多个组件组成,包括词法分析器、语法分析器、语义分析器、代码生成器等。

C++的编译器有很多: GNU 的开源 GCC,微软的 MSVC,英特尔的 Intel C++等。不过对于软件开发人员而言,更喜欢使用 IDE(集成开发环境)来编写代码,因为 IDE 将代码的编写、编译、调试等功能集成在一起,同时还提供了更多的提高工作效率的辅助工具。这些C++的IDE包括微软的Visual C++(现在一般都包含在商用的Visual Studio软件包中,可以选装,也有免费的Express版本和Community版)、CodeBlocks、Dev C++等,CodeBlocks和Dev C++都是免费开源的IDE。这里分别介绍如何使用CodeBlocks、Dev C++以及Visual C++ Express开始编写程序。

(1) 开始使用CodeBlocks编译器,具体操作如下。

① 打开CodeBlocks,选择主菜单File→New→Project→Console application。后面就是选择程序语言C++,选择项目路径(项目路径尽量不要有空格和非英文的符号等,以防止影响程序调试),填入项目名称(尽量用无空格的英文或数字符号)等信息。最后在项目中就产生了一个默认的cpp文件,打开后就是默认的编辑界面(见图1.1)。

图 1.1 CodeBlocks 初始编辑界面

② 编辑保存好代码之后,按下F9键或者选择主菜单Build→Build and Run,程序将会编译和运行,若没有问题会在控制台(console)界面上出现运行结果(见图1.2)。

(2) 开始使用Dev C++编译器,具体操作如下。

① 选择菜单"文件"→"新建"→"项目"→"basic 面板"→console application。项目产生了一个默认的cpp文件,打开后就是默认的编辑界面(见图1.3)。

② 这里的main()函数可以去掉括号里面的参数,也可以保留,在该函数内容内部书写代码即可,输入保存好文件后,选择菜单"运行"→"编译运行"(或者直接按下F11键),程序即可正常编译,若没有问题会在控制台界面上出现运行结果。

(3) 开始使用Visual C++ Express 2010编译器的具体操作如下。

① 选择菜单"文件"→"新建"→"项目"→"win32控制台应用程序",在后续应用程序设置的时候,取消选择预编译头。项目产生了一个默认的cpp文件,打开后就是默认的编辑界面(见图1.4)。

② 为了学习阶段可以直接复制使用本书的示例代码,可以将上述界面上的_tmain()函

图 1.2 CodeBlocks 运行输出结果

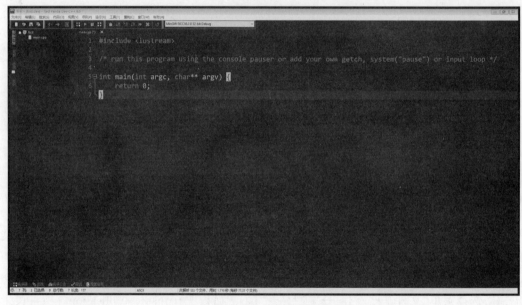

图 1.3 Dev C++ 初始编辑界面

数删除掉(_tmain()函数是 main()函数为了支持 unicode 所使用的 main()函数的别名；unicode 统一码是为了解决传统的字符编码方案的局限而产生的,它为每种语言中的每个字符设定了统一并且唯一的二进制编码,以满足跨语言、跨平台进行文本转换、处理的要求),其他就按照标准 C++范例的函数输入代码,输入保存好文件后,选择菜单"调试"→"启动调试"(或直接按下 F7 键),程序即可正常编译,若没有问题会在控制台界面上出现运行结果。

说明：

（1）程序中的菜单一般情况是英文,如果安装了中文软件包,菜单则显示为中文。只要知道基本的中英文对应术语,对于各菜单的使用很快就能熟练。

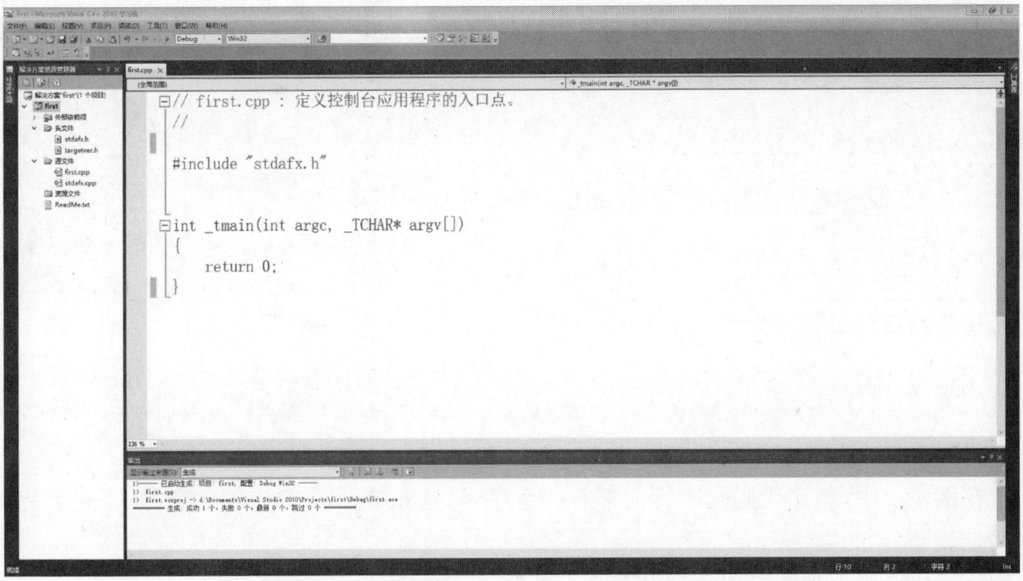

图 1.4　Visual C++ 2010 Express 初始编辑界面

（2）如果编写的程序一闪而过（比如在 Visual C++环境下），不能暂停观察程序的运行结果，可以在程序末尾 return 0 之前加上 system("pause");语句，或其他等待输入的语句，方便程序处于暂停状态。

（3）由于很多编程竞赛平台后台系统选用的是 GCC 的编译器，参赛的 IDE 会推荐 CodeBlocks 或 Dev C++编译器，用其他编译器可能会出现代码可以提交但不能正确编译运行的情况。

（4）如果要在 Windows 下开发功能强大的软件，使用微软基础类库（MFC）支持的 Visual C++编译器比较方便。若想开发跨操作系统平台的应用软件，可以采用 CodeBlocks、Dev C++搭配 wxWidgets 类库的方案来开发。

1.3　第一个 C++程序

视频讲解

程序可以理解为人编写的一篇完整的文章，用于描述求解问题的具体过程，这篇文章经过计算机翻译后变成了计算机能够执行的指令序列。当然，这篇文章不能直接用我们人类的自然语言来书写，因为计算机目前还理解不了，因此我们必须通过人类特意针对计算机设计的语言来编写，之前阐述的各类低级语言和高级语言都是各种可供人类来编写程序而设计出来的。

下面介绍一个简单的 C++程序，可以在 IDE 编译器的编辑界面中输入该代码，经过编译、连接、运行过程，最终输出程序的运行结果。

【例 1.1】　输出一行字符串：Hello World！。
程序代码：

01　#include＜iostream＞
02　using namespace std;

```
03  /*
04  作者:李小斌
05  功能:输出字符串
06  */
07  int main()
08  {
09      cout << "Hello World!"<< endl;  //输出 Hello world!
10      return 0;
11  }
```

运行结果:

Hello World!

代码分析:

在例1.1中,程序代码每一行前都有数字序号,这是表示程序代码的行号,不是程序的一部分。

该程序宏观上理解可以分成几个部分:头部、注释、main()函数、语句。

(1) **头部**。代码第1行为编译预处理指令,不是C++的语句,作用是告知编译器在编译过程中需要将输入输出头文件(iostream)中的内容包含到当前代码中,与后续程序代码进行整体编译。代码之所以需要包含(include)该文件是因为后面程序中用到了输出功能(输出流对象 cout)。

代码第2行表示使用名字空间std,因为后面程序中用到的cout输出流对象是在名字空间std中声明的。

若代码中删除掉第1行或第2行代码,程序编译时将会出现诸如cout没有声明的错误。若只是没有第1行代码,也可以在使用cout以及endl的时候,在它们之前加上"std::"来进行限制,相当于指明了cout和endl是从属于命名空间std。

(2) **注释**。该程序中第3~6行之间用/* … */包含的文字为C++中的多行注释,所谓注释,就是开发人员额外写的说明性文字,以方便人阅读和理解代码,不需要计算机编译生成二进制代码,所以编译器在编译阶段将忽略所有注释。

程序第9行中"//"为单行注释,表示"//"后面的文字为注释,编译器将忽略"//"后面的注释文字。

代码中需要注意注释符号的表示形式、完整性以及其作用范围。多行注释以"/*"开始,以"*/"结束,单行注释以"//"开始,到"//"所在行末尾结束,其中的"/*"、"*/"、"//"中两个字符必须紧邻,中间不能有空格。

(3) **main()函数**。代码中第07、08、11行为一个完整的C++函数声明,该函数为main()函数,关于函数相关的具体内容本书第6章会进一步讲解。main()函数是所有C++程序必须要具有的一个全局函数,也是程序运行的入口。

第7行为函数的头部,包含函数返回类型int,函数名main,以及用圆括号()包含的参数列表,这里在函数中没有用到参数,所以圆括号内没有声明参数。

第8行为左花括号{,第11行为右花括号},第9行、第10行为main()函数的函数体,函数体部分需要在前后用花括号括住,在函数体内部可以编写实现函数功能的程序语句。

（4）语句。代码中包含两条语句，分别是第 9 行的输出语句，第 10 行的返回值语句。语句的末尾必须用英文分号";"结尾。

第 9 行 cout << "Hello world!" << endl，其中 cout 为输出流对象，这里可以理解成显示器，<<表示将字符串内容插入 cout 输出流中，endl 表示换行符，这一条程序语句的含义就是将"Hello world!"字符串和换行符依次插入输出流对象 cout 中，运行的效果就是在显示器上输出"Hello world!"，然后换行准备下面的输出（如运行结果所示）。<<运算符可以依次连接多个可输出的符号或数据。

（5）返回。第 10 行 return 0 表示 main()函数内部返回值 0，返回的值是返回给操作系统。若返回值为 0 表示程序正常执行，非 0 表示异常。通常情况下不需要修改这个值。

这个程序的功能比较简单，不过也很有用处：在安装编译器之后，可以书写这一段代码，若能正常编译运行该程序，表明编译器基本上能正常使用了。

1.4 开发流程

开发一个 C++的程序完整的流程如图 1.5 所示。

步骤 1：编辑。使用各类编辑器编写程序。编写的程序称之为"源程序"（source program）或"源代码"（source code），源代码保存的文件后缀为 cpp。源代码是程序员按照程序设计规范编写的人类可读的计算机指令序列，它不能被计算机直接执行，需要经过后续完整的加工过程才能最终生成计算机能够执行的程序。步骤 1 完成后进入步骤 2。

步骤 2：编译。编译的目的是将源代码翻译生成目标程序。目标程序的文件后缀可以是 obj 或者 o。编译是由专门的编译软件对源代码进行翻译的过程，这种翻译包括预处理、词法分析、语法分析、代码生成等过程，其中可能会出现各类错误，程序员需要视情况再回到步骤 1 人工消除错误才能让编译软件完成翻译过程。目标程序已经是计算机的可执行代码，但仍然不是最终的完成版本，因为其中还有一些函数调用涉及系统库，需要后期通过连接再将相关的函数调用代码功能完成。步骤 2 没有问题则进入步骤 3。

步骤 3：连接。连接是将开发项目中多个生成的目标文件、系统库文件相关的二进制代码连接合成起来，形成一个可执行的二进制文件。在微软的各类系统中，可执行文件的后缀是 exe。在其他操作系统中，可执行文件一般没有特殊的后缀标识，而是在文件系统中规定相应文件的可执行属性。这一步一般都能顺利完成，下面进入步骤 4。

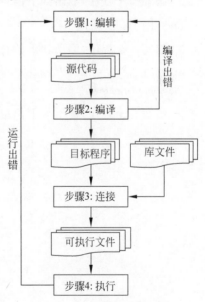

图 1.5　C++程序开发流程

步骤 4：执行。运行可执行文件。观察运行结果，看是否符合期望的功能，若不符合期望的结果，则回到步骤 1 再次编辑。

1.5 本章小结

本章概述了 C++ 语言的历史和主要的技术特点,并介绍了 C++ 程序开发的几种主要的编译器,通过引入第一个 C++ 示例程序的编辑、编译和执行来了解 C++ 程序开发的工作环境和开发流程。

本章知识虽然比较基础,但"工欲善其事,必先利其器",只有了解并熟悉了这些 C++ 的基础知识,才能加深对 C++ 语言的认识,同时可以通过对示例程序的模仿操作,包括编辑、编译、调试和运行,熟悉 C++ 开发过程中涉及的各种开发环境、术语、操作等,进一步熟悉开发工具。学习 C++ 程序需要理论联系实践,不能只是"纸上谈兵",一定要在计算机上进行编程实践,从而加深自己对各种理论知识的理解。

习题 1

1. 简述计算机低级语言和高级语言的区别与联系。
2. 简述 C++ 语言的特点。
3. 介绍 C++ 目前主流的编译器及集成开发环境 IDE。
4. 简述 C++ 程序开发的主要流程。
5. 编写一个程序,输出如下信息:

100+200*2=500

6. 编写一个程序,输出如下信息:

I love China!
I love my hometown!

7. 编写一个程序,输出如下信息:

```
  *
 ***
*****
```

第 2 章

常量、变量及表达式

CHAPTER 2

程序加工的最基本单元就是数据,加工的最基本操作就是运算。数据包括常量和变量两大类,常量在程序运行过程中不改变自身的值,而变量的值可以在运行过程中改变。运算包括各类算术、逻辑、关系等运算,运算是通过各类运算操作符结合数据形成运算表达式来完成的。

2.1 常量

在 C++ 中,常量是不可修改的值,用于存储那些在程序执行过程中不会改变的数据。常量可以是基础数据类型,如整数、浮点数、字符或布尔值,也可以是自定义类型的对象。C++ 提供了三种主要类型的常量:字面常量(直接给出的值,如整数、小数、字符和字符串)、符号常量(用#define 定义)、命名常量(用 const 或 constexpr 这两种关键字定义)。后两种在使用形式上类似于变量,但其值不能被修改,因此这两种形式上的"变量"本质上是常量(见 2.2.5 节)。常量的使用可以提高代码的可读性和可维护性,并防止程序中的错误修改。

2.1.1 常量基础

常量是在程序运行过程中不改变值的数。例 2.1 给出了程序中使用的字面常量的实例,在程序语句中,常量均作为只读操作数存在。

【例 2.1】基础数据类型的字面常量。

程序代码:

```
01  #include <iostream>
02  using namespace std;
03  /*
04  功能:输出数据常量
05  */
06  int main()
07  {
08      cout << 123 << endl;            //整数
09      cout << 12.34 << endl;          //浮点数
10      cout << 'A' << endl;            //字符
11      cout << "C++ program" << endl;  //字符串
12      cout << false << endl;          //布尔值—假
13      cout << true << endl;           //布尔值—真
14      return 0;
15  }
```

运行结果:

```
123
12.34
A
C++ program
0
1
```

代码分析:

(1)**整型常数**。代码第 8 行中 123 为一个整型常量,也就是俗称的整数。整数包括正整数、负整数、零。

(2)**浮点型常量**。代码第 9 行 12.34 为浮点数常量,浮点数就是字面上带小数点的数。

(3)**字符常量**。代码第 10 行'A'为一个字符常量,字符为用单引号括起来的一个字符,在计算机内部是用 ASCII 码进行表示的量,具体字符的范围可以参考 ASCII 码表(字符具体编码参见**附录 A**)。

(4)**字符串常量**。代码第 11 行"C++ program"为一个字符串常量,字符串常量是用双引号括起来的多个字符。

(5)**布尔常量**。代码第 12 行 false 为布尔类型常量假,在 C++中,假值 false 用 0 表示。

代码第 13 行 true 为布尔类型的常量真,在 C++中,真值 true 用 1 表示,因此输出结果第 6 行输出 1。不论是 true 真还是 false 假值,单词中的全部字母都必须小写。

2.1.2 常量的多种形式

常量还具有其他不同的表现形式,例 2.2 给出了进一步的常量数据示例。

【例 2.2】各类常量数据详解。

程序代码:

```
01    # include <iostream>
02    using namespace std;
03    int main()
04    {
05        cout<<"1)"<< 123 << endl;         //十进制整数
06        cout<<"2)"<< 0b1010 << endl;      //二进制整数
07        cout<<"3)"<< 0456 << endl;        //八进制整数
08        cout<<"4)"<< 0x789 << endl;       //十六进制整数
09        cout<<"5)"<< 12.34 << endl;       //十进制小数形式的浮点数
10        cout<<"6)"<< 5.678e2 << endl;     //指数形式的浮点数
11        cout<<"7)"<<'z';                  //小写字符
12        cout<<'\t';                       //转义字符
13        cout<<'Z'<< endl;                 //大写字符
14        return 0;
15    }
```

运行结果:

```
1)123
2)10
3)302
4)1929
5)12.34
6)567.8
7)z    Z
```

代码分析:

(1)**整型常量的多种形式**。代码第 5 行中 123 为十进制的整数常量,因此输出运行结果第 1 行的 123。

代码第 6 行中 0b1010 为二进制的整数常量,二进制整数常量以 0b 开始,输出结果为第 2 行的 10。

代码第 7 行中 0456 为八进制的整数常量,八进制整数常量以数字 0 开始,输出运行结果第 3 行的 302。

代码第 8 行中 0x789 为十六进制的整数常量,十六进制整数常量以 0x 开始,输出运行结果第 4 行中 1929(数的进制参见**附录 B**)。

（2）**浮点型常量的多种形式**。代码第 9 行 12.34 为十进制小数形式的浮点数,输出运行结果第 5 行的 12.34。

代码第 10 行 5.678e2 为指数形式的浮点数,指数形式的浮点数中 e 表示其后面的数值是以 10 为底的幂,5.678e2 相当于 5.678×10^2。

（3）**大小写字符及转义字符**。代码第 11~13 行输出结果为运行结果的第 7 行。其中需要注意代码第 11 行没有输出 endl,所以第 11 行代码运行输出 z 之后没有换行,在输出结果第 7 行中将继续后续的输出。

代码第 12 行输出 '\t',这是一个转义符(转义字符表参见**附录 C**),所谓转义符就是改变了原始字符含义的字符,原来的 't' 只是一个小写英文字符,但在该字母之前加了反斜杠 '\' 之后,改变了原先的含义。'\t' 的含义是水平制表,也就是跳到下一个制表位(这个涉及计算机发展史早期的格式化输出控制技术,直观上就是跳到后面的若干个字符的位置,这样后续的输出就从新的位置开始。

代码第 13 行输出 Z,这个输出就在 z 之后的第 8 个字符的位置上输出。在 Z 输出之后再输出 endl,所以换到下一行进行输出。

2.2 变量及数据类型

变量是程序运行过程中值可以发生变化的量,与常量不同,常量是一个确定不变的值。变量本质上代表内存中的存储单元,因此程序可以对变量进行读取和赋值操作。

2.2.1 变量

变量代表程序中存储数据的内存位置,每个变量都有特定的类型,该类型决定了变量的内存大小和它能存储的数据的种类。变量的声明需要给出其类型和名称,例如使用程序语句"int number;"声明了一个整数类型(int)的变量 number,表示该变量代表的内存可以存储一个整数。变量可以被初始化,即在声明时同时赋予初始值。

【例 2.3】定义及使用变量初步。

程序代码：

```
01  #include <iostream>
02  using namespace std;
03  int main()
04  {
05      int i;                  //定义了整型变量 i
06      i=123;                  //给变量 i 赋值
07      cout << i << endl;      //输出变量 i 的值
08      int j;                  //定义了整型变量 j
09      cin >> j;               //输入数据到变量 j 中
10      cout << j << endl;      //输出变量 j 的值
11      return 0;
12  }
```

运行结果：

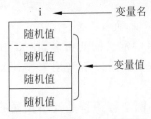

图 2.1　变量定义后的形式

代码分析：

（1）**变量定义**。代码第 5 行定义了一个整型变量 i，这里定义变量的语法形式是：**数据类型 变量名**；其中数据类型这里是 int，表示整数类型，这是 C++ 规定的整数类型，而 i 是一个标识符（参见 2.2.2 节），此时在内存中分配了一段 1 字节的连续空间用于存放一个整数（见图 2.1）。

第 5 行 int i 表示程序定义了一个整型的变量 i，所谓定义变量就是在计算机内存中分配了几字节的空间（int 整型数据需要占有 4 字节，见 2.2.4 节），该空间取名为 i，程序在运行过程中可以对 i 内存空间进行读写操作，定义后若未进行赋值操作，变量值为随机值。所有在程序中使用的**变量都要遵循先定义后使用的原则，不能直接使用一个之前未曾定义的变量**。

（3）**赋值及初始化**。代码第 6 行为赋值语句，作用是给变量 i 赋 123 整数值，赋值可以理解成向 i 所在内存单元写入 123，这样 i 变量将会在下一次被赋值之前维持当前的值，赋值运算符用一个"＝"表示，表示将该赋值号右侧的值写入左边的变量中，所以赋值号左侧一定是一个变量，右侧可以是常量，也可以是变量或表达式（赋值运算符参见 2.3.1 节）。由于 int 类型的变量 i 占据 4 字节的空间，所以整数 123（低位上的整数）会存储在一端的 1 字节中，而其余连续的 3 字节中会存储 0（见图 2.2）。

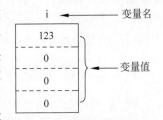

图 2.2　变量赋值后的形式

具体而言，对于整数 123 是存储在这连续 4 字节的最大的地址（大端模式）还是最小的地址（小端模式）往往由底层硬件平台来决定，对于目前大多数系统来说，低位上的数据往往存储在低端地址上，即小端模式。一般对于单一操作系统及硬件平台上的应用，可以无须考虑这个问题，而对于涉及网络通信、跨平台、文件、硬件驱动等场所时，需要考虑数据存储的底层细节，因此，高版本的 C++ 往往提供了一些可以更容易处理这些细节的数据类型。

可以将第 5 行代码和第 6 行代码合起来写成 int i＝123；这样就相当于定义变量的同时给变量的值进行了初始化，这种写法的运行效果和分开成两条语句的效果相同，分成两条语句写的话，变量在定义之后到赋值之前这段时间的值是随机值。

（4）**变量输出**。代码第 7 行进行输出，输出的结果为运行结果的第 1 行。变量输出用 cout ≪变量名这种形式，类似于常量数据的输出。

（5）**变量定义及输入**。代码第 8 行定义了另一个整型变量 j。

代码第 9 行表示要求用户输入数据，并将数据输入到变量 j 中，cin 表示基本输入，这里指键盘，"≫"表示流提取运算符，作用是将键盘中的输入数据提取到变量 j 中，运行效果见运行结果的第 2 行，用户输入（用↵表示）456，那么 456 将写入到 j 变量中（关于输入具体参见 2.2.3 节的基本输入输出）。

代码第 10 行输出变量 j 和换行符，输出结果见运行结果的第 3 行，可以看出 j 中保存的值的确为456。

2.2.2 标识符

标识符是C++系统规定的名字,可以用来表示变量、函数等的名字,标识符是包含字母、数字、下画线的字符序列。标识符还需要遵守如下一些规则。

(1) 以字母或下画线开头,比如_x,a1,a_123等均是合法的标识,而1a就不合法。

(2) 对于系统已经内置的关键字、函数名、类名等不能用于用户定义的变量名,比如int是一个合法的标识符,但由于其是系统内置的表示(2)整型的关键字,所以不能用来作为变量名(关于C++关键字参见**附录D**)。

(3) 在C++中,标识符是区分大小写的,也就是不同大小写的两个标识符是互不相同的两个标识符,比如ab123和Ab123是两个不同的标识符。

(4) 标识符的长度不限制,但不同的C++编译器可能会有个别的限制,所以为了兼容性和可读性的考虑,一般将标识符长度限制在32个字符之内。

在程序设计的时候,若给变量、函数等取一个不符合规范的标识符,程序编译时编译器会报错。在具体命名的时候,最好是能够做到"见名知意,见名知型",比如国际上一种称为"匈牙利命名法"的命名规则就受到不少公司的推荐:对变量和函数命名时在名字前加表示类型的前缀方便人们理解。比如程序中要定义一个表示学生分数的整型变量,则可以取名iScore。i表示整型,Score表示分数等,这种命名方式适合多人、多文件的大型项目开发,对于简短代码显烦琐,本书基础部分的代码量比较短小,所以都用简单的名字命名。

2.2.3 基本输入输出

C++的基本输入输出使用cin和cout两个流对象来实现。所谓对象实际上可以认为是一种新的变量,在本书后面会讲到,现在只要知道并能够使用即可。C++把数据从外部输入设备到内存传输的过程用输入流对象表示,cin为输入流对象,也就是负责将数据从外部输入设备(键盘、硬盘、网络等,常用的设备为键盘)输送到内存中。比如从键盘输入一个整数到变量i中,可以用cin>>i来表示(图2.3)。

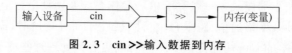

图2.3 cin>>输入数据到内存

C++把数据从内存传输到外部设备的过程用输出流对象表示,cout为输出流对象,负责将数据从内存传输到外部输出设备(显示器、打印机、硬盘、网络等,常用的设备为显示器)。比如将一个整数i输出到显示器上,可以用cout<<i来表示(图2.4)。

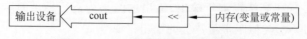

图2.4 cout<<输出数据到输出设备

【例2.4】 多整数输入输出。

程序代码:

```
01    #include <iostream>
02    using namespace std;
```

```
03    int main()
04    {
05        int i,j,k,l;              //定义 4 个整型变量
06        cin >> i >> j >> k
07            >> l;                 //输入 4 个整数
08        cout << i << j << endl
09            << k << endl
10            << l;                 //输出 4 个整数
11        return 0;
12    }
```

运行结果：

```
1 2↵
3 4↵
1 2
3
4
```

代码分析：

（1）**包含 iostream 头文件**。cin 和 cout 是在头文件 iostream 中的名字空间 std 中进行的定义，所以当需要利用这两个对象进行输入输出时，首先♯include＜iostream＞表示包含 iostream 头文件。然后使用 using namespace std；表示使用 std 名字空间中的相关对象。如果没有代码第 2 行，在后面使用 cin 和 cout 进行操作时，只能使用 std::cin 和 std::cout 来进行相应操作。

（2）**多个变量定义**。代码第 5 行定义了 4 个整型变量，定义多个变量，比如定义两个整型变量 i,j 时，可以分别用：

　　int i;
　　int j;

这种形式定义，也可以用：

　　int i,j;

这种形式定义，中间用逗号隔开，末尾用分号。

（3）**输入多个变量**。代码第 6、7 行表示输入 4 个整数进入变量，">>"为输入流的提取运算符。输入一个变量 i 为 cin>>i，若连续输入多个变量可以用">>"依次连接多个变量。在输入过程中，可以通过空格或回车键来分隔输入的多个数。所以在运行结果中的第 1 行虽然输入的 2 个数用空格隔开 1 和 2，用回车键换到第 2 行输入 3 和 4，但这 4 个数依然正确地保存到每个整数中。在使用">>"输入多个变量时，每个输入变量前都需要用一个">>"连接，比如可以用 cin>>i>>j，不能用 cin>>i,j 等形式。

（4）**输出多个变量**。"<<"为输出流的插入运算符，可以用于输出常数、变量等。输出一个变量用 cout<<i 表示，若连续输出多个变量可以用"<<"依次连接多个变量。代码第 8 行输出 2 个整数后输出 endl，中间没有任何输出，从运行结果第 3 行可以看出这两个数紧挨着输出，接着输出换行符，准备从下一行输出。代码第 9 行输出整数 k 以后再换行，见运行结果第 4 行，代码第 10 行输出 l，见运行结果第 5 行。在使用"<<"输出多个变量时，每个输出变量前都需要用一个"<<"连接，比如可以用 cout<<i<<j，不能用 cout<<i,j 等形式。

2.2.4 数据类型

C++中的数据类型不仅仅包括整数数据类型(简称整型)int,还包括长整型 long,短整型 short,字符型 char,单精度浮点型 float,双精度浮点型 double 等数据类型。其中整型还分成有符号类型 signed 和无符号类型 unsigned 两类,有符号类型可以表示负数,无符号类型只能表示非负数,但这两种方式表示的数据个数相同。当声明各类整型数据时没有用 sigend 或 unsigned 修饰时,系统默认使用的类型为有符号类型 signed,也就是支持表示负数。

【例 2.5】 输出不同数据类型值。

程序代码：

```
01  #include <iostiream>
02  using namespace std;
03  int main()
04  {
05      short s=11;                    //定义并初始化短整型变量 s
06      cout <<"size of short int: "<< sizeof(s)<< endl
07          <<"value of short int: "<< s << endl << endl;
08
09      unsigned short us=12;          //定义并初始化无符号短整型变量 us
10      cout <<"size of unsigned short int: "<< sizeof(us)<< endl
11          <<"value of unsigned short int: "<< us << endl << endl;
12
13      int i=21;                      //定义并初始化整型变量 i
14      cout <<"size of int: "<< sizeof(i)<< endl
15          <<"value of int: "<< i << endl << endl;
16
17      unsigned ui=22;                //定义并初始化无符号整型变量 ui
18      cout <<"size of unsigned int: "<< sizeof(ui)<< endl
19          <<"value of unsigned int: "<< ui << endl << endl;
20
21      long l=31L;                    //定义并初始化长整型变量 l
22      cout <<"size of long: "<< sizeof(l)<< endl
23          <<"value of long: "<< l << endl << endl;
24
25      unsigned long ul=32L;          //定义并初始化无符号长整型变量 ul
26      cout <<"size of unsigned long: "<< sizeof(ul)<< endl
27          <<"value of unsigned long: "<< ul << endl << endl;
28
29      long long ll=41LL;             //定义并初始化 long long 整型数据 ll
30      cout <<"size of long long:"<< sizeof(ll)<< endl
31          <<"value of long long:"<< ll << endl << endl;
32
33      unsigned long long ull=42LL;   //定义并初始化无符号 long long 整型数据 ull
34      cout <<"size of unsigned long long:"<< sizeof(ull)<< endl
35          <<"value of unsigned long long:"<< ull << endl << endl;
36
37      char c='b';                    //定义并初始化字符型变量 c
38      cout <<"size of char: "<< sizeof(c)<< endl
```

```
39              <<"value of char: "<< c << endl << endl;
40
41      unsigned char uc='Z';        //定义并初始化无符号字符型变量 uc
42      cout <<"size of unsigned char: "<< sizeof(uc)<< endl
43              <<"value of unsigned char: "<< uc << endl << endl;
44
45      float f=12.34;               //定义并初始化单精度浮点型变量 f
46      cout <<"size of float: "<< sizeof(f)<< endl
47              <<"value of float: "<< f << endl << endl;
48
49      double d=45.67;              //定义并初始化双精度浮点型变量 d
50      cout <<"size of double: "<< sizeof(d)<< endl
51              <<"value of double: "<< d << endl << endl;
52
53      return 0;
54  }
```

运行结果：

size of short int: 2
value of short int: 11

size of unsigned short int: 2
value of unsigned short int: 12

size of int: 4
value of int: 21

size of unsigned int: 4
value of unsigned int: 22

size of long: 4
value of long: 31

size of unsigned long: 4
value of unsigned long: 32

size of long long:8
value of long long:41

size of unsigned long long:8
value of unsigned long long:42

size of char: 1
value of char: b

size of unsigned char: 1
value of unsigned char: Z

size of float: 4
value of float: 12.34

size of double: 8
value of double: 45.67

代码分析：

（1）sizeof 运算符。代码中使用了 sizeof（数据类型或变量名）运算符，使用该运算符可以获得相关数据类型或变量在内存中所占据的字节数。

（2）短整型 short。代码第 5 行定义了短整型变量 s，并且给 s 初始化赋值 11。短整型变量除了用"short 变量名"这种形式定义外，还可以用"short int 变量名"这种形式定义。

代码第 6 行输出变量 s 所占的字节数，输出参见运行结果的第 1 行，可以看出 short 类型的变量需要占有 2 字节内存。因此 short 类型变量可以表示的值范围为-32768～32767。

代码第 7 行输出变量 s 具体的值，输出参见运行结果的第 2 行。在代码中第 6 行和第 7 行并没有用分号隔开，本质上这两行代码是一条语句，在 C++编译器中，当语句较长或有格式要求时，可以运算符为一行代码开始或结束来分行书写代码，不影响程序的逻辑和功能。

（3）无符号短整型 unsigned short。代码第 9 行定义了无符号短整型变量 us，并且给 us 初始化赋值 12。无符号短整型变量除了可以用"unsigned short 变量名"这种形式定义外，还可以用"unsigned short int 变量名"这种形式定义。

代码第 10 行输出变量 us 所占据的字节数，输出参见运行结果的第 4 行，可以看出 unsigned short 类型的变量需要占有 2 字节内存。由于无符号数据的最高位作为数值，不作为符号，所以无符号 short 类型变量表示的值范围为 0～65535。

代码第 11 行输出变量 us 具体的值，输出参见运行结果的第 5 行。

（4）整型 int。代码第 13 行定义了整型变量 i，并且给 i 初始化赋值 21。这种定义形式和"signed int i"等效。

代码第 14 行输出变量 i 所占据的字节数，输出参见运行结果的第 7 行，说明整型变量需要占有 4 字节内存。因此 int 型变量表示的值范围为-2147483648～2147483647。

代码第 15 行输出变量 i 的值，输出参见运行结果的第 8 行。

（5）无符号整型 unsigned int。代码第 17 行定义了无符号整型变量 ui，并且给 ui 初始化赋值 22。无符号整数也可以用"unsigned int 变量名"这种形式定义。

代码第 18 行输出变量 ui 所占的字节数，输出参见运行结果第 10 行，说明无符号整型变量占有 4 字节内存。因此无符号整型变量表示的值范围为 0～4294967295。

代码第 19 行输出变量 ui 的值，输出参见运行结果的第 11 行。

（6）长整型 long。代码第 21 行定义了长整型变量 l，并且给 l 初始化赋值 31L，长整型定义的形式还可以用"long int 变量名"这种形式，赋值的数值末尾需要加上字母"L"。

代码第 22 行输出变量 l 所占字节数，输出见运行结果第 13 行，表明长整型变量占有 4 字节的内存，这里长整型和整型的取值范围相同。

代码第 23 行输出变量 l 的值，输出见运行结果的第 14 行。

（7）无符号长整型 unsigned long。代码第 25 行定义了无符号长整型变量 ul，并且给 ul 初始化赋值 32L，定义无符号长整型还可以用"unsigned long int 变量名"这种形式，赋值的数值末尾同样需要加上字母"L"。

代码第 26 行输出变量 ul 所占字节数，输出见运行结果第 16 行，说明无符号长整型变量占有 4 字节的内存，这里无符号长整型和无符号整型的值的范围相同。

代码第 27 行输出变量 uil 的值，输出见运行结果的第 17 行。

（8）超长整型 long long。代码第 29 行定义了超长整型变量 ll，并且给 ll 初始化赋值

41LL,定义超长整型还可以用"long long int 变量名"这种形式,赋值的数值末尾需要加上"LL"。

代码第 30 行输出变量 ll 所占字节数,输出见运行结果第 19 行,说明超长整型数据所占字节数为 8,该种数据类型支持的值的范围为 -9223372036854775808~9223372036854775807。

代码第 31 行输出变量 ll 的值,输出见运行结果第 20 行。

需要强调一点,对于支持存储负数的短整型、整型、长整型、超长整型数据在计算机内部存储的二进制编码使用补码格式表示数据,所以其可以表示的最小负数为最大正数的相反数减 1(关于二进制编码参见附录 E)。

(9) 无符号超长整型 unsigned long long。代码第 33 行定义了无符号超长整型变量 ull,并给 ull 初始化赋值 42LL,定义无符号超长整型还可以用"unsigned long long int 变量名"这种形式,赋值的数值末尾需要加上"LL"。

代码第 34 行输出变量 ull 所占字节数,输出见运行结果第 22 行,说明无符号超长整型数据所占字节数为 8,该种数据类型支持的值的范围为 0~18446744073709551615。

代码第 35 行输出变量 ull 的值,输出见运行结果第 23 行。

(10) 字符型 char。代码第 37 行定义了字符变量 c,并给 c 初始化赋值 'b',定义字符变量还可以用"signed char 变量名"这种形式。

代码第 38 行输出变量 c 所占字节数,输出见运行结果第 25 行,也就是说,字符型数据需要 1 字节存储,字符型数据的取值范围为 -128~127。

代码第 39 行输出变量 c 的值,输出见运行结果第 26 行。

(11) 无符号字符型 unsigned char。代码第 41 行定义了无符号变量 uc,并给 uc 初始化赋值 'Z'。

代码第 42 行输出变量 uc 所占字节数,输出见运行结果第 28 行,说明无符号字符型数据需要 1 字节存储,无符号字符型数据的取值范围为 0~255。

代码第 43 行输出变量 uc 的值,输出见运行结果第 29 行。

(12) 单精度浮点型 float。代码第 45 行定义了单精度浮点数变量 f,并给 f 初始化赋值 12.34。也可以赋值 12.34f,即在数值末尾加"f",表示该数为 float 数据。

代码第 46 行输出变量 f 所占字节数,输出见运行结果第 31 行,表明单精度浮点数需要 4 字节内存存储,该型数据可以表示的正值的最小值为 1.17549e-038,可以表示的正值的最大值为 3.40282e+038(e 表示以 10 为底的指数,比如 1.5e3 就表示 1.5×10^3)。

代码第 47 行输出变量 f 的值,输出见运行结果第 32 行。

代码第 49 行定义了双精度浮点数变量 d,并给 d 初始化赋值 45.67。

(13) 双精度浮点型 double。代码第 50 行输出变量 d 所占字节数,输出见运行结果第 34 行,说明双精度浮点数需要 8 字节存储空间,该型数据可以表示的正值的最小值为 2.22507e-308,可以表示的正值的最大值为 1.79769e+308。

代码第 51 行输出变量 d 的值,输出见运行结果第 35 行。

单精度浮点数 float 以及双精度浮点数 double 类型数据在内存中的存储按照国际标准进行规定(关于浮点数存储格式参阅附录 F)。

下面将上述各类基本数据类型的定义变量形式、字节数、取值范围总结如表 2.1 所示。

表 2.1　基本数据类型、定义变量形式、字节数、取值范围

数据类型	定义变量 x 的形式	字节数	取值范围
短整型	[signed] short x	2	−32768～32767
无符号短整型	unsigned [short] x	2	0～65535
整型	[signed] int x	4	−2147483648～2147483647
无符号整型	unsigned [int] x	4	0～4294967295
长整型	[signed] long [int] x	4	−2147483648～2147483647
无符号长整型	unsigned long [int] x	4	0～4294967295
超长整型	long long [int] x	8	−9223372036854775808～9223372036854775807
无符号超长整型	unsigned long long [int] x	8	0～18446744073709551615
字符型	[signed] char x	1	−128～127
无符号字符型	unsigned char x	1	0～255
单精度浮点型	float x	4	正值最小：1.17549e−038 正值最大：3.40282e+038 负值最大：−1.17549e−038 负值最小：−3.40282e+038
双精度浮点型	double x	8	正值最小：2.22507e−308 正值最大：1.79769e+308 负值最大：−2.22507e−308 负值最小：−1.79769e+308

说明：[ ]表示括起来的成分为可选项；x 表示定义的变量名。

表 2.1 中列出的各数据类型的取值范围同样适用于常量数据的取值。

2.2.5　符号常量与命名常量

有一种外观上像变量定义，而实际上却是表示定义的常量。符号常量和命名常量是在程序执行期间不改变值的量。它们分别是用♯define、const 或 constexpr 三种方式进行了修饰定义。

符号常量定义的形式：

♯define　符号名　值

命名常量定义的形式：

（1）const 数据类型 变量名＝值；

（2）constexpr 数据类型 变量名＝值；

【例 2.6】　常量使用。

程序代码：

```
01    #include <iostream>
02    using namespace std;
03    #define PI 3.14159
04    int main()
05    {
06        const float E=2.71828f;
```

```
07      constexpr double G=9.8;
08      cout <<"PI:"<< PI << endl
09           <<"E:"<< E << endl
10           <<"G:"<< G << endl;
11      return 0;
12  }
```

运行结果：

```
PI:3.14159
E:2.71828
```

代码分析：

(1) **符号常量**。符号常量中的常量名必须为一个合法的标识符。代码第 3 行♯define PI 3.14159 中声明了 PI 为符号常量，其值为 3.14159，这一行代码告诉编译器在此行之后的代码中所有出现 PI 的地方都用 3.14159 这个数进行替代。

(2) **命名常量**。命名变量是在一般变量定义之前加关键字 const 或 constexpr 进行修饰限定，这样原本在程序执行中可以改变自身值的变量就成为不可改变的常量了。代码第 6 行定义了一个单精度浮点数命名常量 E。与定义变量不同的是，定义命名常量需要在同一条语句内赋值进行初始化，而不能像一般变量那样定义后可以暂时不赋初值，第 7 行定义了一个双精度的浮点数 G。

常量在定义之后不能再被修改。以上两种方式定义的常量实现的细节上略有区别：①♯define 实现的符号常量是预编译指令，也就是编译器在将源码翻译成机器码之前将定义的符号常量进行文本匹配和替换，因而不具有类型，也不受类型检查的保护。②const 和 constexpr 大部分情况可以混用，它们提供了类型安全和编译时检查，C++早期只有 const 关键字，C++较新的版本对这两者进行了进一步的细化：const 强调变量的"只读"属性，而 constexpr 强调变量的"不可修改"特性。比如对于可以通过指针或引用访问到的变量值，可以通过 const 进行修饰从而可以阻止对这些变量的修改，但不能通过 constexpr 来保护这些变量，因为最终的变量值有可能会经由指针或引用被间接修改(参见 9.7 节)。

2.3 运算符及表达式

运算符实现各类数据或变量之间进行运算，也是构成各类表达式和程序语句的基础，运算符包括赋值运算符、算术运算符、关系运算符、逻辑运算符等。用运算符及括号将操作数连接起来的规范的式子称为表达式。

2.3.1 赋值运算符

"＝"为赋值运算符。其作用是将"＝"右侧的操作数(常量、变量、表达式等)赋给左侧的变量。其语法形式为

变量名＝表达式(常量,变量等);

【例 2.7】 赋值运算符的使用示例。

程序代码：

```
01  #include <iostream>
02  using namespace std;
03  int main()
04  {
05      int i=1;
06      i=i+1;
07      cout << i << endl;
08      i='a';
09      cout << i << endl;
10      i=4.987;
11      cout << i << endl;
12      return 0;
13  }
```

运行结果：

```
2
97
4
```

代码分析：

（1）**变量初始化赋值**。代码第 5 行定义了整型变量 i，并同时赋值为 1，如果定义了变量后没有及时赋值进行初始化，则变量的值可能为随机值。该行代码执行完成后 i 的值为 1。随后 i=i+1，这一行代码的意思是将 i 从内存中取出后进行加 1 的运算，然后再将运算结果写入 i 内存，所以 i 的值变为 2。尤其需要注意的是，赋值语句左边一定要是一个变量，不能是常数，比如若写成 1=i+1 就是错误的。

（2）**将字符赋给整数**。代码第 8 行进行了将字符 'a' 赋值给整型变量 i 的操作，由于 'a' 字符的 ASCII 值为 97，所以 i 最后的结果即为 'a' 的 ASCII。字符型数据在表达式中往往可以当作一个取值范围较小的整数参与运算。

（3）**将浮点数赋给整数**。代码第 10 行将浮点数 4.987 赋给整型变量 i，i 得到该浮点数的整数部分，注意不是四舍五入得到浮点数的值。

赋值操作需要谨慎地考虑"="两侧的操作数值的表示范围，建议赋值操作最好发生在同一种数据类型之间，若是涉及不同的数据类型的转换，可能会面临数据丢失的风险。

2.3.2 算术运算符

支持算术运算的运算符，主要包括加法运算符号"+"，减法运算符"-"，乘法运算符"*"，除法运算符"/"，求余运算符"%"等。这里的运算符均需要两个操作数，也称为二目运算符。这里的两个操作数可以为变量、常量、表达式等。

【例 2.8】 算术运算符使用示例。

程序代码：

```
01  #include <iostream>
02  using namespace std;
```

```
03    int main()
04    {
05        cout <<"1)15+4="<< 15+4 << endl;
06        cout <<"2)15-4="<< 15-4 << endl;
07        cout <<"3)15*4="<< 15*4 << endl;
08        cout <<"4)15/4="<< 15/4 << endl;
09        cout <<"5)21%4="<< 21%4 << endl;
10        int a=22;
11        int c;
12        c=a+4;
13        cout <<"6)a+4="<< c << endl;
14        int b=3;
15        c=a-b;
16        cout <<"7)a-b="<< c << endl;
17        c=(a+b-2)*c/3;
18        cout <<"8)(a+b-2)*c/3="<< c << endl;
19        cin >> a >> b;
20        cout <<"9)a+b="<< a+b << endl
21            <<"10)a-b="<< a-b << endl;
22        return 0;
23    }
```

运行结果：

```
1)15+4=19
2)15-4=11
3)15*4=60
4)15/4=3
5)21%4=1
6)a+4=26
7)a-b=19
8)(a+b-2)*c/3=145
24 36 ↙
9)a+b=60
10)a-b=-12
```

代码分析：

（1）"+"加法运算。代码第 5 行，表达式 15+4 实现加法运算，运算结果为 19。加法运算可以作用在整型、字符型、浮点型数据上。

（2）"-"减法运算。代码第 6 行，表达式 15-4 实现减法运算，运算结果为 11。减法运算可以作用在整型、字符型、浮点型数据上。

（3）"*"乘法运算。代码第 7 行，表达式 15*4 实现乘法运算，运算结果为 60。乘法运算可以作用在整型、字符型、浮点型数据上。

（4）"/"除法运算。代码第 8 行，表达式 15/4 实现除法运算，运算结果为 3。这里因为参与运算的两个数均为整数，所以运算结果取整数，如果参与运算的两个数中至少有一个为浮点数（包括 float 单精度浮点数和 double 双精度浮点数），则运算结果即为 double 双精度浮点数。比如 3.5/2 的结果为 1.75；3/2.0 的结果为 1.5；3.5/2.5 的结果为 1.4。除法运算可以作用在整型、字符型、浮点型数据上。注意不能除 0。

（5）"%"求余运算。代码第 9 行，21%4 实现除余运算，运算结果为 1。%运算符用于求余数，其参与运算的两个运算数必须为整数。注意不能对 0 求余。

(6)"+"运算符的进一步使用。代码第 10 行，定义了一个整型变量 a，并赋初值 22。

代码第 11 行，定义了一个整型变量 c。

代码第 12 行，实现 a+4 的运算，并将运算结果赋给 c。

代码第 13 行，输出 c 的值。

(7)"-"运算符的进一步使用。代码第 14 行，定义变量 b，并赋初值 3。

代码第 15 行，计算 a-b，并将结果赋值给 c。从这里可以看出运算符支持的操作数既支持变量，也支持常量。

代码第 16 行输出 c 的值。

(8)四则运算及混合运算。代码第 17 行的 c=(a+b-2)*c/3，这里首先计算括号内的表达式，因为在进入该语句的时候 a=22,b=3,c=19，所以 a+b-2 的结果为 23，然后再依次进行乘法*和除法/的运算，相当于 23*19/3=437/3=145，最后计算的结果为 145。算术运算符的运算次序为从左到右，但同时需要满足优先级的规定，算术运算符优先级为：乘、除、求余(三者并列)，加、减(两者并列)。若需要改变相关优先级，可以加括号。比如这里的表达式若不加括号则为：c=a+b-2*c/3，运算的过程就改变了，则首先计算 a+b，然后计算 2*c/3，最后再计算两者的差值赋给 c。

代码第 18 行输出 c 的值。

(9)输入变量值后运算。代码第 19 行输入两个值，输入的值分别保存到 a、b 中，注意输入数据的形式，每一个流提取运算符">>"的后边只能跟着一个变量，不能用 cin >> a,b 这种形式输入多个变量。运行结果第 9 行为用户输入，用户输入多个值中间可以用空格、回车等隔开。

代码第 20 行输出 a+b 的值。

代码第 21 行输出 a-b 的值。

2.3.3 自增自减运算符

自增运算符(++)使变量自身的值增加 1，自减运算符(--)使变量自身的值减少 1，其操作数为单一的变量，所以为单目运算符。自增自减运算符可以放在变量之前(前置)，也可以放在变量之后(后置)。

【例 2.9】 自增自减运算符使用示例。

程序代码：

```
01   #include <iostream>
02   using namespace std;
03   int main()
04   {
05       int i=10;
06       i++;
07       cout<<"1)i="<<i<<endl;
08       ++i;
09       cout<<"2)i="<<i<<endl;
10       i--;
```

```
11      cout<<"3)i="<<i<<endl;
12      --i;
13      cout<<"4)i="<<i<<endl;
14      int j=i++;
15      cout<<"5)i="<<i<<"\tj="<<j<<endl;
16      j=++i;
17      cout<<"6)i="<<i<<"\tj="<<j<<endl;
18      j=i--;
19      cout<<"7)i="<<i<<"\tj="<<j<<endl;
20      j=--i;
21      cout<<"8)i="<<i<<"\tj="<<j<<endl;
22      return 0;
23  }
```

运行结果：

```
1)i=11
2)i=12
3)i=11
4)i=10
5)i=11 j=10
6)i=12 j=12
7)i=11 j=12
8)i=10 j=10
```

代码分析：

（1）**变量定义及初始化**。代码第 5 行定义了整型变量 i，并赋初值 10。

（2）**后置"++"运算**。后置++运算符放在变量之后，代码第 6 行 i++，表示 i 右自增 1，相当于 i=i+1，所以运行后 i 为 11。代码第 7 行输出 i 的结果，输出见运行结果第 1 行。

（3）**前置"++"运算**。代码第 8 行++i，表示 i 左自增 1，相当于 i=i+1，运行后 i 为 12。代码第 9 行输出 i 的结果，输出见运行结果第 2 行。

（4）**后置"--"运算**。代码第 10 行 i--，表示 i 右自减 1，相当于 i=i-1，运行后 i 为 11。代码第 11 行输出 i 的结果，输出见运行结果第 3 行。

（5）**前置"--"运算**。代码第 12 行--i，表示 i 左自减 1，相当于 i=i-1，运行后 i 为 10。代码第 13 行输出 i 的结果，输出见运行结果第 4 行。

（6）**赋值语句中的后置"++"运算**。代码第 14 行定义一个整型变量 j，并执行 j=i++，相当于 j=i,i++，也就是先将 i 赋给 j，然后 i 再进行自增 1，运行后 j 的值为 10，i 的值为 11。代码第 15 行输出 i 和 j 的值，输出见运行结果第 5 行。

（7）**赋值语句中的前置"++"运算**。代码第 16 行 j=++i，相当于先执行 i 的左自增++i，然后将 i 赋给 j，所以 i 和 j 的值均为 12。代码第 17 行输出 i 和 j 的值，输出见运行结果第 6 行。

（8）**赋值语句中的后置"--"运算**。代码第 18 行 j=i--，相当于 j=i,i--，即首先将 i 的值赋给 j，然后将 i 自减 1，运行后 j 的值为 12，i 的值为 11。代码第 19 行输出 i 和 j 的值，输出见运行结果第 7 行。

（9）**赋值语句中的前置"--"运算**。代码第 20 行 j=--i，相当于--i,j=i，即首先执行 i 的左自减 1 操作,然后将 i 赋给 j,运行后 i 和 j 的值均为 10。代码第 21 行输出 i 和 j 的值,输出见运行结果第 8 行。

2.3.4 关系运算符

关系运算符也是一个双目运算符,其可以实现两个数的比较,判断比较的结果为 1(表示真)或 0(表示假),主要关系运算符包括:小于(<),小于或等于(<=),大于(>),大于或等于(>=),等于(==),不等于(!=)。

【例 2.10】 关系运算符使用示例。

程序代码:

```
01    #include <iostream>
02    using namespace std;
03    int main()
04    {
05        int a(10),b(20);
06        bool c;
07        c=a<b;
08        cout<<"1)a<b\t"<<c<<endl;
09        c=a<=b;
10        cout<<"2)a<=b\t"<<c<<endl;
11        c=a<=a;
12        cout<<"3)a<=a\t"<<c<<endl;
13        c=a>b;
14        cout<<"4)a>b\t"<<c<<endl;
15        c=a>=b;
16        cout<<"5)a>=b\t"<<c<<endl;
17        c=a>=a;
18        cout<<"6)a>=a\t"<<c<<endl;
19        c=a==a;
20        cout<<"7)a==a\t"<<c<<endl;
21        c=a!=a;
22        cout<<"8)a!=a\t"<<c<<endl;
23        return 0;
24    }
```

运行结果:

```
1)a<b    1
2)a<=b   1
3)a<=a   1
4)a>b    0
5)a>=b   0
6)a>=a   1
7)a==a   1
8)a!=a   0
```

代码分析:

(1) 变量定义及初始化。代码第 5 行定义了 a、b 两个整型变量,并且将 a 初始化为 10,b 初始化为 20。这种初始化方法与 int a=10,b=20 的效果相同。

代码第 6 行定义了一个布尔型变量 c,布尔型变量的取值只可能有 2 个,分别是真(true)和假(false)。在 C++中 true 用 1 表示,false 用 0 表示。

(2) "<"小于运算。代码第 7 行进行 a<b 的关系运算,即比较 a 是否小于 b,将比较结果赋值给 c。这里 a=10,b=20,所以 a<b 成立,运算结果为 true。代码第 8 行输出 c 的值,输出见运行结果第 1 行。

(3) "<="小于或等于运算。代码第 9 行进行 a<=b 的关系运算,即比较 a 是否小于 b 或者等于 b,只要 a 小于 b 或者 a 等于 b 这两种情况中有一种成立,则 a<=b 即成立,因为 a=10,b=20,所以 a<b 成立,自然 a<=b 成立。代码第 10 行输出 c 的值,输出见运行结果第 2 行。

代码第 11 行进行 a<=a 的关系运算,即比较 a 是否小于 a 或者等于 a,显然 a 等于 a,因此 a<=a 成立。代码第 12 行输出 c 的值,输出见运行结果第 3 行。

(4) ">"大于运算。代码第 13 行进行 a>b 的关系运算,因为 a=10,b=20,所以 a>b 不成立,结果为 false。代码第 14 行输出 c 的值,输出见运行结果第 4 行。

(5) ">="大于或等于运算。代码第 15 行进行 a>=b 的关系运算,这里判断 a 是否大于 b 或者 a 是否等于 b,只要有一种情况成立,则 a>=b 就成立,因为 a=10,b=20,所以 a 既不大于 b 也不等于 b,则 a>=b 不成立,也就是运算结果为 false,c 得到的值为 false。代码第 16 行输出 c 的值,输出见运行结果第 5 行。

代码第 17 行进行 a>=a 的关系运算,显然 a 等于 a,所以 a>=a 成立。代码第 18 行输出 c 的值,输出见运行结果第 6 行。

(6) "=="等于运算。代码第 19 行进行 a==a 的关系运算,a 自然和 a 相等,所以 c 的值为 true,注意这里的相等关系运算符是两个等于号"==",这与赋值运算符不同,赋值运算符是用一个等于号"="表示。代码第 20 行输出 c 的值,输出见运行结果第 7 行。

(7) "!="不等于运算。代码第 21 行进行 a!=a 的关系运算,a 既然和 a 相等,那么 a 与 a 不相等就是不成立的,也就是 c 的值为 false,代码第 22 行输出 c 的值,输出见运行结果第 8 行。

2.3.5 逻辑运算符

逻辑运算符主要包括逻辑与(&&)、逻辑或(||)、逻辑非(!)三种运算符。逻辑与运算符与逻辑或运算符均为双目运算符,逻辑非为单目运算符。对于其运算功能的描述如下。

(1) 逻辑与两个操作数中只有均为真时,结果才为真,其他均为假。
(2) 逻辑或两个操作数中只要有一个为真时,结果就为真,其他均为假。
(3) 逻辑非取操作数的相反值。

【例 2.11】 逻辑运算符使用示例。
程序代码:

```
01    #include <iostream>
02    using namespace std;
03    int main()
04    {
05        bool a(true),b(false),result;
```

```
06      cout << boolalpha <<"1)a\t"<< a <<"\tb\t"<< b << endl;
07      result=a&&b;
08      cout <<"2)a&&b\t"<< result << endl;
09      result=a||b;
10      cout <<"3)a||b\t"<< result << endl;
11      result=!b;
12      cout <<"4)!b\t"<< result << endl;
13      int c(-1),d(0);
14      cout <<"5)c\t"<< c <<"\td\t"<< d << endl;
15      result=c&&d;
16      cout <<"6)c&&d\t"<< result << endl;
17      result=c||d;
18      cout <<"7)c||d\t"<< result << endl;
19      result=!c;
20      cout <<"8)!c\t"<< result << endl;
21      result=(c<0)&&(d>0);
22      cout <<"9)(c<0)&&(d>0)\t"<< result << endl;
23      return 0;
24  }
```

运行结果：

```
1)a      true     b      false
2)a&&b   false
3)a||b   true
4)!b     true
5)c      -1       d      0
6)c&&d   false
7)c||d   true
8)!c     false
9)(c<0)&&(d>0) false
```

代码分析：

（1）变量定义及初始化。代码第 5 行定义了 3 个变量：a、b 和 result。a 初始化为 true，b 初始化为 false。代码第 6 行输出了 a 和 b 的值，输出时使用 boolalpha 可以设置 cout 输出布尔值为对应的文本形式，输出见运行结果第 1 行，若需要在后期取消这种以文本形式输出布尔值的设置，可以使用 noboolalpha 进行设置。

（2）"&&"逻辑与运算。代码第 7 行执行 a 逻辑与 b 的运算：a&&b，并将结果赋值给 result。代码第 8 行执行输出 result 的操作，输出见运行结果第 2 行，可以看出 true&&false 的值为 false。

（3）"||"逻辑或运算。代码第 9 行执行 a 逻辑或 b 的运算：a||b，并将结果赋值给 result。代码第 10 行执行输出 result 的操作，输出见运行结果第 3 行，可以看出 true||false 的值为 true。

（4）"!"逻辑非运算。代码第 11 行执行 b 的逻辑非运算：!b，并将结果赋值给 result。代码第 12 行执行输出 result 的操作，输出见运行结果第 4 行，可以看出 !false 的值为 true。

（5）非布尔值之间进行"&&"逻辑与运算。代码第 13 行定义了 2 个整型变量 c 和 d，c 初始化为-1，d 初始化为 0。代码第 14 行输出了 c 和 d 变量的值，输出见运行结果第 5 行。代码第 15 行执行 c 和 d 的逻辑与操作：c&&d，并将结果赋值给 result。代码第 16 行执行输出 result 的操作,输出见运行结果第 6 行。result 的结果为 false,这是因为**在逻辑运算中,C++将非 0 操作数当作 true,将操作数 0 当作 false**。也就是 c&&d 的操作实际上转化为 true&&false 的操作,所以结果为 false。

(6) 非布尔值之间进行"||"逻辑或运算。代码第 17 行执行 c 和 d 的逻辑或操作:c||d,并将结果赋值给 result。代码第 18 行执行输出 result 的操作,输出见运行结果第 7 行,result 的结果为 true。

(7) 非布尔值进行"!"逻辑非运算。代码第 19 行执行 c 的逻辑非操作:!c,该操作实际上是执行!true,并将结果赋值给 result。代码第 20 行执行输出 result 的操作,输出见运行结果第 8 行,result 的值为 false。

(8) 关系运算后逻辑运算。代码第 21 行执行的操作可以分解为:首先进行关系运算 c<0 的判断,然后进行关系运算 d>0 的判断,将这两者的运算结果进行逻辑与,最后的结果赋值给 result。详细结果为:c<0 的结果为 true,d>0 的结果为 false,两者逻辑与的结果为 false。代码第 22 行执行输出 result 的操作,输出结果见运行结果第 9 行。

关于不同值的逻辑运算的真值表见表 2.2。

表 2.2 不同值的逻辑运算真值表

a		b		a&&b	a||b	!a
布尔值	非布尔值	布尔值	非布尔值			
true	非 0	true	非 0	true	true	false
true	非 0	false	0	false	true	false
false	0	true	非 0	false	true	true
false	0	false	0	false	false	true

在 C++中存在一种**逻辑短路**的现象,即

(1) 对 A&&B 运算时,这里 A、B 为表达式,若已经计算 A 为 false,则 B 部分不再进行计算,直接返回 false。只有 A 部分运行结果为 true 的时候,B 部分会进行进一步计算。

(2) 对 A||B 运算时,若已经计算 A 为 true,则 B 部分不再进行计算,直接返回 true。只有 A 部分运行结果为 false 的时候,B 部分会进行进一步计算。

例 2.12 给出了逻辑短路的一个示例。

【例 2.12】 逻辑短路。
程序代码:

```
01    #include <iostream>
02    using namespace std;
03    int main()
04    {
05        bool b1(true),b2(true);
06        (b1=3<2)&&(b2=3<2);
07        cout << boolalpha <<"1)b1:"<< b1 <<"\tb2:"<< b2 << endl;
08        b1=b2=true;
09        cout <<"2)b1:"<< b1 <<"\tb2:"<< b2 << endl;
10        b1||(b2=3<2);
11        cout <<"3)b1:"<< b1 <<"\tb2:"<< b2 << endl;
12        return 0;
13    }
```

运行结果：

```
1) b1:false    b2:true
2) b1:true     b2:true
3) b1:true     b2:true
```

代码分析：

(1) 变量定义及初始化。 代码第 5 行定义了 2 个布尔变量 b1,b2,并均初始化为 true。

(2) 逻辑与运算中的短路。 代码第 6 行执行一个逻辑与运算操作,在 C++ 中表达式的运用比较灵活,可以单独使用作为语句,也可以作为另一个表达式或语句的一部分。(b1=3<2)&&(b2=3<2) 表达式在执行时,先执行 b1=3<2 部分,因为 3<2 计算结果为 false,将该值赋给 b1,因此 && 运算符左侧为 false,编译器计算到这里的时候,通过逻辑与的真值表可以判断,不论 && 右侧的操作数结果是 true 还是 false,已经可以确定最终运算结果为 false 了,所以编译器直接忽略 && 右侧的表达式。因此右侧的 b2=3<2 就不再计算。代码第 7 行执行输出 b1 和 b2 的操作,输出见运行结果第 1 行,可以看出 b1 为 false,b2 仍然为 true,这就说明 b2=3<2 没有计算,因为若计算了 b2=3<2,b2 的结果会是 false。

(3) 连续赋值。 代码第 8 行将 b1 和 b2 都赋值为 true。这种连续赋值方式在 C++ 中是支持的,其赋值执行顺序是从右侧向左侧进行,也就是先执行 b2=true,然后执行 b1=b2。代码第 9 行执行输出 b1 和 b2 的操作,输出见运行结果第 2 行。

(4) 逻辑或运算中的短路。 代码第 10 行执行 b1||(b2=3<2) 运算,因为 b1 为 true,C++ 结合后面的逻辑或 || 操作,可以判断无论后面的计算结果是什么,该执行结果已经为 true,所以就不再执行 b2=3<2 部分。代码第 11 行执行输出 b1 和 b2 的操作,输出见运行结果第 3 行,可以看出 b2 为 true,这就证明 b2=3<2 部分没有执行,因为若该部分执行的话,b2 应该为 false。

2.3.6 位运算符

位运算符是对操作数的位进行相应的操作,主要包括与(&)、或(|)、取反(~)、异或(^)、左移(<<)、右移(>>)等运算符。其中取反运算符为单目运算符,其他运算符均为双目运算符。

【例 2.13】 位运算符使用示例。

程序代码：

```
01    #include <iostream>
02    using namespace std;
03    int main()
04    {
05        unsigned short int a(127),b(128),c;
06        c=a&b;
07        cout<<"1)a&b\t"<<c<<endl;
08        c=a|b;
09        cout<<"2)a|b\t"<<c<<endl;
10        c=~a;
```

```
11      cout <<"3)~a\t"<< c << endl;
12      c=a^b;
13      cout <<"4)a^b\t"<< c << endl;
14      c=a<<4;
15      cout <<"5)a<<4\t"<< c << endl;
16      c=a>>4;
17      cout <<"6)a>>4\t"<< c << endl;
18      return 0;
19  }
```

运行结果：

```
1)a&b    0
2)a|b    255
3)~a     65408
4)a^b    255
5)a<<4   2032
6)a>>4   7
```

代码分析：

（1）**变量定义、初始化及二进制存储**。在理解位操作运算时，首先要清楚操作数的具体的二进制表示。

代码第 5 行定义了 3 个无符号短整数 a、b、c，a 和 b 分别赋值 127 和 128。由于无符号短整数在内存中需要 2 字节保存，所以 a 的二进制存储形式为 0000 0000 0111 1111，b 的二进制存储形式为 0000 0000 1000 0000。

（2）**"&"位与运算**。代码第 6 行执行 a 和 b 的位与运算 a&b，即 a 和 b 中每一对应的位进行与运算，运算结果为 0000 0000 0000 0000，并将结果赋值给 c，代码第 7 行执行输出 c 的操作，输出见运行结果第 1 行。注意要区分位与运算符与逻辑与运算符的区别，位与运算只有一个"&"符号，而逻辑与运算符有两个"&"符号。

（3）**"|"位或运算**。代码第 8 行执行 a 和 b 的位或运算 a|b，即 a 和 b 中每一对应的位进行或运算，运算结果为 0000 0000 1111 1111（值为 255），并将结果赋值给 c，代码第 9 行执行输出 c 的操作，输出见运行结果第 2 行。注意要区分位或运算符与逻辑或运算符的区别，位或运算只有一个"|"符号，而逻辑或运算符有两个"|"符号。

（4）**"~"位取反运算**。代码第 10 行执行 a 的取反~a，即 a 的每一位进行取反操作，运算结果为 1111 1111 1000 0000（值为 65408），并将结果赋值给 c，代码第 11 行执行输出 c 的操作，输出见运行结果第 3 行。

（5）**"^"异或运算**。代码第 12 行执行 a 和 b 的异或运算 a^b，即 a 和 b 的每一对应位进行异或运算，运算结果为 0000 0000 1111 1111（值为 255），并将结果赋值给 c，代码第 13 行执行输出 c 的操作，输出见运行结果第 4 行。

（6）**"<<"左移运算**。代码第 14 行执行 a 左移 4 位的运算 a<<4，即 a 中的每一位向左移动 4 位，每左移一位时最右边的一位补 0，运算结果为 0000 0111 1111 0000（值为 2032），并将结果赋值给 c，代码第 15 行输出 c 的操作，输出见运行结果第 5 行。

（7）**">>"右移运算**。代码第 16 行执行 a 右移 4 位的运算 a>>4，即 a 中的每一位向右移动 4 位，每右移动一位时最左边一位补数的情况稍复杂一点，对于无符号数，最左边补 0，对于有符号数不同的编译器处理的方法不同，有的补 0，有的补符号位（GCC 补符号位，同时需要注意在计算机内部，有符号数是用补码表示的）。这里 a 为无符号数，所以 a>>4 的运算结果为 0000 0000 0000 0111（值为 7），并将结果赋值给 c，代码第 17 行执行输出 c 的操作，输出见运行结果第 6 行。

移位运算符右侧的操作数表示移动的位数。对于正数，在不超过数值表示范围的情况下，每左移 1 位相当于乘以 2，每右移 1 位相当于除以 2。

表 2.3 总结了两个位操作数进行位与、位或、取反、异或的真值情况。

表 2.3 位运算真值表

a	b	a&b	a|b	~a	a^b
0	0	0	0	1	0
0	1	0	1	1	1
1	0	0	1	0	1
1	1	1	1	0	0

说明：表中的 a,b 表示一个二进制位（bit），这和上面程序里面的 a、b 数据类型不同。

2.3.7 类型转换运算符

类型转换包括隐式类型转换和强制类型转换。隐式类型转换不需要用户指定，系统直接在进行相关运算时自动转换，这种现象称为赋值兼容。强制类型转换需要用户使用：**类型名(表达式)** 或者 **(类型名)表达式** 的方式进行转换。

【**例 2.14**】 类型转换使用示例。

程序代码：

```
01  #include <iostream>
02  #include <typeinfo>
03  using namespace std;
04  int main()
05  {
06      char c='A';
07      unsigned char uc='B';
08      short s=123;
09      unsigned short us=124;
10      int i=456;
11      unsigned int ui=789;
12      long l=135;
13      unsigned long ul=246;
14      long long ll=1234;
15      unsigned long long ull=5678;
16      float f=12.34f;
17      double d=56.78;
18      long double ld=123.45;
19      bool is;
20      is=typeid(c+uc)==typeid(char);
21      cout << boolalpha <<"1)is c+uc char?\t"<< is << endl;
22      is=typeid(c+uc)==typeid(int);
```

```
23        cout<<"2)is c+uc int?\t"<< is << endl;
24        is=typeid(uc+s)==typeid(int);
25        cout<<"3)is uc+s int?\t"<< is << endl;
26        is=typeid(s+us)==typeid(int);
27        cout<<"4)is s+us int?\t"<< is << endl;
28        is=typeid(us+i)==typeid(int);
29        cout<<"5)is us+i int?\t"<< is << endl;
30        is=typeid(i+ui)==typeid(unsigned int);
31        cout<<"6)is i+ui unsigned int?\t"<< is << endl;
32        is=typeid(ui+l)==typeid(unsigned long);
33        cout<<"7)is ui+l unsigned long?\t"<< is << endl;
34        is=typeid(l+ul)==typeid(unsigned long);
35        cout<<"8)is l+ul unsigned long?\t"<< is << endl;
36        is=typeid(ul+ll)==typeid(long long);
37        cout<<"9)is ul+ll long long?\t"<< is << endl;
38        is=typeid(ll+ull)==typeid(unsigned long long);
39        cout<<"10)is ll+ull unsigned long long?\t"<< is << endl;
40        is=typeid(ull+f)==typeid(float);
41        cout<<"11)is ull+f float?\t"<< is << endl;
42        is=typeid(f+d)==typeid(double);
43        cout<<"12)is f+d double?\t"<< is << endl;
44        is=typeid(ld+d)==typeid(long double);
45        cout<<"13)is ld+d long double?\t"<< is << endl;
46        is=typeid(c+(i-f)*l-d)==typeid(double);
47        cout<<"14)is (c+(i-f)*l-d) double?\t"<< is << endl;
48        double dresult=f+d;
49        cout<<"15)double: f+d="<< dresult << endl;
50        int iresult=f+d;
51        cout<<"16)int: f+d="<< iresult << endl;
52        iresult=int(d)%3;
53        cout<<"17)int(d)%3="<< iresult <<"\t d="<< d << endl;
54        return 0;
55    }
```

运行结果：

```
1)is c+uc char? false
2)is c+uc int? true
3)is uc+s int? true
4)is s+us int? true
5)is us+i int? true
6)is i+ui unsigned int? true
7)is ui+l unsigned long?         true
8)is l+ul unsigned long?         true
9)is ul+ll long long?      true
10)is ll+ull unsigned long long?        true
11)is ull+f float?       true
12)is f+d double?         true
13)is ld+d long double? true
14)is (c+(i-f)*l-d) double?      true
15)double: f+d=69.12
16)int: f+d=69
17)int(d)%3=2      d=56.78
```

代码分析:

(1) **变量定义及初始化**。代码第 6~18 行定义了数据类型不同的各变量,并赋了初值。代码第 19 行定义了一个布尔变量。

(2) **char 类型＋unsigned char 类型**。代码第 20 行 is=typeid(c+uc)==typeid(char) 语句的作用是判断 c+uc 的数据类型是否为 char,然后将结果赋值给 is。这里 typeid 是一个操作符,使用的方法是 typeid(变量名或类型名),可以返回括号内参数的类型信息,如果"=="两侧的信息相等,则意味着 typeid(参数)中参数具有相同的类型。在使用 typeid 操作符时,需要提前包含 typeinfo 头文件。

代码第 21 行执行输出布尔变量 is 的操作,输出见运行结果第 1 行,可以看出 is 为 false,这说明 c+uc 的值类型不是 char,也就是说,char 类型数据＋无符号 char 类型数据的值数据类型不是 char。那具体的类型是什么呢?继续看下面。

代码第 22 行 is=typeid(c+uc)==typeid(int),看 char 类型数据＋无符号 char 类型数据的值数据类型是否是 int,代码第 23 行执行输出 is 的操作,输出见运行结果第 2 行,可以看出 is 是 true,也就是说,char 类型的数据＋无符号 char 类型的数据所得到的结果值的类型为 int 类型。

(3) **char 类型＋short int 类型**。代码第 24 行和第 25 行的目的是判断无符号 char＋短整数的结果类型是否为 int,输出结果见运行结果第 3 行,可知这两种数据求和结果为 int 类型。

(4) **short int 类型＋unsigned short 类型**。代码第 26 行、第 27 行,结合运行结果第 4 行,可知短整型 short 数＋无符号短整型 unsigned short 数的结果值的数据类型为 int。

(5) **unsigned short 类型＋int 类型**。代码第 28 行、第 29 行,结合运行结果第 5 行,可知无符号短整 unsigned short 数＋整型 int 数的结果值的数据类型为 int。

(6) **int 类型＋unsigned int 类型**。代码第 30 行、第 31 行,结合运行结果第 6 行,可知整型 int 数＋无符号整数 unsigned 的 int 结果值的数据类型为 unsigned int。

(7) **unsigned int 类型＋long 类型**。代码第 32 行、第 33 行,结合运行结果第 7 行,可知无符号整数 unsigned int＋长整数 long 的结果值的数据类型为 unsigned long。

(8) **long 类型＋unsigned long 类型**。代码第 34 行、第 35 行,结合运行结果第 8 行,可知长整型 long 数据＋无符号长整型 unsigned long 数据的结果值的数据类型为 unsigned long。

(9) **unsigned long 类型＋long long 类型**。代码第 36 行、第 37 行,结合运行结果第 9 行,可知无符号长整型 unsigned long 数据＋超长整型 long long 数据的结果值的数据类型为 long long。

(10) **long long 类型＋unsigned long long 类型**。代码第 38 行、第 39 行,结合运行结果第 10 行,可知超长整型 long long 数据＋无符号超长整型 unsigned long long 数据的结果值的数据类型为 unsigned long long。

(11) **unsigned long long 类型＋float 类型**。代码第 40 行、第 41 行,结合运行结果第 11 行,可知无符号超长整型 unsigned long long 数据＋单精度浮点数 float 数据的结果值的数据类型为 float。

(12) **float 类型＋double 类型**。代码第 42、第 43 行,结合运行结果第 12 行,可知单精度浮点数 float 数据＋双精度浮点数 double 数据的结果值的数据类型为 double。

（13）**double 类型＋long double 类型**。代码第 44 行、第 45 行，结合运行结果第 13 行，可知双精度 double 数据＋长双精度 long double 数据的结果值的数据类型为 long double。

（14）**多种类型混合运算**。代码第 46 行、第 47 行，用于判断并输出 c＋(i－f)＊l－d 的数据类型是否为 double 类型，这里的计算过程包括几部分，首先是括号内 i－f 类型为 float，然后乘以 l，结果继续为 float，然后计算 char＋float，结果为 float，最后－double，所以数据类型最终为 double，运行结果第 14 行说明结果类型的确为 double。

（15）**float＋double 类型运算后赋值给 double 类型**。代码第 48 行、第 49 行中计算 float＋double 类型数据，结果赋值给 double，运行结果第 15 行输出了结果，该过程没有数据损失。

（16）**float＋double 类型运算后赋值给 int 类型**。代码第 50 行、第 51 行运行计算 float＋double 类型数据，结果赋值给 int，也就是隐含了强制转换，从运行结果第 16 行可以看出，double 类型数据的小数部分丢失。

（17）**double 强制转换为 int**。代码第 52 行，int(d)首先将 double 类型强制转换为 int，这样小数部分丢失，只保留整数部分，代码第 53 行输出结果，输出见运行结果第 17 行，可以看出在 int(d)中 d 本身的数据值并没有发生改变。

根据以上运行情况，可以将数据类型转换的规则总结如下。首先表 2.4 给出了一个数据类型的排序，级别从高(1 级)到低(9 级)排序。

表 2.4 数据类型排序

级 别	名 称
1	long double
2	double
3	float
4	unsigned long long
5	long long
6	unsigned long
7	long
8	unsigned int
9	int

数据类型转换的具体规则如下。

（1）char、short 相关类型在计算时均升级为 int。
（2）不同级别的数据运算时，低级数据均升级为高级数据类型。
（3）在 int 和 long 长度相等时，**unsigned int** 在和 **long** 相关数运算时，结果为 **unsignd long** 类型。
（4）当数据赋值给左值（赋值号左侧变量）时，数据均强制转换为左值数据类型。

2.3.8 复合赋值运算符

在赋值运算符"＝"之前可以加上先前的其他运算符，比如算术运算符、位操作运算符等构成复合赋值运算符，这些运算相当于两个操作数运算之后再赋值。比如"a＋＝b"相当于 a＝a＋b，其他运算符还有－＝、＊＝、/＝、%＝、<<＝、>>＝、&＝、|＝、^＝等。

【例 2.15】 复合赋值运算符使用示例。

程序代码：

```
01    #include <iostream>
02    using namespace std;
03    int main()
04    {
05        int a=123,b=22,c=4;
06        a+=c;
07        cout<<"1)after a+=c,a="<<a<<endl;
08        a-=c;
09        cout<<"2)after a-=c,a="<<a<<endl;
10        a*=c;
11        cout<<"3)after a*=c,a="<<a<<endl;
12        a/=c;
13        cout<<"4)after a/=c,a="<<a<<endl;
14        a%=c;
15        cout<<"5)after a%=c,a="<<a<<endl;
16        a<<=c;
17        cout<<"6)after a<<=c,a="<<a<<endl;
18        a>>=c;
19        cout<<"7)after a>>=c,a="<<a<<endl;
20        a&=b;
21        cout<<"8)after a&=b,a="<<a<<endl;
22        a|=b;
23        cout<<"9)after a|=b,a="<<a<<endl;
24        a^=b;
25        cout<<"10)after a^=b,a="<<a<<endl;
26        return 0;
27    }
```

运行结果：

```
1)after a+=c,a=127
2)after a-=c,a=123
3)after a*=c,a=492
4)after a/=c,a=123
5)after a%=c,a=3
6)after a<<=c,a=48
7)after a>>=c,a=3
8)after a&=b,a=2
9)after a|=b,a=22
10)after a^=b,a=0
```

代码分析：

以下分析过程中需要注意 a 的值不是固定不变的。

（1）"+="运算。代码第 6 行、第 7 行、运行结果第 1 行，可以看出 a+=c，相当于 a=a+c。

（2）"-="运算。代码第 8 行、第 9 行、运行结果第 2 行，可以看出 a-=c，相当于 a=a-c。

（3）"*="运算。代码第 10 行、第 11 行、运行结果第 3 行，可以看出 a*=c，相当于 a=a*c。

（4）"/="运算。代码第 12 行、第 13 行、运行结果第 4 行，可以看出 a/=c，相当于 a=a/c。

（5）"%="运算。代码第 14 行、第 15 行、运行结果第 5 行，可以看出 a%=c，相当于 a=a%c。

（6）"<<="运算。代码第 16 行、第 17 行、运行结果第 6 行，可以看出 a<<=c，相当于 a=a<<c，也就是 a 左移 c 位。

（7）">="运算。代码第 18 行、第 19 行、运行结果第 7 行，可以看出 a>>=c，相当于 a=a>>c，也就是 a 右移 c 位。

（8）"&="运算。代码第 20 行、第 21 行、运行结果第 8 行，可以看出 a&=b，相当于 a=a&b。

（9）"|="运算。代码第 22 行、第 23 行、运行结果第 9 行，可以看出 a|=b，相当于 a=a|b。

（10）"^="运算。代码第 24 行、第 25 行、运行结果第 10 行，可以看出 a^=b，相当于 a=a^b。

2.3.9 逗号运算符

逗号运算符，是优先级最低的运算符，可以按照逗号分隔的表达式出现的先后顺序运算，其语法形式为：

表达式 1,表达式 2,…, 表达式 n;

其功能为依次运算每一个表达式。

【例 2.16】 逗号运算符使用示例。

程序代码：

```
01   #include <iostream>
02   using namespace std;
03   int main()
04   {
05       int a=1;
06       a=a+4,a*5,a=a+6;
07       cout << a << endl;
08       return 0;
09   }
```

运行结果：

```
11
```

代码分析：

代码第 6 行首先运算 a=a+4，运算结束后 a=5，然后运算 a*5 得到 20，但这个 20 没有赋值给任何变量，最后计算 a=a+6，所以 a=11。

2.3.10 运算符的优先级

用各种运算符、括号将运算对象（常量、变量等）连接起来，就形成符合 C++语法规范的表达式。在 C++中求解表达式的时候要按照运算符的优先级和结合性来进行。

【例 2.17】 混合运算使用示例。

程序代码:

```cpp
01  #include <iostream>
02  using namespace std;
03  int main()
04  {
05      int a=100,b=1;
06      a=(a+50-30*4/2)*b++;
07      cout << a <<'\t'<< b << endl;
08      return 0;
09  }
```

运行结果:

```
90      2
```

代码分析:

代码第6行的表达式,由于括号优先级最高,先计算括号内的部分,这一部分内部计算按照先乘除、后加减的规则运算,得到值为90,然后计算 * b++ 部分,由于 * 的优先级比++优先级低,则先计算++部分,所以先将 b 提供给表达式计算返回 90 给 a,然后计算 b++ 得到 b=2。在运行过程中首先按照运算符的优先级从高到低的顺序来运算,而当运算对象两侧的运算符优先级相同时,则按照运算符的结合性来运算。关于运算的优先级和结合性参阅**附录 G**。

在实际程序设计过程中,为了方便阅读和理解,建议用增加括号来显式标明各种运算表达式运算的先后次序,这样程序更容易被理解。

2.4 本章小结

本章概述了 C++ 中的常量概念及表示形式,变量的概念、定义和输入输出,在此基础上进一步介绍了运算符和表达式。运算符及表达式是程序构建和执行操作的基础,可以用于对操作数执行特定的操作,如数学计算、逻辑判断、位操作等,关系运算符和逻辑运算符可以用于控制程序的流程,如条件语句和循环等。

在 C++ 中,运算符和表达式扮演着至关重要的角色,它们是程序构建和执行操作的基础。在学习本章的过程中,要注重对基础知识的深入理解和熟练运用,比如深入理解常量和变量的概念,并熟练编写常量的声明、变量的定义、各类数据类型的运算和各种表达式的程序,要克服对困难的恐惧和对学习各类看似烦琐的基础知识的厌倦,不断积累,才有可能为后续的学习打下良好的基础。

习题 2

1. 简述 C++ 中常量的概念及声明形式。
2. 简述 C++ 中变量的概念及声明形式。

3. 写出下列算术表达式的值。
(1) 10 / 4 + 3 * 2.5 − 'B'
(2) (7.2 + 5) * (3 − (float)'3') / 2
(3) (int)(15.5 / 4) + (float)(5 − 3 * 2) − '0'
(4) (3 + 2 * int(5.0 / 2)) % 4 + 'a'
(5) (int)(7.2 / 2) + 3L * (16 / 2) − (float)(2.5 * 4) + 'A'

4. 写出下列表达式按顺序执行后每一次的 a 和 b 的值，假设初始 a=10,b=0。
(1) b=a++
(2) b=a−−
(3) b=++a
(4) b=−−a
(5) a+=a
(6) a−=a
(7) b*=b
(8) b/=b
(9) b%=b

5. 写出下列逻辑运算表达式的值。
(1) (int)3.99>4.0&&'B'<'b'||7.0f==7
(2) 0>−3&&(float)5<5.1||'Z'>='z'
(3) (int)(3.9+4.8)*2<5*2||'C'>'D'&&30<=30.0
(4) (3.14>3)&&(8%2!=0)||(3<2.72&&(int)8.5==8)
(5) !−1&&1>−1||2<int(1.5)&&'a'>'0'

6. 写出下列位运算表达式运行后的 a 值。
(1) a=8&7
(2) a=8|7
(3) a=~8
(4) a=8^15
(5) a=a<<4 假设 a 为 0x1234
(6) a=a>>4 假设 a 为 0x1234

7. 使用表达式表示万有引力公式。万有引力公式是艾萨克·牛顿在 1687 年提出的，描述了两个物体之间的引力是如何依赖于它们的质量和相互之间的距离。万有引力公式为 $F=G\dfrac{m_1 m_2}{r^2}$，其中 F 是两个物体之间的引力，G 是万有引力常数，m_1 和 m_2 分别为两个物体的质量，r 为两个物体之间的距离，请用 C++ 中的表达式描述该公式。

第 3 章

顺序结构

CHAPTER 3

顺序结构指的是程序按照代码的书写顺序,从上到下,依次执行语句的一种结构。顺序结构是程序中最基本的执行流程,没有使用任何控制流语句(如条件判断、循环等)来改变执行顺序。

3.1 程序语句

语句是构成程序的基本指令单元,它们定义了程序的行为和执行逻辑。程序就相当于由语句构成的一篇文章。C++中的语句包括如下类型。

(1) **声明语句**。C++中的声明语句用于指定变量等的唯一名字,一旦声明了一个名字,后面就可以使用了,不能未经声明就使用一个变量。一般来说,变量声明的位置应该尽可能靠近其使用的位置。比如之前声明整型变量 i,j,k 使用如下语句:

int i,j,k;

这类语句就是声明语句。

(2) **表达式语句**。表达式语句的语法形式如下。

[表达式];

表达式末尾加上分号就是表达式语句,最常用的表达式语句是赋值语句和函数调用语句。方括号表示可选项,也就是说如果没有表达式,只有一个分号,这也是合法的表达式语句,这种情况称之为空语句,相当于什么也没有做。空语句可以作为占位符,可以用在循环体中表示什么也不做的空语句。也可以用于辅助在复合语句或函数末尾放置标号。

(3) **控制语句**。控制语句可以改变程序的执行流程。具体来说,可以分为如下类型。

① **选择语句**。

C++提供了选择执行代码的方法。if 和 switch 关键字可以引导地选择执行的代码。

- if 语句。按照条件真假选择执行路径。
- switch 语句。按照条件是否满足多个分支中的一条选择执行路径。

② **循环语句**。

循环语句可以将循环体中的语句或者复合语句根据某些循环终止条件执行 0 次或多次,当执行复合语句的时候,复合语句中的语句会按照语句本身的流程控制情况进行执行,如果不是选择语句、循环语句、跳转语句等几种转移流程的语句,那么复合语句中的语句将顺序执行。

- while 语句。当某个条件成立时重复执行循环体。
- do-while 语句。先执行循环体再判断是否继续循环。
- for 语句。循环语句。
- 基于范围的 for 语句。逐个遍历某个范围(比如数组)的元素并执行循环体。

③ **跳转语句**。

跳转语句包括:

- break 语句。终止 switch 或终止循环语句。
- continue。用于在循环体内部继续下一次循环。
- return。从函数内部返回。
- goto。无条件跳转(不提倡使用)。

④ **标号语句**。

标号语句主要有以下 3 种。

- 标识符语句。该类语句主要和 goto 语句搭配使用。
- case 语句。在 switch 语句中用于判断是否和某个条件相符。
- default 语句。在 switch 语句中用于不符合任何 case 分支条件时的默认分支。

(4) **复合语句**。复合语句就是用花括号{}将多条语句括起来的语句,语法形式如下:

{[语句列表]}

通常也将复合语句称为语句块,复合语句可以看成是一条实现了复合功能的单一语句。

3.2 三种执行流程

顺序结构、选择结构、循环结构是结构化程序设计的三种基本执行流程,通过这三种基本结构程序的有机构造,可以实现各类复杂的程序功能。

(1) **顺序结构**。程序中的语句按照它们在代码中的书写顺序从上到下,一条一条依次执行,不跳过,也不重复,如图 3.1 所示。

一般而言,只要语句不是控制语句,程序就会按照语句书写的先后顺序来执行。

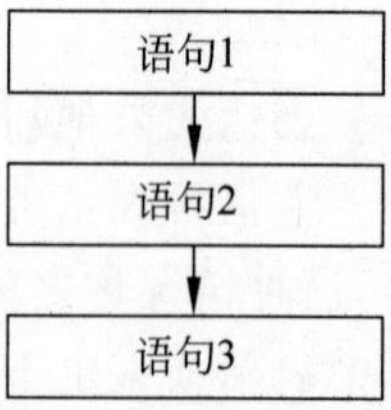

(2) **选择结构**。选择结构是程序中的语句根据某个条件来选择程序中的某些语句来执行。如图 3.2 所示。语句块为使用花括号括起来的一条或多条程序语句。选择结构包含单选(if)(见图 3.2(a))、二选一(if-else,三目运算符)(见图 3.2(b))、多选一(if-else 嵌套,switch)(见图 3.2(c))等。

图 3.1 顺序结构流程

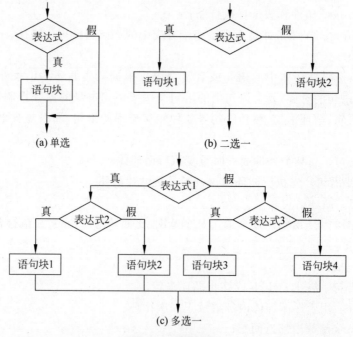

图 3.2 选择结构

在程序从上而下排列的书写布局中,看起来就是某些语句会被跳过而不执行。

(3) 循环结构。

循环结构是程序会根据条件是否满足来重复执行某些语句。循环结构可以分成当型（while,for）循环（见图 3.3(a)）和直到型（do-while）循环（见图 3.3(b)）结构两种。

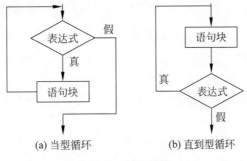

图 3.3　循环结构

3.3　顺序结构

程序代码在计算机中的执行遵循一定的流程，之前看到的所有程序均是顺序执行，也就是其中的程序语句是一条接着一条执行的，中间不会跳过其他语句，也不会执行先前已经执行过的语句。例 3.1 计算 BMI 指数也是一个顺序结构的程序。

【例 3.1】 计算 BMI 指数。

思路：

体质指数 BMI＝体重（千克）/身高（米）的平方，因此将计算过程分成 3 阶段：第 1 阶段准备好体重和身高数据；第 2 阶段按照公式计算 BMI；第 3 阶段输出 BMI。

程序代码：

```
01    #include <iostream>
02    #include <iomanip>
03    using namespace std;
04    int main()
05    {
06        //步骤 1:输入身高和体重
07        double weight,height;
08        cout <<"Please input the weight(kg):";
09        cin >> weight;
10        cout <<"Please input the height(m):";
11        cin >> height;
12        //步骤 2:计算 BMI
13        double bmi=weight/(height * height);
14        //步骤 3:输出 BMI
15        cout <<"The BMI:";
16        cout << setiosflags(ios::fixed)<< setprecision(2)<< bmi << endl;
17        return 0;
18    }
```

运行结果：

```
Please input the weight(kg):73↙
Please input the height(m):1.75↙
The BMI:23.84
```

代码分析：

代码第 6 行、第 12 行、第 14 行为单行注释，可以在程序设计时提前将注释写好，用这种方法将思路体现到代码中，方便自己编写代码。

代码第 7 行定义了 2 个双精度浮点数。

代码第 8 行输出提示信息"Please input the weight(kg):"，提示用户输入体重，输出见运行结果第 1 行前部。

代码第 9 行要求用户输入具体体重数据。

代码第 10 行输出提示信息"Please input the height(m):"，提示用户输入身高，输出见运行结果第 2 行前部。

代码第 11 行要求用户输入具体身高数据。

代码第 13 行计算 BMI 指数。

代码第 15 行输出提示信息"The BMI:"

代码第 16 行设置双精度浮点数输出为固定 2 位小数输出，输出见运行结果第 3 行。输出控制需要在程序头部包含<iomanip>头文件。

可以看出，程序代码是从第一行代码一句一句依次向下执行的，直到程序结束，这即是典型的顺序结构的程序。

视频讲解

3.4 应用

【例 3.2】 求圆面积。

思路：

圆的面积公式 $s=\pi r^2$，r 是圆的半径，π 是一个无理数常数，面积需要根据用户输入的半径来计算，因此程序总体上分为 3 个步骤：

步骤 1：输入半径。

步骤 2：计算面积。

步骤 3：输出面积。

程序代码：

```
01    #include <iostream>
02    #include <iomanip>
03    using namespace std;
04    #define PI 3.14
05    int main()
06    {
07        double r;
08        cout<<"Please input the radius of circle:";
09        cin>>r;
```

```
10      double area=PI*r*r;
11      cout<<"The area of the circle:";
12      cout<<setiosflags(ios::fixed)<<setprecision(2)<<area<<endl;
13      return 0;
14  }
```

运行结果:

```
Please input the radius of circle:3.5↙
The area of the circle:38.47
```

代码分析:

代码第7~9行是思路的步骤1,实现输入半径的目的。见运行结果第1行。

代码第10行是思路的步骤2,实现计算面积的目的。

代码第11行、第12行是算法的步骤3,实现输出面积的目的。输出见运行结果第2行。

可以看出程序对应思路,并且整个执行流程是顺序结构。

【例3.3】 小写字符转大写。

思路:

系统输入一个小写字符后,直接根据其 ASCII 码对应转换到大写的 ASCII 码,然后输出大写的 ASCII 码字符。总体上也是3个步骤:

步骤1:输入小写字符。

步骤2:转换字符到大写字符。

步骤3:输出大写字符。

程序代码:

```
01  #include<cstdio>
02  using namespace std;
03  int main()
04  {
05      char c=getchar();
06      char dif='A'-'a';
07      c=c+dif;
08      putchar(c);
09      putchar('\n');
10      return 0;
11  }
```

运行结果:

```
y↙
Y
```

代码分析:

代码第5行输入字符,这里并没有对用户输入的字符进行检测,而是假设用户输入正确的字符。输入字符的方法是调用 getchar()函数(函数是预先定义好的功能模块,在使用的时候只要按照一定的规范调用就可以了),这是一个在 cstdio 头文件中声明的函数,所以第1行包含了该头文件。getchar()函数可以输入键盘上输入的任意字符,甚至包括空格,而若这样使用：

```
char c;
cin >> c;
```

则 cin 会自动跳过其中的空格，所以在某些特定的情况(非本问题)下需要读入全部输入字符时，不能使用 cin 来读取。这一步的执行见运行结果第 1 行。

代码第 6 行通过 'A'-'a' 计算大写字符和小写字符的差，虽然这个差是固定的，包括各个字符的 ASCII 码都是固定的，不过也没有必要记忆，只要知道原理，知道大写字符连续编码，小写字符连续编码，大写和小写字符之间间隔固定，然后在程序中可以用这个方法获得固定的间隔。

代码第 7 行计算获得大写字符。

代码第 8 行输出大写字符，第 9 行输出回车符，输出字符时使用了 putchar() 函数，该函数也是在 cstdio 头文件中声明的，该函数的参数可以为字符也可以为整数，如果是整数，putchar() 函数会将该整数当作 ASCII 码解释，最终输出对应的字符。这两步的输出见运行结果第 2 行。

【例 3.4】 三位数各位数字求和。

思路：

该问题的核心是如何获取三位数的各位数字。总体上也是 3 个步骤：

步骤 1：输入三位数。

步骤 2：获得各位数，并求和。

步骤 3：输出和。

程序代码：

```
01  #include <iostream>
02  using namespace std;
03  int main()
04  {
05      int n,s(0);
06      cin >> n;
07      s+=n%10;
08      n/=10;
09      s+=n%10;
10      n/=10;
11      s+=n;
12      cout << s << endl;
13      return 0;
14  }
```

运行结果：

```
789↙
24
```

代码分析：

代码第 5 行定义了一个整型变量 n，准备用来接收用户的输入；另外定义了一个整型变量 s 并初始化为 0，目的是存储最终各位数字的和。

代码第 6 行用户输入数据 n。见运行结果第 1 行。

代码第 7 行 s+=n%10 功能有两方面：首先对于 n%10 可以获得该数的个位数，然后 += 的操作可以将该个位数加到 s 中。比如 n 为 789，那么这一步就获得了个位数 9，并将该个位数加入到 s 中。

代码第 8 行 n/=10 的目的是用 n 去除个位数以外的数更新 n，比如 n 为 789，那么这一步 n 就被更新成为 78。仔细体会第 7 行和第 8 行的功能，相信下面依次的几行代码就不难理解了。

代码第 9 行和第 7 行代码相同，这一步将继续获得更新后的 n 的个位数，比如上一步得到的 n 为 78，那这一步获得个位数为 8，并将该数加入到 s 中。

代码第 10 行和第 8 行相同，获得除个位外的数，比如这一步开始执行时候的 n 为 78，那么执行完这一句代码后，n 将变为 7。对于最初的三位数，这一步执行完后已经得到了最高位了。

代码第 11 行直接将最后的一位数加到 s 中。

代码第 12 行输出 s，输出见运行结果第 2 行。

3.5 本章小结

本章介绍了 C++ 中的程序语句、执行流程和顺序结构。程序语句是构成程序的基本单元，它们定义了程序的行为和执行逻辑。执行流程描述程序语句的执行顺序，合计有顺序结构、选择结构、循环结构三种流程，其中顺序结构是最简单的执行流程。顺序结构的逻辑简单直观，易于理解和编写。程序按照代码的物理顺序执行，不需要额外的控制结构。

在 C++ 中，大多数程序都以顺序结构作为基础，然后根据需要添加控制流语句。在学习本章的过程中，需要综合先前章节所学习的基础知识，通过将常量定义、变量定义及各类表达式以程序语句的形式表达出来，并将这些程序语句按先后关系有序地组织。编写顺序结构程序要求用户提前清晰、有条理地描述解决任务的具体过程，这就是所谓"谋定而后动"。

习题 3

1. 简述 C++ 中语句的概念。
2. 简述 C++ 中的执行流程。
3. 简述 C++ 中的顺序结构。
4. 写程序求一元二次方程 $ax^2+bx+c=0$ 的解，其中浮点数系数 a、b、c 通过键盘输入。
5. 写程序将摄氏温度 C 转换为华氏温度 F，转换公式为 $F=\left(\frac{9}{5}\right)C+32$，其中 C 通过键盘输入。
6. 写程序计算圆柱体的体积，体积计算公式为 $V=\pi r^2 h$，其中底面半径 r 和高度 h 通过键盘输入。
7. 写程序计算 1 万元人民币可以兑换多少外币，键盘输入人民币兑换外币的汇率 a。

第 4 章

选 择 结 构

CHAPTER 4

顺序结构的程序可以解决许多问题,但是在某些情况下,只有顺序结构是不够的,因为顺序结构是从程序的开始依次执行程序的每一条语句,若我们需要不执行某条语句,或者选择执行某条语句,那么就需要新的程序结构了。

C++提供了选择结构的设计:选择是否执行一条路径的 if 语句;从两个可选路径中选择一个执行的 if-else 语句;从多个可选路径中选择一个执行的 switch 语句或者通过嵌套的方法实现多路径选择一个执行的方法等。

4.1 if 语句

选择是否执行一条路径使用单独的 if 语句。
if 语句的语法结构如下。

if(表达式)
{
　　语句序列;
}

if 语句的执行流程如图 4.1 所示。

程序执行进入 if 语句后,将判断布尔表达式的真假,若为真(true,非 0 值),则执行 if 语句内的语句序列,若为假(false,0 值),则不执行相关语句序列,直接跳到 if 语句的下一条语句。

【例 4.1】 根据输入值输出是否不低于 60,若不低于 60 则输出"Pass"。

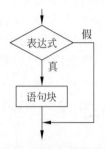

图 4.1 if 语句执行流程

程序代码:

```
01    #include<iostream>
02    using namespace std;
03    int main()
04    {
05        int score;
06        cin>>score;
07        if(score>=60)
08        {
09            cout<<"Pass"<<endl;
10        }
11        cout<<"========"<<endl;
12        return 0;
13    }
```

运行结果 1:

50↙
========

运行结果 2:

70↙
Pass
========

代码分析:

代码第 5 行、第 6 行定义一个整数变量 score,并输入数据,执行见运行结果的第 1 行。

代码第 7~10 行定义了一个 if 语句结构,if 语句将判断 score 的值是否大于或等于(不低于)60,若满足条件(结果为 true),则执行第 9 行代码,否则程序将直接跳转到第 11 行代码,而第 9 行代码执行完成之后,也将继续执行第 11 行代码。需要注意的是,if 语句中的两个细节:一个是 if 后面的布尔表达式必须加圆括号;另一个是 if 内部的语句序列上必须加花括号(见代码第 8 行和第 10 行),这样语句序列都是被 if 语句控制,逻辑上是一个整体,这也称为语句块,在这个语句块内定义的变量在语句块的外部是不能访问的。当语句序列只有一条语句时可以不加括号,但为了养成良好的编程习惯,建议即使只有一条语句也要加上括号。

运行结果 1 中第 1 行输入 score 为 50,因为 score<60,所以 if 中的布尔表达式为 false,就没有执行代码第 9 行,而运行结果 2 中第 1 行输入 score 为 70,因为 score>60,布尔表达式为 true,所以就执行了代码第 9 行,输出了 pass(见运行结果 2 第 2 行)。

代码第 11 行是在 if 语句的下一条语句,if 语句结束后(无论是否执行 if 内的语句序列),将会统一执行到该代码。

4.2 if-else 语句

从两个可选路径中选择一条执行采用 if-else 语句结构。
if-else 的语法结构如下。

if(表达式)
{
    语句序列 1;
}
else
{
    语句序列 2;
}

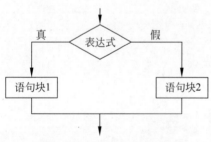

图 4.2 if-else 执行流程图

if-else 语句的执行流程如图 4.2 所示。

程序执行进入 if 语句后,将判断布尔表达式的真假,若为真(true,非 0 值),则执行语句序列 1,若为假(false,0 值),则执行语句序列 2,执行完后继续执行 if 语句的下一条语句。在进入 if 语句判断布尔表达式后,只可能执行一边的语句序列。

【例 4.2】 根据输入值和 60 的比较,若不低于 60 则输出"Pass",否则输出"Fail"。

程序代码:

```
01    #include <iostream>
02    using namespace std;
03    int main()
04    {
05        int score;
06        cin>>score;
07        if(score>=60)
08        {
```

```
09              cout<<"Pass"<<endl;
10              cout<<"Exceeding the qualified line:"<<score-60<<endl;
11          }
12          else
13          {
14              cout<<"Fail"<<endl;
15              cout<<"Below the qualified line:"<<60-score<<endl;
16          }
17          cout<<"========"<<endl;
18          return 0;
19      }
```

运行结果 1：

```
70↙
Pass
Exceeding the qualified line: 10
========
```

运行结果 2：

```
30↙
Fail
Below the qualified line: 30
========
```

代码分析：

代码第 5 行、第 6 行定义整型变量 score，并输入值。执行见运行结果第 1 行。

代码第 7~16 行是一个完整的 if-else 语句结构。if 中的布尔表达式判断 score 是否不低于 60（score<=60），若满足条件，即布尔表达式为 true，则执行代码第 8 行，代码第 11 行花括号包含的语句序列（代码第 9 行、第 10 行，在语句序列内部，仍然是顺序结构，也就是程序依次执行每一条语句），若布尔表达式为 false，即 score<60 时，此时将执行 else 的分支，即代码第 13 行、第 16 行花括号包含的语句序列（代码第 14 行、第 15 行）。

在运行结果 1 中当输入 score 为 70 时，程序执行第 9 行，输出"Pass"（见运行结果 1 第 2 行），继续执行第 10 行，输出超过合格线的数值。而在运行结果 2 中当输入 score 为 30 时，程序执行第 14 行，输出"Fail"（见运行结果 2 第 2 行），继续执行第 15 行，输出低于合格线的数值。

if 语句执行完以后，将执行 if 语句后的第一条语句，即代码第 17 行，输出见运行结果第 4 行。

4.3 if 语句的嵌套

当从多个可执行路径中选择一个执行的时候，就需要将 if 语句进行有机嵌套组合，无论是 if 语句还是 if-else 语句，整体上看其本身也是一条语句，因此其可以作为 if 或者 else 部分语句块的部分。

可以在一个外围if-else语句内嵌套if-else语句,既可以嵌套在外围if-else语句内的if语句块部分,也可以嵌套在外围if-else语句内的else语句块部分。

嵌入在外围if-else语句else部分的代码如下。

```
if(表达式 1)
{
    语句序列 1;
}
else
{
    if(布尔表达式 2)
    {
        语句序列 2;
    }
    else
    {
        语句序列 3;
    }
}
```

执行流程如图4.3所示。

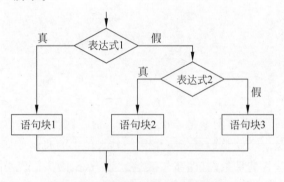

图 4.3　嵌入在 else 分支的 if 语句

程序首先进入到外围的if(布尔表达式1)的执行,根据布尔表达式1的结果的真假选择执行路径,若为真(true,非0值),则执行语句序列1,然后结束外围if语句;若表达式1的结果为假(false,0值),则进入到内部if(表达式2)的执行,根据布尔表达式2的真假选择执行路径,若为真(true,非0值),则选择执行语句序列2,若为假(false,0值),则选择执行语句序列3,内部if语句执行结束,然后外围if语句也结束。各布尔表达式的真值与执行路径对应关系总结为表4.1。

表 4.1　判断条件与执行路径对应关系

布尔表达式 1	布尔表达式 2	执行路径
true	/	语句序列 1
false	true	语句序列 2
false	false	语句序列 3

【例 4.3】　根据分数输出"Good""Pass""Fail",规则为:80分以上为Good,60分以上80分以下为Pass,60分以下为Fail。

程序代码(一):

```cpp
01  #include <iostream>
02  using namespace std;
03  int main()
04  {
05      int score;
06      cin >> score;
07      if(score>=80)
08      {
09          cout<<"Good"<<endl;
10      }
11      else
12      {
13          if(score>=60)
14          {
15              cout<<"Pass"<<endl;
16          }
17          else
18          {
19              cout<<"Fail"<<endl;
20          }
21      }
22      return 0;
23  }
```

运行结果 1:

80↙
Good

运行结果 2:

60↙
Pass

运行结果 3:

59↙
Fail

代码分析:

代码第 7~21 行为一个完整的 if-else 语句结构,在这里相当于是外围 if 语句。代码第 13~20 行为一个完整的 if-else 语句结构,相当于是内部 if 语句。

程序执行到第 7 行时,将判断 score>=80 是否成立,若为 true,则执行第 9 行代码(见运行结果 1)。若不成立,则跳转到第 13 行代码,将判断 score>=60 是否成立,若该式成立,则执行第 15 行代码(见运行结果 2),否则执行第 19 行代码(见运行结果 3)。

注意在执行内部 if 语句判断布尔表达式 2 是否成立时,是在外围 if 语句中布尔表达式 1 不成立的情况下,判断 score>=60 时已经有 score>=80 不成立的前提了,所以这里的 score 判断是否为 true 的条件实际上是 80>score>=60。

内部 if-else 也可以嵌入到外围 if-else 语句的 if 分支中。

if(布尔表达式 1)
{
    if(布尔表达式 2)
    {
        语句序列 1;
    }
    else
    {
        语句序列 2;
    }
}
else
{
    语句序列 3;
}

执行流程如图 4.4 所示。

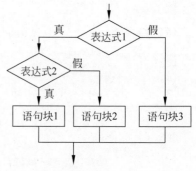

图 4.4 嵌入在 if 分支中的 if 语句

程序首先进入外围的 if(表达式 1)的执行,根据表达式 1 的结果的真假选择执行路径,若为真(true,非 0 值),则进入到内部 if(表达式 2)的执行,根据布尔表达式 2 的真假选择执行路径,若为真(true,非 0 值),则选择执行语句序列 1,若为假(false,0 值),则选择执行语句序列 2,内部 if 语句执行结束,然后外围 if 语句也结束。若布尔表达式 1 的结果为假,则执行语句序列 3,然后结束外围 if 语句。各布尔表达式的真值与执行路径对应关系总结为表 4.2。

表 4.2 判断条件与执行路径的对应关系

布尔表达式 1	布尔表达式 2	执行路径
true	true	语句序列 1
true	false	语句序列 2
false	/	语句序列 3

可以将例 4.3 的求解用这种结构的 if 语句进行实现。

程序代码(二):

```
01    #include <iostream>
02    using namespace std;
03    int main()
04    {
05        int score;
06        cin >> score;
07        if(score >= 60)
08        {
09            if(score >= 80)
10            {
11                cout << "Good" << endl;
12            }
13            else
14            {
```

```
15              cout <<"Pass"<< endl;
16          }
17      }
18      else
19      {
20          cout <<"Fail"<< endl;
21      }
22      return 0;
23  }
```

运行结果 1：

80↙
Good

运行结果 2：

60↙
Pass

运行结果 3：

59↙
Fail

代码分析：

代码第 7~21 行为一个完整的 if-else 语句结构，在这里相当于外围 if 语句。代码第 9~17 行为一个完整的 if-else 语句结构，相当于内部 if 语句。

程序执行到第 7 行时，将判断 score>=60 是否成立，若为 true，则跳转到第 9 行代码，将判断 score>=80 是否成立，若成立，则执行第 11 行代码（见运行结果 1）。若不成立，则执行第 15 行代码（见运行结果 2）；若外围 if 语句中 score>=60 判断不成立，则程序将跳转执行第 20 行代码（见运行结果 3）。

注意在执行内部 if 语句判断布尔表达式 2 是否成立时，是在外围 if 语句中布尔表达式 1 不成立的情况下，判断 score>=80 时已经有 score>=60 成立了，所以内部 if 中 score>=80 不成立的条件实际上是 80>score>=60。

这里只是将两个 if 语句进行了嵌套，实现了从三条路径中选择一条路径，对于从更多路径中选择一条路径执行的问题，也可以采用类似的方法使用 if 语句的嵌套来解决。

4.4 条件运算符

某些情况下，可以用条件运算符"?:"来简化 if 的运算，其语法规则如下。

(布尔表达式 1)?表达式 2：表达式 3；

执行流程如图 4.5 所示。

可以看出，条件运算的执行流程类似于 if-else 语句结构，程序判断表达式 1 的真假，若为真(true,非0),则返回表达式2的值作为整个表达式的值,若为假(false,0值),则返回表达式3的值作为整个表达式的值,执行完后继续条件运算语句的下一条语句。

【例4.4】 根据输入的两个数输出较大的数。

这个题目可以用if-else的语句结构,写成代码1的形式,也可以用条件运算语句写成代码2的形式。

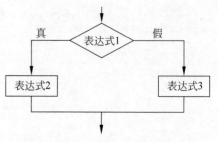

图4.5 条件运算符?:的执行流程

程序代码1:

```
01  #include <iostream>
02  using namespace std;
03  int main()
04  {
05      int a,b;
06      cin >> a >> b;
07      cout <<"The larger number of "<< a <<" and "<< b <<":";
08      if(a > b)
09      {
10          cout << a << endl;
11      }
12      else
13      {
14          cout << b << endl;
15      }
16      return 0;
17  }
```

程序代码2:

```
01  #include <iostream>
02  using namespace std;
03  int main()
04  {
05      int a,b;
06      cin >> a >> b;
07      cout <<"The larger number of "<< a <<" and "<< b <<":";
08      int c=(a > b)?a:b;
09      cout << c << endl;
10      return 0;
11  }
```

运行结果1:

34 56↙
The larger number of 34 and 56:56

运行结果2:

89 76↙
The larger number of 89 and 76:89

代码分析：

代码第 8 行使用了条件运算语句，c＝(a＞b)?a:b，在这个语句中，a＞b 是布尔表达式，程序将首先判断 a＞b 是否成立，若成立，则返回 a，否则返回 b，返回的值赋给 c，在某些情况下，也可以不保存返回值。

4.5 switch

从多个可选路径中选择一条路径执行可以使用 if-else 的嵌套结构实现，在某些情况下，使用 switch 语句实现更简洁。switch 语句的语法如下。

```
switch(表达式)
{
    case 常量 1:
        语句序列 1;
        break;
    case 常量 2:
        语句序列 2;
        break;
    ...
    case 常量 n:
        语句序列 n;
        break;
    default:
        语句序列 n+1;
        break;
}
```

执行流程如图 4.6 所示。

程序执行 switch 语句时，首先计算 switch(表达式)中表达式的值，注意这里的值不必是只有两个真值的布尔值，而是可以有多个取值范围的常数值，然后根据计算到的值去匹配 case 分支，若等于常数 1，则执行语句序列 1，然后执行 break，结束 switch 语句到 switch 语句的下一句；如果表达式的值为常数 2，则执行语句序列 2，然后执行 break，结束 switch 语句到 switch 语句的下一句；以此类推，若表达式的值和常数 1、常数 2、…、常数 n 均不相等，则进入 default 分支，执行语句序列 n+1，再执行 break 退出 switch 语句。

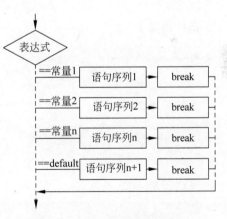

图 4.6 switch 语句的执行流程

【例 4.5】 根据输入的数值判断等级，60 分以下为 Fail，60～69 分为 Pass，70～79 分为 Medium，80～89 分为 Good，90～100 分为 Excellent。

程序代码（一）：

```
01  #include <iostream>
02  using namespace std;
```

```
03    int main()
04    {
05        int score;
06        cout <<"Please input a score(0~100):";
07        cin >> score;
08        int type=score/10;
09        switch(type)
10        {
11        case 10:
12            cout <<"Excellent"<< endl;
13            break;
14        case 9:
15            cout <<"Excellent"<< endl;
16            break;
17        case 8:
18            cout <<"Good"<< endl;
19            break;
20        case 7:
21            cout <<"Medium"<< endl;
22            break;
23        case 6:
24            cout <<"Pass"<< endl;
25            break;
26        default:
27            cout <<"Fail"<< endl;
28            break;
29        }
30        return 0;
31    }
```

运行结果 1：

Please input a score(0~100):80↙
Good

运行结果 2：

Please input a score(0~100):100↙
Excellent

运行结果 3：

Please input a score(0~100):50↙
Fail

代码分析：

代码第 5~7 行定义了一个整型变量,用于保存用户输入的分数 score。

代码第 8 行 type=score/10,获得分数整除 10 以后的数,该数的取值范围为 0~10 的整数。

代码第 9~29 行是一个完整的 switch 语句结构。

代码第 11~13 行为 score=100 时的分支,此时 type=10,则程序将执行此分支,执行第 12 行,输出 Excellent,再执行 break,程序将跳转到 switch 语句的下一条语句,这里即第 30 行代码。

同理,对于 score 在 90～99 范围内的数,case 9 分支可以处理,80～89 范围内的数,case 8 分支可以处理,70～79 范围内的数,case 7 分支可以处理,60～69 范围内的数,case 6 分支可以处理。

而对于不在 60～100 范围内的数,由于处理的方法均是统一的,程序利用 default 分支来进行统一处理,相当于只要不在上面所有 case 分支中的处理,都由 default 分支来处理。

可以看出当 type=10 和 type=9 的时候执行的语句可以一致,对于这种情况,我们可以将代码换成另外一种方式书写,见如下代码。

程序代码(二):

```
01    #include <iostream>
02    using namespace std;
03    int main()
04    {
05        int score;
06        cout <<"Please input a score(0～100):";
07        cin >> score;
08        int type=score/10;
09        switch(type)
10        {
11        case 10:
12        case 9:
13            cout <<"Excellent"<< endl;
14            break;
15        case 8:
16            cout <<"Good"<< endl;
17            break;
18        case 7:
19            cout <<"Medium"<< endl;
20            break;
21        case 6:
22            cout <<"Pass"<< endl;
23            break;
24        default:
25            cout <<"Fail"<< endl;
26            break;
27        }
28        return 0;
29    }
```

代码分析:

代码第 11～14 行是统一处理 type=9 和 type=10 的情况。这里当 score=100 时,type=10,则程序进入 type=10 的分支,由于在此分支中没有遇到任何语句,也就是说没有做任何工作,最关键的是没有遇到 break 语句,那么程序将依次进入下一个分支,也就是 case 9 分支的语句执行(这里不需要去匹配 9,而是直接进入 case 9 分支内的语句块),一直执行遇到 break 才结束 switch 语句。

而对于 100>score>=90 的数,type=9,则程序直接进入 case 9 分支执行,执行输出

Excellent 后,遇到 break 语句,则程序结束 switch 语句。

因此,在 switch 语句进入到某个分支后,只要没有遇到 break 语句,则程序将直接进入到紧邻的下一个 case 分支内执行,直到遇到 break 语句才结束 switch 语句的执行。

视频讲解

4.6 应用

【例 4.6】 三角形求面积。

思路:

输入三角形的三条边的长度 a,b,c,首先要判断这三条边的长度能否构成一个三角形,若能构成三角形再根据三角形面积公式 $area=\sqrt{s(s-a)(s-b)(s-c)}$,其中 $s=\dfrac{a+b+c}{2}$ 直接计算面积。

程序代码:

```
01  #include <iostream>
02  #include <cmath>
03  #include <iomanip>
04  using namespace std;
05  int main()
06  {
07      int a,b,c;
08      cin>>a>>b>>c;
09      if(a+b>c&&a+c>b&&b+c>a)
10      {
11          double s=(a+b+c)/2.0;
12          double area=sqrt(s*(s-a)*(s-b)*(s-c));
13          cout<<setiosflags(ios::fixed)<<setprecision(2)<<area<<endl;
14      }
15      else
16      {
17          cout<<"it is not a triangle"<<endl;
18      }
19      return 0;
20  }
```

运行结果 1:

3 4 8↙
it is not a triangle

运行结果 2:

3 4 6↙
5.33

代码分析:

代码第 7 行、第 8 行输入三条边。

代码第 9~18 行为一个完整的 if-else 语句结构,该 if 语句首先判断三边长度能否构成一个合法的三角形,若满足则计算面积(代码第 11～13 行),若不满足则执行第 17 行。

代码第 11 行得到三边和的一半。注意这里定义的变量 s 只在布尔表达式为 true 的分支内有效,也就是其有效范围为代码第 11～13 行范围。同时,C++中变量可以在使用的时候随处定义,不必像某些程序设计语言必须在程序的头部定义,这是其比较方便的地方。

代码第 12 行求得三角形的面积。

代码第 13 行输出面积,并且保留小数点后两位。

运行结果 1 为三边不能构成合法三角形的示例,运行结果 2 为三边能构成一个合法三角形后计算面积的示例。

【例 4.7】 判断闰年。

思路:

闰年的判断满足一条规则即可:一是整除 400,二是整除 4 但不能整除 100。

程序代码:

```
01  #include<iostream>
02  using namespace std;
03  int main()
04  {
05      int year;
06      cin>>year;
07      bool isLeap1=(year%4==0)&&(year%100!=0);
08      bool isLeap2=year%400==0;
09      bool isLeap=isLeap1||isLeap2;
10      if(isLeap)
11      {
12          cout<<"The year "<<year<<" is a leap year"<<endl;
13      }
14      else
15      {
16          cout<<"The year "<<year<<" is not a leap year"<<endl;
17      }
18      return 0;
19  }
```

运行结果 1:

2200↙
The year 2200 is not a leap year

运行结果 2:

2020↙
The year 2020 is a leap year

代码分析:

代码第 7 行,定义了布尔变量 isLeap1,赋值为年份可以被 4 整除但不能被 100 整除。

代码第 8 行,定义了布尔变量 isLeap2,赋值为年份可以被 400 整除。

代码第 9 行,定义了布尔变量 isLeap,赋值为 isLeap1 和 isLeap2 的逻辑或,这样只要 isLeap1 或者 isLeap2 中有一个为 true,则 isLeap 即为 true。

代码第 10~17 行为一个完整的 if-else 语句,若 isLeap 为 true,则执行第 12 行,输出为闰年的结果,见运行结果 2,若 isLeap 为 false,则执行第 16 行,输出不是闰年的结果,见运行结果 1。

另外,补充以下两点:

(1) 这里可以将第 7 行、第 8 行、第 9 行合并起来,写成一个完整的逻辑表达式:isLeap=(year%4==0)&&(year%100!=0)||(year%400==0)。

(2) 也可以不需要第 7~9 行,直接将逻辑表达式放入到第 10 行的 if 语句中,比如第 10 行语句可以改成:if((year%4==0)&&(year%100!=0)||(year%400==0))。

这两种写法一定要注意其中括号的运用。

【例 4.8】 分段函数求解。

$$y = \begin{cases} x, & x < 0 \\ x^2, & 0 \leqslant x \leqslant 1 \\ \sqrt{x}, & x > 1 \end{cases}$$

思路:

根据 x 的取值范围,选择不同的函数来定义 y。这里需要分三种情况讨论,所以可以理解成从三个可执行路径中选择一个执行,由于每一个执行路径的判断条件不是简单的常量,所以这里不能采用 switch 语句,只能用支持多个路径选择一个执行的嵌套 if 语句来实现。

程序代码:

```
01    #include<iostream>
02    #include<iomanip>
03    #include<cmath>
04    using namespace std;
05    int main()
06    {
07        double x,y;
08        cin>>x;
09        if(x<0)
10        {
11            y=x;
12        }
13        else
14        {
15            if(x<=1)
16            {
17                y=x*x;
18            }
19            else
20            {
21                y=sqrt(x);
22            }
23        }
24        cout<<setiosflags(ios::fixed)<<setprecision(4)<<y<<endl;
25        return 0;
26    }
```

运行结果 1：

```
-1↙
-1.0000
```

运行结果 2：

```
0.35↙
0.1225
```

运行结果 3：

```
8↙
2.8284
```

代码分析：

代码第 9~23 行为一个完整的 if-else 语句，代码第 15~22 行为嵌入在外围 if-else 语句 else 部分的一个内部 if-else 语句，这样就实现了从三个分支中选择一个执行的目的。

代码第 9 行，判断 x<0 是否成立，若成立，则执行第 11 行 y=x，然后跳转到第 24 行，输出 y(见运行结果 1)。若不成立，则程序将跳转到 else 内部，执行第 15 行。

代码第 15 行判断 x<=1 是否成立，若成立，将执行第 17 行 y=x*x，然后跳转到第 24 行，输出 y(见运行结果 2)。若 x<=1 不成立，则执行第 21 行 y=sqrt(x)，然后跳转到第 24 行，输出 y(见运行结果 3)。

4.7 本章小结

本章介绍了 C++中的选择结构，选择结构主要实现的方法包括：实现单选的 if 语句：根据条件是否成立来决定是否执行语句块；实现二选一的 if-else 语句：根据条件的真假从两个语句块中选择一个执行；实现多选一的 if-else 嵌套结构：通过多个条件的组合真假从多个语句块中选择一个执行。同时介绍了在某些情况下可以简化 if-else 语句的三目运算符:?，以及多选一的特例 switch 语句：根据表达式的不同的整数值来选择对应的分支项进入执行。

在学习选择结构的程序设计时，需要分析将要执行的程序不同条件下的功能语句，设计出判断条件是否成立的表达式，然后根据表达式可能值的数量选择合适的选择结构实现语句，设计出最终的程序。选择结构的程序可以在逻辑判断、错误处理、异常捕获、用户界面设计等应用场所发挥作用。

选择结构流程在日常工作和生活中无处不在，比如我们个人选择勤奋而不是躺平的人生态度，我们国家选择走中国特色的社会主义道路而不是其他社会制度，这些都是智慧的选择，每一种选择都会带来一系列后续行动和结果，因此在做选择的时候一定要审慎。

习题 4

1. C++如何实现选择结构的单选、二选一、多选一的执行流程？

2. 输入3个整数,输出其中最小的整数。

3. 分段函数求解 $y=\begin{cases} -x, & x<10 \\ x^3, & 10 \leqslant x \leqslant 100 \\ 2x+5, & x>100 \end{cases}$

4. 目前按规定大学生门诊发生的符合规定的医疗费用按下列比例给予报销,其余部分个人自付:①医疗费用不满1000元的部分,报销35%;②医疗费用在1000元(含1000元)以上,不满5000元的部分,报销45%;③医疗费用在5000元(含5000元)以上,不满10000元的部分,报销55%;④医疗费用在10000元(含10000元)以上的部分,报销65%。请根据某个学生的门诊治疗的总额计算其个人应支付的金额。

5. 输入1~7的整数,要求输出周一到周日。

6. 输入3个整数,按从小到大输出。

7. 检测输入的某一个三位整数(如水仙花数153)是否满足各位数字立方和等于该数。

第5章 循环结构

CHAPTER 5

顺序结构和选择结构的程序执行时候的特点是从前向后执行,可以选择不执行某些语句,或者从多个可执行路径中选择一个执行,但它们均不会回头执行之前已经执行过的语句。在某些情况下,程序可能会需要重复执行以前执行过的语句,这就需要循环结构的程序了。

5.1 while 语句

【例 5.1】 输出 5 遍"Hello C++"(只用顺序语句书写)。

程序代码:

```
01    #include <iostream>
02    using namespace std;
03    int main()
04    {
05        cout <<"Hello C++"<< endl;
06        cout <<"Hello C++"<< endl;
07        cout <<"Hello C++"<< endl;
08        cout <<"Hello C++"<< endl;
09        cout <<"Hello C++"<< endl;
10        return 0;
11    }
```

运行结果:

```
Hello C++
Hello C++
Hello C++
Hello C++
Hello C++
```

代码分析:

代码第 5~9 行将输出语句书写了 5 遍。

不过,显然这种重复写代码的方式只适合重复语句数较少的情况,若重复得太多,这样写代码就不现实了。

C++中提供了支持重复执行语句的循环结构,包括 while 语句、do-while 语句、for 语句等几种。

while 语句的语法如下。

```
while(表达式)
{
    语句序列;
}
```

while 语句的执行流程如图 5.1 所示。

程序执行 while 语句时,首先判断 while(布尔表达式)中布尔表达式值的真假,若为假(false),则跳过 while 语句,执行 while 语句的下一条语句;布尔表达式若为真(true),则进入 while 语句内部,执行其中的语句序列,执行完后,再回到 while(布尔表达式)的布尔表达式的判断,然后重复该流程。

一般来说,循环结构的程序都蕴含内在的重复执行的操作,因此,在设计循环结构程序时,首先需要回答两个问题:①重复

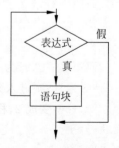

图 5.1 while 语句的执行流程

的操作是什么？②控制重复的因素是什么？

通过这两个要点可以提炼出循环的三个要素：①循环重复执行的动作；②循环的起止条件；③循环条件的改变规则。当找到了这三个要素之后，就比较容易编写循环结构的程序了。

【例 5.2】 输出 5 遍"Hello C++"(用 while 循环书写)。

思路：

通过分析这个问题，可以发现：①重复的操作是输出"Hello C++"；②控制重复的因素是输出次数，只要次数不超过 5 次就重复执行输出，否则就不再操作。

因此，可以提炼出循环的三个要素：①循环重复执行的操作为输出"Hello C++"；②循环次数从第 1 次开始，到第 5 次完成结束；③循环计次每完成 1 次输出增加 1 次。

由此，可以顺利地写出正确的程序。

程序代码：

```
01    #include <iostream>
02    using namespace std;
03    int main()
04    {
05        int row=1;
06        while(row<=5)
07        {
08            cout<<"Hello C++"<<endl;
09            row++;
10        }
11        cout<<"row="<<row<<endl;
12        return 0;
13    }
```

运行结果：

```
Hello C++
Hello C++
Hello C++
Hello C++
Hello C++
row=6
```

代码分析：

代码第 5 行定义了一个整型变量 row，初始化为 1，用于控制和改变循环语句的布尔表达式的值，当然该变量也具有清晰的物理含义，表示输出的行数(虽然该行数并不会显示)，有时我们称控制循环布尔表达式中的变量为循环变量。

代码第 6~10 行为一个完整的 while 语句结构。程序首先执行第 6 行，此时 row=1，row<=5 为真，则进入到 while 语句内部，开始执行第 8 行，输出运行结果第 1 行，然后执行第 9 行，row 变成 2，程序将跳回到第 6 行执行，判断 row<=5 是否成立，此时仍然成立，继续执行第 8 行，输出运行结果第 2 行，以此类推：输出，改变 row，判断布尔表达式。直到输出 5 次后，row 变成 6，此时再跳转执行第 6 行，row<=5 不成立，则程序将结束 while 语句，跳到代码第 11 行执行，输出运行结果第 6 行。

这里的代码第 8 行即为重复操作，row 相当于控制因素，在进入 while 循环语句之前，代码第 5 行初始化该控制因素，然后在循环语句中，通过第 9 行代码 row++ 改变控制因素。

【例 5.3】 1~100 求和。

思路：

通过分析这个问题，可以发现：

(1) 重复的操作是求和，求和必须是将值保存到唯一的变量空间。

(2) 控制重复的因素是求和的数值范围：从 1 到 100，若该数不在该范围内，则不能再重复操作。

处理一些求和时的小技巧：

```
sum=0;          //开始时初始化 sum
sum=sum+1;
sum=sum+2;
...
sum=sum+n;
```

也就是求和可以用 sum=sum+i 来表示，然后改变(求和数值)i 依次为 1,2,...,n 加入 sum 中，实现了汇总，也就是控制 i 的范围，就控制了可以求和的范围。可以提炼出该循环的三个要素：①循环重复执行的操作为 sum=sum+i；②循环从求和数值 i=1 开始，到 i=100 结束；③求和数值每完成 1 次求和增加 1。

程序代码：

```
01   #include <iostream>
02   using namespace std;
03   int main()
04   {
05       int n=1,sum=0;
06       while(n<=100)
07       {
08           sum=sum+n;
09           n++;
10       }
11       cout<<sum<<endl;
12       return 0;
13   }
```

运行结果：

```
5050
```

代码分析：

代码第 5 行定义了两个整型变量 n 和 sum，n 用于控制循环范围，n 设计成从 1 变化到 100，sum 用于保存最后的求和，初始化值设为 0。

代码第 6~10 行为 while 循环语句，第 8 行为重复操作，第 9 行为循环变量改变语句。

程序从开始执行到第 6 行时，sum=0，n=1，此时 n<=100 成立，则程序执行第 8 行，sum=sum+1，所以 sum 就汇总了 1，然后执行第 9 行 n 变成 2，继续执行第 6 行，进行 n<=100

的判断,若成立,重复第 8、第 9 行操作,若不成立,则结束 while 循环,可以看出只有当 n=101 时,此时 while 语句中 n<=100 这个布尔表达式才为 false,于是 while 语句结束,在此之前 sum 已经汇总了 1~100 的所有整数了。

5.2 do-while 语句

循环结构的语句还可以使用 do-while 语句,do-while 语句如下。

```
do
{
    语句序列;
}while(表达式);
```

该语句的执行流程如图 5.2 所示。

语句执行到 do-while 语句时,先进入花括号内部执行语句序列,执行完以后再进行 while(布尔表达式)的执行,判断布尔表达式是否为真,若为真(true),则返回重复执行之前已经执行过的语句序列,若布尔表达式为假(false),则结束 do-while 语句,进入到下一条语句。

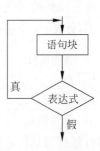

图 5.2 do-while 语句的执行流程

【例 5.4】 1~100 求和(使用 do-while 语句)。

程序代码:

```
01    #include <iostream>
02    using namespace std;
03    int main()
04    {
05        int n=1,sum=0;
06        do
07        {
08            sum+=n;
09            n++;
10        }while(n<=100);
11        cout << sum << endl;
12        return 0;
13    }
```

运行结果:

5050

代码分析:

代码第 5 行定义了整型变量 n 和 sum,sum 用于保存最后的汇总值,n 为循环变量,用于控制循环的起止。

代码第 6~10 行为 do-while 语句结构。程序在开始执行进入到 do-while 语句时,第一次执行第 8 行代码 sum+=n 时相当于执行 sum+=1,然后执行第 9 行代码 n++,n 变为 2,继续执行第 10 行,此时 n<=100,则程序重复执行第 8 行代码,进行循环,一直到 n=100

的时候,仍然有 sum+=n 执行,此时 n++,n 将变成 101,继续执行第 10 行代码,n<=100 的结果为假(false),则程序结束 do-while 语句执行,下一步将执行第 11 行代码,此时的 n 为 101。第 11 行代码执行将输出结果(运行结果)。

可以看出 do-while 语句同样可以实现循环结构,其执行流程与 while 语句略有差异,while 是先判断布尔表达式然后执行内部的语句序列,而 do-while 语句是先执行内部的语句序列,然后再判断布尔表达式是否成立。

5.3 for 语句

循环结构的第 3 种语句是 for 语句,for 语句如下。

for(表达式 1;表达式 2;表达式 3)
{
    语句序列;
}

执行流程如图 5.3 所示。

for 语句圆括号中包括 3 个表达式,并用分号隔开。程序执行的时候首先执行表达式 1,然后判断表达式 2 是否为真(true,非 0 值),若为真,则执行花括号内部的语句序列,执行完后,执行 for 语句圆括号中的表达式 3,然后再判断表达式 2 是否为真,若成立,则循环,若表达式 2 为假(false,0 值),则 for 语句结束,进入 for 语句的下一条语句。

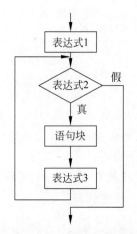

图 5.3 for 语句的执行流程

【例 5.5】 从 1 到 100 求和(使用 for 语句)。
程序代码:

```
01    #include <iostream>
02    using namespace std;
03    int main()
04    {
05        int sum=0;
06        for(int n=1;n<=100;n++)
07        {
08            sum+=n;
09        }
10        cout << sum << endl;
11        return 0;
12    }
```

运行结果:

5050

代码分析:

代码第 6~9 行为 for 语句,for 语句的圆括号中包括 3 个表达式,分别是表达式 1:n=1,布尔表达式 n<=100,表达式 2:n++,for 语句的花括号中的语句序列只有一条语句 sum+=n。

在执行到第 6 行代码时,首先执行 int n=1,也就是定义了整型变量 n,并赋初值为 1,注意表达式 1 在整个 for 语句的执行中只执行这一次,所以表达式 1 相当于初始化,一般在程序设计时,也是用作循环变量初始化。

执行完表达式 1,程序执行布尔表达式,判断 n<=100 是否成立,因为 1<=100,则进入 for 花括号内,执行第 8 行代码 sum+=1。

程序继续执行表达式 3:n++,所以 n 此时变成 2,下一步程序执行布尔表达式,判断 n<=100,若成立则重复上述流程,若此布尔表达式不成立,比如当 n=101 时,则此时布尔表达式为假(false),程序将结束 for 语句的执行,直接跳转到 for 语句下一条语句,这里即为第 10 行代码。

第 10 行代码执行输出见运行结果。

for 语句的书写有其如下鲜明的特点。

(1) for 语句的圆括号中 3 个表达式,可以督促程序员设计好循环条件的初始化(表达式 1)、循环条件的改变(表达式 2)、循环条件的终止判断(布尔表达式),这样可以防止出现死循环。

(2) for 语句中的 3 个表达式可以视情况省略一个或多个,如果在 for 语句之前已经初始化了循环条件,则可以省略表达式 1,若布尔表达式省略,则相当于布尔表达式部分一直返回 true,若在 for 内部语句序列中改变循环条件,则可以省略表达式 2。

5.4 嵌套

选择结构中 if-else、switch 等可以相互嵌套,从而可以构造功能更强的程序,循环结构和选择结构之间,循环结构和循环结构之间也可以构成嵌套结构的程序,从而增强程序的功能。

5.4.1 嵌套选择

选择语句和循环语句可以互相嵌套,比如在判断某个条件成立的情况执行循环,则可以在选择语句内部嵌套循环。或者,在循环语句内部,在某个条件成立的情况下执行某个动作,则可以在循环语句内部嵌套选择。

【例 5.6】 1~100 之间的奇数求和。

思路:

直接对 1~100 的所有整数求和的问题之前已经求解过了,使用循环结构即可容易求解。因为 1~100 范围内的整数既包含奇数,也包括偶数,所以可以在汇总的程序中,对每个数字进行检查,若为奇数则累加,若为偶数则忽略。

程序代码:

```
01    #include <iostream>
02    using namespace std;
03    int main()
04    {
05        int sum=0;
```

```
06      for(int n=1;n<=100;n++)
07      {
08          if(n%2==1)
09          {
10              sum+=n;
11          }
12      }
13      cout << sum << endl;
14      return 0;
15  }
```

运行结果：

```
2500
```

代码分析：

代码第 6~12 行为一个完整的 for 循环结构语句。代码第 8~11 行为嵌入在该 for 语句内的选择结构 if 语句。

程序进入第 6 行代码 for 语句的时候，首先执行 int n=1，然后判断 n<=100 成立，下一步执行第 8 行代码，由于此时 n=1，则 n%2=1，所以 if 中的表达式成立，于是执行第 10 行代码 sum+=n，执行完以后，程序执行 for 语句内的表达式 2：n++，执行后 n=2。

程序继续下一步判断 n<=100 是否成立，因为 2<=100，则进入第 8 行代码，此时 2%2=0，则不进入 if 语句内部，程序执行 for 语句的表达式 2：n++，执行后 n=3。

可以发现，外围的 for 循环语句是控制所有数值的范围，只要 1<=n<=100，则循环继续，而内部的 if 选择语句则检测每一个数值的奇偶，若为奇数则汇总，为偶数则忽略。

这里的选择结构是嵌入在循环结构内部的，在某些问题求解时，若算法需要，循环也可以嵌套在选择结构内部。

5.4.2 嵌套循环

循环语句可以嵌套进另一个循环语句，这就构成了多重循环，在多重循环执行时，外层循环每一次执行时，都对应着内层循环的完整执行，只有内层循环完全执行结束以后，才进入外层循环的下一次执行。

【例 5.7】 求解阶乘和 S(n)=1!+2!+3!+…+n!。

思路：

分析该计算式，可以发现 S(n) 需要对从 1 到 n 之间的每一个整数 i 分别求阶乘，所以需要一个外层循环来控制整数 i 的范围，而对于该范围内的每个整数 i 而言，需要计算其阶乘 i!，阶乘可以表示成从 1 累乘到 i，所以这又可以用一个内层循环来实现，内层循环嵌入在外层循环中。

程序代码：

```
01  #include <iostream>
02  using namespace std;
03  int main()
```

```
04    {
05        int n,sum=0;
06        cin>>n;
07        for(int i=1;i<=n;i++)
08        {
09            int tmp=1;
10            for(int j=1;j<=i;j++)
11            {
12                tmp*=j;
13            }
14            sum+=tmp;
15        }
16        cout<<sum<<endl;
17        return 0;
18    }
```

运行结果：

```
8↙
46233
```

代码分析：

代码第 7~15 行为外围循环，控制求解阶乘的数的范围。

代码第 10~13 行为内部循环，用于求解每一个数的阶乘。完整的计算阶乘的功能从第 9 行开始，比如当 i=3 的时候，首先执行第 9 行，tmp=1，然后执行第 10 行代码，内部循环的表达式 1：int j=1 先执行，接着看布尔表达式 j<=3 的真假，此时为真，则执行第 12 行，tmp*=j，相当于 tmp=tmp*j，也就是将 1 乘到 tmp 中，下一步执行内部循环的表达式 2：j++，于是 j=2，再看布尔表达式 j<=3 的真假，此时为真，执行第 12 行，即将 2 乘到 tmp 中，以此类推，最终将 3! 的计算完成，当 j=4 的时候，内部循环结束，程序转到第 14 行执行 sum+=tmp，也就是将计算出的阶乘汇总。

当然，该程序还可以优化，阶乘不需要每一次重新计算。读者可以自己改进该程序。

5.5 break 语句

在循环语句执行的过程中，若需要提前结束循环，则可以使用 break 语句。无论在 while、do-while、for 循环结构的哪一种语句中，均可以使用 break 语句提前结束循环，见图 5.4。

【例 5.8】 判断某数是否为素数。

思路：

素数 n 只能被 1 和 n 自己整除。所以需要检测从 2 开始到 n−1 期间所有数能否被 n 整除，只要有一个能被 n 整除，则 n 就不是素数，只有所有数都不能被 n 整除，才能最终确定该数为素数。

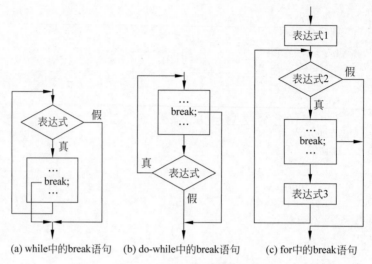

(a) while中的break语句　　(b) do-while中的break语句　　(c) for中的break语句

图 5.4　break 语句结束循环

程序代码：

```cpp
01    #include <iostream>
02    using namespace std;
03    int main()
04    {
05        int n;
06        cin >> n;
07        bool is=true;
08        for(int i=2;i<=n/2;i++)
09        {
10            if(n%i==0)
11            {
12                is=false;
13                break;
14            }
15        }
16        if(is==true)
17        {
18            cout <<"Yes"<< endl;
19        }
20        else
21        {
22            cout <<"No"<< endl;
23        }
24        return 0;
25    }
```

运行结果：

2357↙
Yes

代码分析：

代码第 5 行、第 6 行定义了一个整数 n，为要检查是否为素数的数。

代码第 7 行定义了一个布尔变量 is，并初始化为 true，这就是默认要判断的数为素数，这样只要后面检测能否被其他数整除的时候，只要有一个能被整除，就可以断定该数不为素数，就可以修改该变量的值了。

代码第 8~15 行为 for 循环语句，目的是遍历从 2 到 n/2 之间的每一个整数 i。第 10~14 行为检查 n 能否被 i 整除，只要能整除，则执行第 12 行、第 13 行，第 12 行改变 is 的值为 false（n 不为素数），第 13 行为 break 语句，程序执行 break 语句后将跳出 for 语句执行第 16 行代码。

这个程序不用 break 语句不影响程序的功能，但是不用 break 语句，程序的效率会因为额外检查整除而受到影响。

5.6 continue 语句

在循环结构中，可以用 continue 语句提前结束本轮循环，直接进入下一次的循环，见图 5.5。

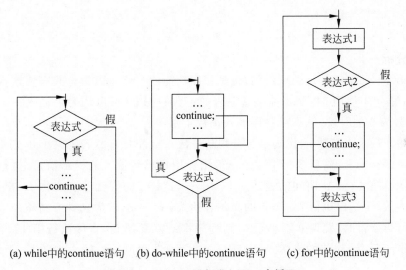

(a) while 中的 continue 语句　　(b) do-while 中的 continue 语句　　(c) for 中的 continue 语句

图 5.5　continue 语句进入下一次循环

【例 5.9】 对输入的 5 个正数求和，若输入为负数，则重新输入。

程序代码：

```
01    #include <iostream>
02    using namespace std;
03    int main()
04    {
05        int n,sum=0;
06        for(int i=1;i<=5;i++)
07        {
08            cin>>n;
```

```
09          if(n<0)
10          {
11              i--;
12              cout<<"Please reinput!"<<endl;
13              continue;
14          }
15          sum+=n;
16      }
17      cout << sum << endl;
18      return 0;
19  }
```

运行结果：

```
1↙
2↙
-3↙
Please reinput!
3↙
4↙
-5↙
Please reinput!
5↙
15
```

代码分析：

代码第6~16行为for循环语句，也是程序功能的主体。因为总共需要读入5个正数，所以在for语句中使用i控制当前准备输入的正数的编号(可以认为每输入一个正数，编号加1，当编号为6的时候，就不需要再输入正数了)。

代码第8行录入整数n，代码第9行判断该数n是否大于0，若不大于0，则不符合要求，将执行第12行i--，然后执行第12行，输出让用户重新输入的提示信息，执行第13行程序将跳转执行第6行for语句的表达式2：i++，这样i的值就没有变化了，相当于刚才的输入没有生效，于是再执行for语句的布尔表达式：i<=5，若为真继续循环。

当执行第9行时，发现n不小于0，则程序将结束if语句，直接执行第15行代码，接着程序执行第6行for语句的表达式2：i++，这就意味着刚才的输入生效了，于是可以继续循环了。

可以观察运行结果，第1行、第2行为合法输入，程序不会执行if语句中的语句序列，而第3行、第7行输入负数时，程序均执行了if语句中的语句序列。合计有效的输入包括：第1行输入1，第2行输入2，第5行输入3，第6行输入4，第9行输入5，所以最终的总和为15（运行结果第10行）。

视频讲解

5.7 应用

【例5.10】 统计输入字符中各类字符的个数，分别统计小写字符、大写字符、数字字符、其他字符。

程序代码：

```
01    #include <iostream>
02    #include <cstdio>
03    using namespace std;
04    int main()
05    {
06        int ln(0),un(0),dn(0),on(0);
07        char c;
08        while((c=getchar())!='\n')
09        {
10            if(c>='a'&&c<='z')
11            {
12                ln++;
13                continue;
14            }
15            if(c>='A'&&c<='Z')
16            {
17                un++;
18                continue;
19            }
20            if(c>='0'&&c<='9')
21            {
22                dn++;
23                continue;
24            }
25            on++;
26        }
27        cout<<"the number of lowercase letters:"<<ln<<endl;
28        cout<<"the number of uppercase letters:"<<un<<endl;
29        cout<<"the number of digits:"<<dn<<endl;
30        cout<<"the number of other letters:"<<on<<endl;
31        return 0;
32    }
```

运行结果：

```
aAbZ 09Cc d↵
the number of lowercase letters:4
the number of uppercase letters:3
the number of digits:2
the number of other letters:2
```

代码分析：

代码第 6 行定义了 4 个整型变量，用于存放最后统计的数值，分别是存放小写字符数的变量 ln，存放大写字符数的变量 un，存放数字字符数的变量 dn，存放其他字符数的变量 on，并均初始化为 0。

代码第 7 行定义了保存读入字符的变量 c。

代码第 8～26 行为 while 循环语句，第 8 行 while((c=getchar())!='\n')用于持续读取输入的字符，若不为换行符（按回车键后产生）则继续读取下一个输入字符。这个表达式包含了 2 个成分：c=getchar()用于读取键盘输入的字符并保存进 c 中，然后再进行 c!='\n'

的判断,这也体现了 C++中表达式的灵活性,也就是表达式可以嵌入在其他表达式中。

代码第 10～14 行用于判断字符为小写字符时的处理,因为小写字符 ASCII 码连续编码,也就是说当字符在'a'<=c<='z'之间的时候均为小写字符。当 c 为小写字符的时候,则对 ln 进行累加汇总(代码第 12 行),代码第 13 行 continue 将忽略 while 语句后面的所有代码,直接跳转到第 8 行 while 语句处进行后续的循环。

代码第 15～19 行用于判断字符为大写字符时的处理。

代码第 20～24 行用于判断字符为数字字符时的处理。

代码第 25 行直接执行 on++,因为小写字符、大写字符、数字字符在先前已经处理过了,一旦被某一类字符的处理语句处理,则会因为 continue 跳转到第 8 行 while 语句处,因此只要能执行到第 25 行处的字符,一定是其他字符,执行完该语句后,将继续 while 语句的循环。

【例 5.11】 求解最大公约数。

思路:

这里使用穷举法求解最大公约数,方法比较直接,就是从两个数中较小的数开始向 1 的方向遍历,若该数能同时整除这两个整数,则找到了最大公约数。

程序代码:

```
01   #include <iostream>
02   using namespace std;
03   int main()
04   {
05       int a,b;
06       cin >> a >> b;
07       int tmp=(a<b)?a:b;
08       for(;tmp>0;tmp--)
09       {
10           if(a%tmp!=0)
11           {
12               continue;
13           }
14           if(b%tmp!=0)
15           {
16               continue;
17           }
18           break;
19       }
20       cout << tmp << endl;
21       return 0;
22   }
```

运行结果:

```
36 54↙
18
```

代码分析:

代码第 5 行、第 6 行用于接收用户输入的两个整数 a、b。见运行结果第 1 行。

代码第 7 行利用条件运算符?：获得 a 和 b 中较小的一个数，并保存到 tmp 变量中。

代码第 8~19 行为 for 循环语句用于检查从 tmp 到 1 之间的所有数，看能否被 a 和 b 整除。

代码第 10 行用于检查 a%tmp!=0 是否成立，即看 a 能否整除 tmp，若不能整除，则证明 tmp 不是 a 的约数，于是执行第 12 行代码，跳转到 for 语句的表达式 2：tmp−−，接着检查 for 语句的布尔表达式(tmp>0)是否成立，若成立继续下一次循环。

代码第 14~17 行和第 10~13 行类似，第 10~13 行检查 a 能否整除 tmp，第 14~17 行检查 b 能否整除 tmp，若不能整除，则处理方式类似。

若第 10 行、第 14 行检查都能整除的话，此时已经可以断定 tmp 可以同时被 a 和 b 整除，同时由于 tmp 是从大到小逐渐变化的，所以 tmp 一定是可以被 a 和 b 整除的整数中的最大的一个数，即最大公约数。此时执行到第 18 行 break 了，程序结束 for 循环执行第 20 行代码，输出该最大公约数 tmp。见运行结果第 2 行。

【例 5.12】 用迭代法求解方程。求解 $x=\sqrt{a}$，利用迭代公式：$x_{n+1}=\frac{1}{2}\left(x_n+\frac{a}{x_n}\right)$。

思路：

迭代法可以通过前次的解获得后次的解，最终结束的条件为前后两次解的绝对值差值在 0.00001 之内。

程序代码：

```
01    #include <iostream>
02    #include <cmath>
03    #include <iomanip>
04    using namespace std;
05    int main()
06    {
07        double a;
08        cin>>a;
09        double x0=a;
10        double x1=(x0+a/x0)/2;
11        while(fabs(x1-x0)>=1e-5)
12        {
13            x0=x1;
14            x1=(x0+a/x0)/2;
15        }
16        cout<<setiosflags(ios::fixed)<<setprecision(4)<<x1<<endl;
17        return 0;
18    }
```

运行结果：

```
2345↙
48.4252
```

代码分析：

代码第 9 行定义了前一次解 x0，初始为原始输入的值。

代码第 10 行根据迭代公式计算新的解 x1。

代码第 11～15 行为 while 循环语句，while 语句的布尔表达式为判断两次解的差值是否大于 0.00001，若超过，则进入循环语句内，执行第 13 行、第 14 行代码。

第 13 行代码将之前计算出的 x1 赋值给 x0，然后计算新的值 x1，这样始终维持 x0 和 x1 为利用迭代公式求解出的最新的两个相邻次的解。

一直到 while 语句中布尔表达式不成立，此时两个相邻次求得的解的差值在要求范围内，则程序将结束 while 语句，执行第 16 行代码，输出最终解。

这里计算两个数的差值使用了 fabs() 函数，该函数用于求解双精度数值的绝对值。该函数在 cmath 头文件中声明，所以程序第 2 行需要包含 cmath 头文件。

5.8 本章小结

本章介绍了 C++ 中的循环结构，循环结构主要实现的方法包括：先判断后执行的 while 循环，先执行后判断的 do-while 循环，通过语法规则提高循环程序的设计可靠性的 for 循环。同时循环结构的执行语句块可以为选择结构或循环结构，从而构成嵌套结构，实现更丰富的功能。在循环结构的语句执行过程中，可以选择 break 或 continue 语句来打断当前的执行流程：break 语句跳出直接包含它的循环结构，continue 语句忽略当前语句块中后续的语句，继续下一次的循环。

在学习循环结构的程序设计时，需要分析提炼出循环的三要素：①循环重复执行的动作；②循环的起止条件；③循环条件的改变规则。第①个要素直接决定了循环结构中的语句块。第②个要素可以提炼出循环变量的初始值和循环变量的结束值。第③个要素可以确定每一次循环后如何修改循环变量。通过这种分析结合几种循环语句的语法规则就可以写出符合要求并可以正确执行的循环语句。循环结构程序特别适用于需要完成重复、单调或大量计算任务的场所，比如遍历数据结构、模拟迭代算法、获取用户有效输入、更新游戏状态或刷新屏幕帧等。

循环结构程序直观体现了"量变引起质变"的哲学原理，这就告诉我们在学习过程中只要目标明确，不忽视日常的努力，持之以恒，最终一定能达到理想的目标。

习题 5

1. 简述 C++ 中几种循环语句的区别。
2. 简述 break 和 continue 语句的功能。
3. 输入一个整数 n(n≥2)，输出不大于该整数范围内的所有素数。
4. 输入一个整数 n(n≥3)，输出斐波那契数列的前 n 项。斐波那契数列是指：第 1 项、第 2 项为 1，从第 3 项开始的每一项数值均为前两项数值之和。
5. 按照如下公式，计算 π 的近似值。

$$\pi = 4\left(1 - \frac{1}{3} + \frac{1}{5} - \frac{1}{7} + \cdots + \frac{(-1)^{i+1}}{2i-1}\right)$$

6. 输入一个整数 n,用星形图形组合成三角形,比如当 n=4 时,输出如下图形:
```
   *
  ***
 *****
*******
```
7. 输入一个整数,判断该整数是否为回文数。所谓回文数是指该数从左到右与从右到左排列的数值相同。

第 6 章

函 数

CHAPTER 6

　　每一个 C++ 程序都包含 main() 函数。函数是程序中实现某个功能的代码模块。在 C++ 程序设计过程中,可以将一个规模较大的程序分解成若干规模较小的模块,每一个模块用一个函数来实现,这样程序会更容易阅读、纠错和维护。

6.1 定义及调用函数

函数定义的语法形式如下。

```
返回值类型 函数名(参数列表)
{
    函数体;
}
```

返回值类型为各类基础数据类型,自定义数据类型以及类等。如果函数不需要返回任何值,返回值类型可以为 void。

函数名为标识符。

参数列表为可选项。若有参数列表,则可以定义传入函数的各参数,多个参数之间用逗号隔开,若没有参数,则可以空白,也可以用 void 填充。有参数的函数称为有参函数,没有参数的函数称为无参函数。

函数体即为实现函数功能的一组程序语句。

函数定义中参数列表左右的圆括号()、函数体前后的花括号{}必不可少。

例如,所有 C++ 程序中都具有的 main() 函数:

```
01  int main()
02  {
03      /*程序语句*/
04      return 0;
05  }
```

其中,第 1 行的 int 为函数类型,main 为函数名,此时的 main 函数为无参函数;代码第 2~5 行为函数体。

6.1.1 无参函数

函数定义的时候,参数列表为空或者为 void,则函数为无参函数。

【例 6.1】 显示如下界面:

```
**********
** Hello! **
**********
```

程序代码:

```
01  #include<iostream>
02  using namespace std;
03  void printStars()
04  {
05      cout<<" ********** "<<endl;
06  }
07  int printHello(void)
08  {
```

```
09        cout <<" ** Hello! ** "<< endl;
10        return 0;
11    }
12    int main()
13    {
14        printStars();
15        printHello();
16        printStars();
17        return 0;
18    }
```

代码分析：

(**1**) **函数定义**。代码第 3～6 行定义了一个无参函数 printStars()，代码第 7～11 行定义了无参函数 printHello()。printStars() 函数定义中圆括号内没有填入参数列表，而 printHello() 函数的参数为 void，均表示函数为无参函数。无参函数写入 void 表示无参可以使得代码表达的含义更清晰。

(**2**) **函数调用**。函数定义后，需要被调用才可以执行函数中的代码。main() 函数是 C++ 程序的入口函数，也是首先执行的位置，接着调用 printStars() 函数（代码第 14 行），调用 printHello() 函数（代码第 15 行），调用 printStars() 函数（代码第 16 行）。这里根据调用关系，将执行函数调用的函数 main() 称为主调函数。

主调函数可以通过以下几种方式调用被调函数。

① 直接书写函数执行语句：**函数名(参数)**；调用相应函数，比如本程序中的 printStars()；这种方式对于有返回值或无返回值的函数均适用，对于有返回值的函数而言，这种方式相当于忽略返回值，对返回值不做进一步处理。

② 将函数名(参数)作为表达式的一部分进行调用。这种方式适合于该函数有返回值。相当于将**函数名(参数)**看成是一个某个数据类型的值。比如 y=abs(x), y=sqrt(abs(x))，这里的 abs 和 sqrt 是系统提供的数学库里的求绝对值和求平方根函数。x 为参数，可以看出 y=abs(x) 即为将 abs(x) 作为赋值语句的一部分。而在 y=sqrt(abs(x)) 中，abs(x) 又作为 sqrt() 函数的参数存在。

在函数被调用时，系统将转而执行函数内部的代码，待函数内部代码执行完毕后程序将返回主调函数。

图 6.1 给出了该程序中的程序执行流程。

① 程序首先进入 main() 函数开始执行。
② 执行代码一直遇到函数调用语句 printStars()；则程序将跳转到 printStars() 函数。
③ 程序进入 printStars() 函数内部开始执行。
④ 当程序在 printStars() 内部遇到 return 语句或者函数末尾，则程序将返回到 main() 函数中调用 printStars() 函数的位置。
⑤ main() 函数继续执行代码，直到碰到调用函数语句 printHello()。
⑥ 程序跳转到 printHello() 函数。
⑦ 程序进入 printHello() 函数内部开始执行。
⑧ 当程序在 printHello() 内部遇到 return 语句或者函数末尾，则程序将返回到 main() 函数中调用 printHello() 函数的位置。

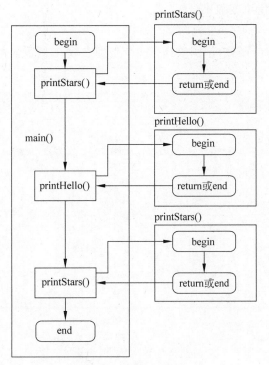

图 6.1 函数执行流程

⑨ 执行代码一直遇到函数调用语句 printStars()。
⑩ 程序将跳转到 printStars()函数。
⑪ 程序进入 printStars()函数内部开始执行。
⑫ 当程序在 printStars()内部遇到 return 语句或者函数末尾,则程序将返回到 main()函数中调用 printStars()函数的位置。
⑬ main()函数将继续执行直到程序结束。

函数在每一次被调用的时候,系统首先需要完成各类辅助工作后才能执行函数的功能代码。在实现同样功能的情况下,将一个大的程序分解成若干小的函数模块,会增加系统的内存消耗和执行时间,而且这种辅助工作并不因为之前已经调用过了相同函数而减少。比如该程序执行了两次 printStars()函数,这两次的 printStars()函数均需要系统重新分配函数的代码空间以及完成执行函数所需要的辅助工作。

(3) **函数类型及返回值**。printStars()函数的类型为 void,所以在 printStars()函数中可以没有任何 return 语句,函数自然结束返回到 main()函数,如果需要在函数执行到代码中间某个地方就返回,则可以直接加 return 语句即可立即返回。

printHello()函数的类型为 int,所以程序中需要在返回的地方写上"return 整数值;"语句,函数中的 return 语句一般在程序末尾,但也可以出现在任何需要返回的位置。

return 语句是流程控制语句,该语句只要执行,则程序将立即从当前函数返回。

6.1.2 有参函数

函数定义时,若参数列表不为空,则函数为有参函数。

【例 6.2】 显示数量可变的星号 * 。

思路：

编写一个 printStar()函数,该函数具有一个整型参数 n,函数显示 n 个星号。

程序代码：

```
01    #include <iostream>
02    using namespace std;
03    void printStars(int n)
04    {
05        for(int i=0;i<n;i++)
06        {
07            cout<<' * ';
08        }
09        cout << endl;
10    }
11    int main()
12    {
13        printStars(10);
14        printStars(20);
15        printStars(30);
16        return 0;
17    }
```

运行结果：

```
**********
********************
******************************
```

代码分析：

（1）**函数定义**。代码第 3 行定义了一个有参函数 printStars(),参数为 int n,在函数未被调用执行时,该变量并不会被分配内存,只是"形式上"占据了一个空间,所以称为"形式参数"。该函数内部执行代码的功能为显示 n 个 * ,并换行。

（2）**函数调用**。代码第 13～15 行分别调用了 printStars()函数,传递的参数分别为 10、20、30,根据函数内部的逻辑最终分别显示了 10 个、20 个、30 个星号。

（3）**参数传递**。在函数调用时,程序分别将 10、20、30 复制给 printStars()函数中的形式参数 n 并执行函数代码。主调函数在调用被调函数时传入的参数称为实际参数。这里从实际参数传递给形式参数是通过值复制完成的,这种参数传递的方式称为按值传递。实际参数可以为常量、变量、表达式、函数等,在函数调用时实际参数需要有一个确定值。

函数的参数可以为多个。

【例 6.3】 显示行数列数可变的星号 * 。

思路：

编写一个 printStar()函数,该函数具有两个整型参数 m、n。函数将显示 m 行、n 列的星号 * 。

程序代码：

```
01    #include <iostream>
02    using namespace std;
03    void printStars(int m,int n)
04    {
05        for(int i=0;i<m;i++)
06        {
07            for(int j=0;j<n;j++)
08            {
09                cout<<'*';
10            }
11            cout<<endl;
12        }
13    }
14    int main()
15    {
16        int rows=5;
17        int cols=10;
18        printStars(rows,cols);
19        return 0;
20    }
```

运行结果：

```
**********
**********
**********
**********
**********
```

代码分析：

代码第 16～18 行调用了 printStars()函数，其中 rows 和 cols 为实际参数，分别将值复制给形式参数 m 和 n。

函数类型同时也是函数的返回值的类型，之前的函数类型为 void，所以函数内部不需要返回值。而对于非 void 类型的函数，在函数内部需要有"return 返回值"或"return（返回值）"的语句，该返回值类型若和声明的函数类型不一致，则会强制转换为函数类型。

【例 6.4】 求解两个整数的较大值。

思路：

首先编写一个实现从两个整数中计算获得较大值的函数，然后通过在 main()函数中调用该函数，实现程序功能。

程序代码：

```
01    #include <iostream>
02    using namespace std;
03    int max(int x,int y)
04    {
05        int z;
```

```
06        if(x>y)
07        {
08            z=x;
09        }
10        else
11        {
12            z=y;
13        }
14        return z;
15    }
16
17    int main()
18    {
19        int a=3,b=4;
20        int c=max(a,b);
21        cout << c << endl;
22        return 0;
23    }
```

运行结果:

4

代码分析:

（1）函数定义。代码第 3~15 行定义了一个从两个整数中返回较大值的函数 max()。函数的类型为 int,该函数有两个整型变量参数。

（2）调用函数。代码第 20 行调用 max()函数,该调用获得了从 a、b 两个值中返回较大值的结果。这里 max(a,b)作为赋值语句的一部分出现。

（3）函数类型及返回值。max()函数的返回值类型为 int,所以在 max()函数中需要有 "return 整数值",return 语句是流程控制语句,该语句只要执行,则程序将立即从当前函数返回,例如这里的 max()函数最后的 "return z",一旦执行程序将返回到主调函数 main()。

6.1.3 参数按值单向传递

当函数形参的数据类型为基础数据类型时,调用函数的时候实际参数将单向复制给形式参数,形参在函数内部的改变不会影响主调函数的实参。

【例 6.5】 交换两个整数。

程序代码:

```
01    #include <iostream>
02    using namespace std;
03    int myswap(int x, int y)
04    {
05        cout <<"enter function:x= "<< x <<", y= "<< y << endl;
06        int temp=x;
07        x=y;
08        y=temp;
```

```
09      cout <<"leave function :x="<< x <<",y="<< y << endl;
10      return 0;
11  }
12  int main()
13  {
14      int a=7,b=8;
15      cout <<"before swap:a="<< a <<",b="<< b << endl;
16      myswap(a,b);
17      cout <<"after swap:a="<< a <<",b="<< b << endl;
18      return 0;
19  }
```

运行结果：

```
before swap:a=7,b=8
enter function:x=7,y=8
leave function :x=8,y=7
after swap:a=7,b=8
```

代码分析：

代码第 15 行显示了 main() 函数调用 myswap() 函数之前的 a 和 b 的值，在调用 myswap() 函数时，将 a 和 b 分别复制给 myswap() 函数中的 x 和 y，所以在刚进入函数的时候 x 和 y 的值分别为 a 和 b 的值（运行结果第 1 行和第 2 行），而 x 和 y 在 myswap() 函数中进行了交换，显示在离开函数之前 x 和 y 中的数值确实发生了改变（运行结果第 3 行），两个变量值的交换原理见图 6.2。

从代码第 17 行可以看出，在 myswap() 函数之外，a 和 b 并没有受到函数内部 x 和 y 值改变的影响（运行结果第 4 行），表明这种参数传递是从实参到形参的单向值传递，也就是说形参数值的改变不影响实参，见图 6.3。

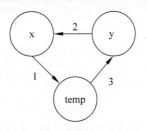
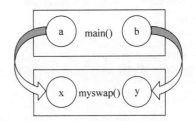

图 6.2　变量值交换　　　　图 6.3　函数参数按值传递

6.1.4　函数提前声明

一般情况下，使用函数需要像使用变量一样，遵循先定义后使用的原则，也就是在编译系统中，只要被调函数的定义出现在主调函数调用之前即可。但若需要提前定义的函数较多，函数体较长时，在理解程序时会增加复杂度，为了解决这个问题，可以在主调函数之前提前声明函数，而将函数定义放在主调函数的后面。

函数声明的语法形式如下。

> 数据类型 函数名(参数列表);

在这个函数声明的语法中,没有函数体的定义,也没有花括号,只有一个分号,并且函数参数列表中可以只有参数的数据类型,而没有参数名。

【例 6.6】 求解两个整数的最大公约数和最小公倍数。

程序代码:

```
01  #include <iostream>
02  using namespace std;
03  int gcd(int m,int n);
04  int main()
05  {
06      int a=32,b=16;
07      int c=gcd(a,b);
08      cout<<"greatest common divisor:"<<c<<endl;
09      cout<<"least common multiple:"<<a*b/c<<endl;
10      return 0;
11  }
12  int gcd(int m,int n)
13  {
14      for(int i=m;i>=2;i--)
15      {
16          if(m%i==0&&n%i==0)
17          {
18              return i;
19          }
20      }
21      return 1;
22  }
```

运行结果:

```
greatest common divisor:16
least common multiple:32
```

代码分析:

代码第 3 行对 gcd()函数进行了声明,代码第 7 行调用了 gcd()函数,而代码第 12~22 行对 gcd()函数进行了定义。代码第 3 行也可以声明为 int gcd(int,int);也就是省略其中的变量名,这样也是合法的声明。

6.1.5 变量作用域

程序中的每一个变量都有一定的作用范围,称为变量的作用域,不在这个作用域内,是不能对变量进行操作的,若访问不在作用域范围内的变量在编译阶段就会报错。

变量根据其作用范围可以分成全局变量和局部变量两大类。全局变量在全文件范围内有效。局部变量包括函数内部定义的变量、程序块内部定义的变量、函数声明中定义的变量。

【例 6.7】 计算 1～100 范围内的素数的个数。
程序代码：

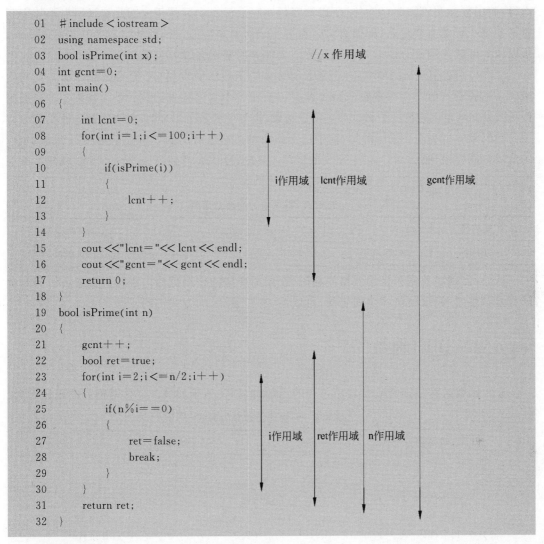

运行结果：

```
lcnt=26
gcnt=100
```

代码分析：

（1）**函数声明和定义**。代码第 3 行声明了 isPrime() 函数，代码第 19～32 行定义了 isPrime() 函数，该函数主要用于判断某数是否为素数。

（2）**全局变量**。代码第 4 行定义了全局变量 gcnt，gcnt 在此程序中表示系统检查了多少个整数。该变量将在定义之后生效，作用范围一直到文件结束，所以在 main() 函数（第 16 行）以及 isPrime() 函数（第 21 行）中均能访问。

(3) 局部变量。

代码第 3 行函数声明中的变量 x 的作用域到该函数声明结束,也就是其作用范围只在本行,而函数声明不需要函数体,所以该变量实际上没有实际作用。因此编译器在函数声明时不要求一定要有变量名,即使有名字也不一定需要和后面该函数的定义部分变量名一致,可以认为函数声明部分的变量名和函数定义部分的变量名没有关系。

main()函数中定义的变量 lcnt 以及 isPrime()函数中的变量 ret 均为函数内部的局部变量,lcnt 表示最终有多少个素数,而 ret 表示 isPrime()中需要检查的数 n 是否为素数。它们的作用域只在从定义它们的位置开始到函数结束,离开了函数范围,就不能访问对应的变量了。

代码第 8 行为 for 循环语句,其中定义的变量 i 的作用范围只覆盖从第 8 行到第 14 行的范围。同样地,第 23 行 for 中定义的变量 i 只覆盖第 23 行到第 30 行的范围,离开了该范围就不能访问变量 i 了。本程序中的局部变量见表 6.1。

表 6.1 程序中的局部变量

变量名称	x	lcnt	ret	for 循环中的 i
作用域	函数声明行	main()函数内	isPrime()函数内	for 循环内部

另外,当局部变量和全局变量同名时,在局部变量的作用范围内直接用变量名访问时全局变量不生效,如果要访问全局变量,可以用"::变量名"的方式访问。

6.2 递归函数

递归函数是直接或者间接调用自身的函数,比如类似于如表 6.2 这种形式的函数定义。

表 6.2 两种递归函数的形式

(1) 直接递归	(2) 间接递归	

void F()
 {
   …; //其余代码
   F(); //调用 F()函数
   …; //其余代码
 }
	void F()
	 {
	   …; //其余代码
	   G(); //调用 G()函数
	   …; //其余代码
	 }
		void G()
		 {
		   …; //其余代码
		   F(); //调用 F()函数
		   …; //其余代码
		 }

类似于上述(1)(2)定义的函数就是递归函数。(1)直接递归函数中,函数 F()在执行过程中将会调用自身。而在(2)间接递归函数中,函数 F()首先调用函数 G(),在函数 G()中又调用函数 F()。两种函数的递归调用流程如图 6.4 所示。

在递归函数调用时,系统处理函数调用的方式仍然是类似的,也就是从主调函数中传递相关参数调用被调函数,并带着返回值返回到主调函数,只是这里的主调函数和被调函数是同一个函数,但需要注意的是,尽管代码内容相同,但在系统内部实际上这些函数处于不同的内存区域,认识到这一点对于递归程序的理解和调试非常重要。

在编写递归函数程序时,需要分析问题内部存在的递归性质,也就是高复杂性问题可以降低规模成低复杂性的同性质的问题。也就是解决问题要把握两个要领:①如何将一个规模大的问题降低成同性质的规模小的问题;②递归终止的条件。

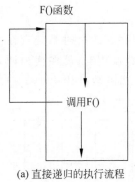 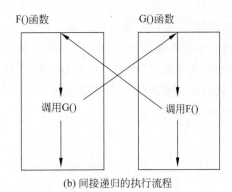

(a) 直接递归的执行流程　　　　　(b) 间接递归的执行流程

图 6.4　两种递归的执行流程

6.2.1　可用数学公式描述的问题

有一类递归问题可以直接用数学公式描述,这种递归程序书写的时候比较直接。

【例 6.8】　求 n 的阶乘,n 为大于 0 的整数。

问题描述:

n 的阶乘即为 n!＝1＊2＊3…＊n。当 n＝1 的时候 n!＝1。

思路:

可以设 f(n)为 n!,表示 n 的阶乘。可以知道:n!＝n＊(n－1)!。所以 f(n)＝n＊f(n－1)。递归函数的两个要领就可以解决了:①规模为 n 的函数 f(n),转化为 n－1 的函数 f(n－1);②当规模 n 为 1 时,f(n)直接返回 1,此时不需要再降低规模调用 f(n－1)了。

程序代码:

```
01   #include <iostream>
02   using namespace std;
03
04   int fac(int n)
05   {
06       if(n==1)
07           return 1;
08       return n * fac(n-1);
09   }
10
11   int main()
12   {
13       cout << fac(3) << endl;
14       return 0;
15   }
```

运行结果:

6

代码分析:

代码第 4～9 行定义了 fac(n)函数,其中当 n 为 1 时,函数直接返回 1,若不为 1,则函数返回 n＊fac(n－1)。

主函数调用了 fac(3)，最终输出 6。

下面列出了该程序运行时在系统中的调用层次图，程序在运行时系统会在内存中分配栈(栈是一种先进后出、后进先出的数据结构)，每一次函数调用时，就在栈顶调入被调函数的代码，然后给被调函数的形参传递实参值，并跳转到被调函数的代码中运行，以此类推。如图 6.5 中的(1)~(5)步所示。

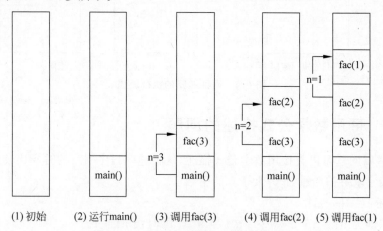

图 6.5 递归函数调用入栈的示意图

当被调函数返回时，被调函数将会从栈顶退出，并将返回值代回到主调函数，比如第(6)步，fac(1)返回 1，则 fac(1)从系统中出栈，而 1 被代回到 fac(2)中的 return 2 * fac(1)的位置，以此类推，待被调函数完全执行退栈以后，系统将回到结束状态，如图 6.6 中(1)~(5)所示。

说明：

递归函数调用入栈和出栈的示意图对于理解递归的具体执行过程非常重要，尤其是在程序调试过程中，当在递归函数中设置断点并调试执行时，我们需要清楚程序暂停在哪一层递归函数，这样才容易发现程序中的问题。

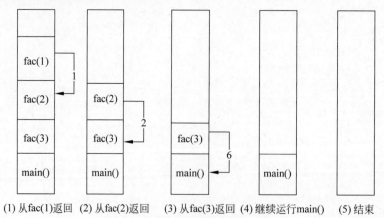

图 6.6 递归函数调用出栈的示意图

6.2.2 不可用数学公式描述的问题

有的递归问题并不能直接用数学公式的方法直接描述，但其核心思想仍然是将问题简化为缩小规模的同性质的问题。

【例 6.9】 汉诺塔问题。

问题描述：

有三根相邻的柱子,标号为 A、B、C,A 柱子上从下到上按金字塔状叠放着 n 个不同大小的圆盘(编号从上到下为从 1 到 n),要把所有盘子一个一个从 A 移动到柱子 B 上(借助于柱子 C 的辅助),并且每次移动同一根柱子上都不能出现大盘子在小盘子上方的情况。

思路：

这个问题可以分解成同性质的规模更小的问题加以解决：第一步：首先将 n−1 个盘子从 A 移动到 C(借助于柱子 B 的辅助)。第二步：将第 n 个盘子直接从 A 移动到 B。第三步：将 n−1 个盘子从 C 移动到 B(借助于柱子 A 的辅助)。这中间,第一步和第三步实际上是规模比原始问题减小了一点的同性质问题。图 6.7 给出了一个三层汉诺塔的移动示意图。

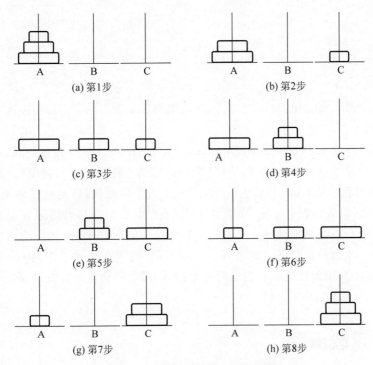

图 6.7 三层汉诺塔的移动示意图

程序代码：

```
01  #include <iostream>
02  using namespace std;
03
04  void moveDisks(int n,char from,char to,char aux)
05  {
06      if(n==1)
07      {
08          cout <<"disk "<< n <<":"<< from <<"->"<< to << endl;
09      }
```

```
10      else
11      {
12          moveDisks(n-1,from,aux,to);
13          cout <<"disk "<< n <<":"<< from <<"->"<< to << endl;
14          moveDisks(n-1,aux,to,from);
15      }
16  }
17
18  int main()
19  {
20      moveDisks(3,'A','B','C');
21      return 0;
22  }
```

运行结果：

```
disk 1:A->C
disk 2:A->B
disk 1:C->B
disk 3:A->C
disk 1:B->A
disk 2:B->C
disk 1:A->C
```

代码分析：

程序中第4行定义了 void moveDisks(int n,char from,char to,char aux)函数,该函数的目的是将n个盘子从柱子from移动到柱子to(借助于柱子aux的辅助)。其中当n等于1的时候,直接将盘子从from移动到to,而当n不为1的时候,该函数就将上面的n-1个盘子作为一个整体,先借助柱子to移动到柱子aux(第12行),接着将第n个盘子直接移动到柱子to(第13行),最后再将aux上的n-1个盘子借助柱子from移动到柱子to(第14行)。这里当n=1就是递归终止的条件。可以看出,这里在移动上面的n-1个盘子的时候,本质上的移动规律和移动n个盘子的规律相同,只是移动盘子的数量、起点、终点和辅助点不同。

6.3 重载函数

重载函数就是指在同一个作用域中,可以声明多个同名的函数,这些函数的参数有所不同,编译器可以根据调用函数传递的参数决定所要调用的具体函数。使用重载函数的技术,可以用同一个函数名字表达不同的功能。

【例6.10】求图形的面积,图形包括圆、三角形、矩形几种不同的图形,使用函数重载技术实现。

程序代码：

```
01  #include <iostream>
02  #include <cmath>
03  using namespace std;
```

```
04
05    double area(double r)
06    {
07        const double PI=3.14;
08        double S=PI*r*r;
09        return S;
10    }
11
12    double area(double a,double b,double c)
13    {
14        double p=(a+b+c)/2;
15        double S=sqrt(p*(p-a)*(p-b)*(p-c));
16        return S;
17    }
18
19    double area(double a,double b)
20    {
21        double S=a*b;
22        return S;
23    }
24
25    int main()
26    {
27        double s1=area(5.0);
28        cout<<"area of circle:\t\t"<<s1<<endl;
29        double s2=area(3.0,4.0);
30        cout<<"area of rectangle:\t"<<s2<<endl;
31        double s3=area(3.0,4.0,5.0);
32        cout<<"area of triangle:\t"<<s3<<endl;
33        return 0;
34    }
```

运行结果：

```
area of circle:      78.5
area of rectangle:   12
area of triangle:    6
```

代码分析：

（1）圆面积函数的定义与调用。代码第 5～10 行定义了圆面积函数：double area(double r)，参数 r 为圆的半径。代码第 27 行调用了该函数，实际参数为 5.0。

（2）三角形面积函数的定义与调用。代码第 12～17 行定义了三角形面积函数：double area(double a,double b,double c)，参数分别为三角形的三条边。函数内部使用海伦公式计算三角形的面积，由于 sqrt() 函数是系统数学函数，所以在第 2 行代码处包含了数学库。代码第 31 行调用了该函数，实际参数为 3.0,4.0,5.0。

（3）矩形面积函数的定义与调用。代码第 19～23 行定义了矩形面积函数：double area(double a,double b)，参数分别为矩形的两条边的长度。代码第 29 行调用了该函数，实际参数为 3.0,4.0。

函数重载时，编译器会根据调用函数时所传递的参数的个数、顺序、类型来匹配具体的函数进行调用，对于函数的返回值不作为区分重载函数的依据。

6.4 函数模板

函数模板与重载函数有点类似，都是希望能用一个函数名实现多个功能。重载函数需要书写多个独立的函数，这些函数可以根据其形式参数的个数、顺序、类型来区分，而若两个同名函数的参数的个数、顺序都相同，只是类型不同，那用函数模板来实现就更为简洁。

函数模板就是形参类型或返回值类型用虚拟类型替代的通用函数。在调用该函数时，系统会根据实参的类型来替代函数模板中的虚拟类型，从而可以实现不同类型下的函数功能，相当于一个通用函数实现了多个相同功能逻辑的不同函数，唯一的区别就是这些函数的参数类型或返回类型不同。

【例 6.11】 使用函数模板实现求最小值。

程序代码：

```
01    #include <iostream>
02    using namespace std;
03
04    template <typename T>
05    T tmin(T a, T b)
06    {
07        return (a<b)?a:b;
08    }
09
10    int main()
11    {
12        int i1=3,i2=4;
13        double d1=3.5,d2=4.5;
14        char c1='a',c2='b';
15        int i=tmin(i1,i2);
16        cout << i << endl;
17        double d=tmin(d1,d2);
18        cout << d << endl;
19        char c=tmin(c1,c2);
20        cout << c << endl;
21    }
```

运行结果：

```
3
3.5
a
```

代码分析：

本程序中函数模板定义参见代码第 4~8 行。

函数模板定义的一般形式为：

template < typename 虚拟类型>
通用函数定义

或者：

> **template＜class 虚拟类型＞**
> **通用函数定义**

虚拟类型可以任意命名，一般情况用单个大写字母来规定。T 是模板参数，关键字 typename 或者 class 表示此参数是类型的占位符。调用函数时，编译器会将每个 T 实例替换为由用户指定或编译器推导的具体类型参数。

编译器从模板生成具体函数的过程称为"模板实例化"，参见代码第 15 行、第 17 行、第 19 行。第 15 行 int i＝tmin(i1,i2)；其中参数 i1,i2 为 int 类型，所以函数模板 tmin＜T,T＞将实例化为具体的函数 int tmin(int,int)并被调用。

在编写函数模板时，有以下一些编程技巧。

(1) 可以只有函数的部分参数使用虚拟类型。

(2) 只要函数体相同，参数或返回值类型不同的多个函数可以用函数模板替代，而由系统调用时根据相关参数来实例化。

(3) 编写函数模板时，可以先使用一般类型来写具体的函数，后期再使用虚拟类型来替代对应的参数类型。

(4) 函数模板的多个参数不一定必须为相同的虚拟类型，可以使用不同的虚拟类型，也可以部分为虚拟类型，部分为一般类型。

6.5 参数默认值

C++在调用函数时，一般情况下系统将实参和形参位置进行一一对应进行赋值并调用，而若在多次调用同一个函数时，传递的某些实参的值保持不变，则若每一次都要将相应的值重复书写则会影响工作效率。

C++可以为形参指定默认值，也就是当调用函数时没有指定对应的形参时，系统自动使用相应形参的默认值，这样在调用函数时可以提高工作效率。

【例 6.12】 计算物体的重力势能。

思路：

重力势能 e＝mgh，可以直接用一个函数定义，为了方便用户调用，可以设置重力加速度 g 值默认为 9.8，高度 h 默认为 1。

程序代码：

```
01    #include＜iostream＞
02    using namespace std;
03
04    double energe(double m,double h=1,double g=9.8)
05    {
06        return m * g * h;
07    }
08
09    int main()
```

```
10    {
11        double e1=energe(2.5,10,10);
12        cout << e1 << endl;
13        double e2=energe(3.5,20);
14        cout << e2 << endl;
15        double e3=energe(4.5);
16        cout << e3 << endl;
17    }
```

运行结果：

```
250
686
44.1
```

代码分析：

（1）**参数默认值定义**。参数默认值是在函数声明或定义的时候在形参的位置进行赋值的。代码第 4～7 行定义了函数 double energe(double m,double h=1,double g=9.8)，其中第二个形式参数 h 的默认值设为 1，第三个形式参数 g 的默认值设为 9.8。

（2）**函数调用时参数的取值**。代码第 11 行调用函数 double e1=energe(2.5,10,10);此时 3 个形参均有对应的实参值，则可以看到输出值为 250。

代码第 13 行调用函数 double e2=energe(3.5,20);此时前 2 个形参获得传入的实参值，最后 1 个形参 g 没有赋予实参值，所以系统将用默认值 9.8 代入，输出值为 686。注意这里的参数匹配顺序是从左到右，所以使用默认值的是第 3 个参数 g，而不是第 2 个参数 h。

代码第 15 行调用函数 double e3=energe(4.5);此时只有第 1 个形参传入了实参值，而后两个形参均使用了默认值。

补充说明：

(1) 若函数提前声明，则参数默认值写在函数声明中，若函数定义在调用之前，则默认值写在函数定义中。

(2) 参数默认值必须设置为自右向左依次赋值，不能跳过某个形参赋默认值。比如不能定义函数 double energe(double m,double h=1,double g)，在调用的时候也不可能只缺省位置处在中间的形式参数。

(3) 默认值只能赋值一次，若在函数声明中已经赋值过一次，则在函数定义中不能再赋值。

(4) 函数模板中也可以设置参数默认值。可以设置一个函数的所有形参均有默认值，比如声明一个函数 double energe(double m=1,double h=1,double g=9.8)，在调用该函数时可以无须传入实参值，比如使用 energe()调用该函数，则函数会将 3 个形参均使用默认值代入计算。

(5) 当重载函数和使用参数默认值后的函数形式相同时，系统无法区分调用哪一个函数，则编译报错无法编译运行。比如：

```
double energe(double k)
{
    return 0;
```

```
}
double energe(double m,double h=1,double g=9.8)
{
    return m * g * h;
}
```

这两个函数可以正常定义,但若系统调用函数采用如下形式:

```
double e3=energe(4.5);
```

则编译时将报错。

6.6 内联函数

函数在被调用时需要做诸如建栈、传参、指令跳转等辅助工作,这会增加系统的时间和空间的消耗。C++提供了内联函数(inline function)技术,可以在编译器编译阶段将被调函数的代码直接嵌入主调函数中,这样最终形成的目标程序的长度就增加了,但其执行的时候不需要再像一般函数被调用时需要太多的辅助工作,从而减少了执行时间。

【例 6.13】 使用内联函数求解两个整数中的较大值。
程序代码:

```
01   #include<iostream>
02   using namespace std;
03
04   inline int imax(int a,int b)
05   {
06       return (a>b)?a:b;
07   }
08
09   int main()
10   {
11       int i=20,j=30;
12       cout<<imax(i,j)<<endl;
13       return 0;
14   }
```

运行结果:

```
30
```

代码分析:
内联函数在形式上定义的时候只需要在一般函数声明及定义的最前面加上 inline 关键字即可,如代码第 4 行所示。调用的时候仍然和一般函数被调用时的形式一致,如代码第 12 行所示。

内联函数在使用的时候需要注意以下一些要点。
(1) 如果函数提前声明,则在声明的函数最前面加 inline,函数定义时可以不加。

（2）内联函数在被调用时，直接将被调函数代码在主调函数中对应位置展开，其形式参数用实际参数替代，因此若在主调函数中多次调用该函数，则程序生成的目标程序会较长。

（3）如果函数内部的代码较短小，这样函数调用时所需的辅助操作耗费的代价超过了函数内部代码执行的代价时，声明函数为内联函数比较合适。

（4）使用 inline 关键字只是开发者告知编译器，内联展开是首选操作，但是编译器并不一定必须这样操作，它会根据具体的情况来进行选择，当函数为递归函数、函数代码较长，函数中存在 switch、循环等结构时，编译器会忽略 inline 的声明，直接按照一般函数的方式进行处理。

6.7 多文件项目

当一个软件项目的规模很大时，不可能把所有的函数都完整定义在包含 main()函数所在的文件中，此时就需要对整个软件项目进行划分，一种简单的划分方法是将具有类似功能的函数声明都放在一个头文件(*.h)中，在使用的时候只要使用 include "*.h"这种方法将该头文件包含进来即可调用该头文件中声明的函数。

下面以 codeblocks 为例，在现有项目中补充增加"*.h"文件以及"*.cpp"文件。

在现有项目中，选择菜单 File→New→File…，弹出如图 6.8 所示的对话框界面，选择左侧的 Files 分支，其中"C/C++ header"可以生成头文件(*.h)，而"C/C++ source"可以生成源码文件(*.cpp)。

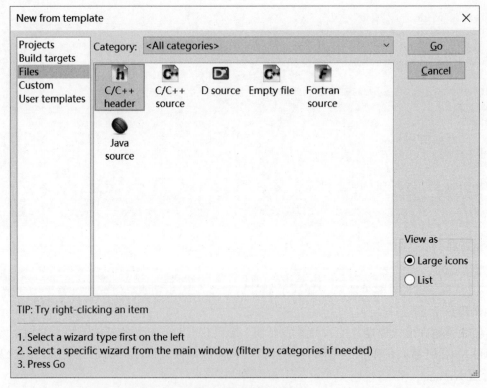

图 6.8　建立头文件

【例 6.14】 计算圆柱体的体积和重量。

程序代码：

(1) 使用前述方法生成 volume.h 文件，并在该文件中书写如下代码：

```
01  #define PI 3.14
02  const double G=9.8;
03  double vol(double r,double h);
04  double weight(double r,double h);
```

(2) 使用前述方法生成 volume.cpp 文件，并在该文件中书写如下代码：

```
01  #include "volume.h"
02  double vol(double r,double h)
03  {
04      return PI*r*r*h;
05  }
06
07  double weight(double r,double h)
08  {
09      return vol(r,h)*G;
10  }
```

(3) 在 main() 函数所在源代码文件 main.cpp 中，书写如下代码：

```
01  #include <iostream>
02  #include "volume.h"
03  using namespace std;
04
05  int main()
06  {
07      double v=vol(5.0,4.0);
08      cout<<v<<endl;
09      double w=weight(1.0,1.0);
10      cout<<w<<endl;
11  }
```

运行结果：

```
314
30.772
```

代码分析：

(1) **volume.h 头文件中的内容**。参见 volume.h 文件，可以看出头文件中可以声明宏（#define，代码第 1 行）、名称常量（const，代码第 2 行）、函数声明（代码第 3 行、第 4 行）。其实头文件中还可以声明全局变量；外部变量，比如"extern int a"；包含其他头文件，比如 include "*.h"等；声明新的自定义类型（见第 8 章）；声明新的类（见第 10 章）等。

(2) **volume.cpp 源代码文件中的内容**。该源文件可以具体定义 volume.h 中声明的函数，在实现头文件中声明的函数时，首先需要使用 include "volume.h"语句将之前声明函数的头文件包含进来，只有这样，才能将多个文件组合在一起，进行统一的连接生成唯一的可执行代码。

（3）main.cpp 源代码文件中的内容。该文件中包含 main()函数，在 main()函数中具体调用之前在 volume.h 头文件中声明的两个函数，为了能够成功调用，需要在程序头部使用♯include "volume.h"语句包含之前声明函数的头文件。

补充说明：

（1）**include 的使用**。对于自定义的头文件，使用 include ".h"的形式将相关头文件包含进来，若使用系统的头文件，比如之前使用过的 sqrt()函数所在的 math.h，这是系统的头文件，则可以使用 include "math.h"也可以使用 include <math.h>形式，使用双引号系统将首先检索项目所在目录，然后检索系统标准路径，而若使用尖括号，则只检索系统标准路径。

（2）**兼容旧标准的头文件**。对于系统标准库函数的使用，最新的 C++在包含头文件的时候不加后缀 h，比如对于采用 string 库的头文件的包含，可以采用 include <string>。

若要兼容旧的 C 语言下的头文件，可以用两种方式包含。一种方式使用 include <math.h>或者 include "math.h"；另一种方式使用 include <cmath>，这里的 cmath 的第一个字母 c 表示是 C 标准的头文件。

所以，推荐在使用系统库函数时，包含头文件采用♯include <＊>这种无 h 后缀的形式，而使用自定义函数时，包含头文件采用♯include "＊.h"这种带有 h 后缀的形式，这样可以很容易区分系统函数和用户自定义函数。

🔑 6.8 标准库函数

软件开发过程中，开发者不可能事无巨细地设计每一个广泛使用的函数，C++编译器提供了许多普遍适用的标准库函数，这些函数覆盖了从基本输入输出，到数学处理、字符串处理等，这些都为软件开发提供了极大的方便。

6.8.1 数学函数

数学函数可以支持许多基本的数学处理，参见**附录 H**。用户在使用的时候首先需要包含标准数学库，即在程序头部使用 include <cmath>表示引用数学库，在程序中即可以调用 math.h 头文件中声明的各数学函数。

【例 6.15】 数学函数使用示例。

程序代码：

```
01    #include <iostream>
02    #include <cmath>
03    using namespace std;
04    int main() {
05        const double PI=3.1415926;
06        double x = 4.0;
07        double y = 3.0;
08
```

```cpp
09      // 平方根
10      double sqrtResult = sqrt(x);
11
12      // 绝对值
13      double absResult = abs(-10.5);
14
15      // 取整
16      double floorResult = floor(4.8);
17      double ceilResult = ceil(4.8);
18      double roundResult = round(4.8);
19
20      // 幂运算
21      double powResult = pow(x, y);
22
23      // 三角函数
24      double sinResult = sin(PI/2);
25      double cosResult = cos(PI/3);
26      double tanResult = tan(PI/4);
27
28      cout << "平方根:" << sqrtResult << endl;
29      cout << "绝对值:" << absResult << endl;
30      cout << "取整:" << floorResult << ", " << ceilResult << ", " << roundResult << endl;
31      cout << "幂运算:" << powResult << endl;
32      cout << "正弦:" << sinResult << endl;
33      cout << "余弦:" << cosResult << endl;
34      cout << "正切:" << tanResult << endl;
35
36      return 0;
37  }
```

运行结果：

平方根:2
绝对值:10.5
取整:4, 5, 5
幂运算:64
正弦:1
余弦:0.5
正切:1

代码分析：

在使用数学函数时，需要注意函数的参数类型支持各类基础的可进行数学计算的数据类型，如 int、float、double、long double 等。

6.8.2 输入输出及格式控制函数

C++语言同时支持 C 语言的输入输出格式以及格式控制，在使用 C 语言的输入输出格式控制时，需要包含 stdio.h 头文件，使用 C++形式的代码时包含 cstdio 头文件。同时 C++也提供了自己专属的格式控制方式，使用 C++格式控制方式的时候，需要包含 iomanip 头文件。

(1) scanf 输入格式控制。C 语言中的 scanf(格式控制,输入表列)如表 6.3 所示。

表 6.3　scanf 输入格式控制符

控制字符	说　　明
%c	一个单一的字符
%d	一个十进制整数
%i	一个整数
%e, %f, %g	一个浮点数
%o	一个八进制数
%s	一个字符串
%x	一个十六进制数
%p	一个指针
%n	一个等于读取字符数量的整数
%u	一个无符号整数
%[]	一个字符集
%%	一个精度符号

(2) printf 输出格式控制。C 语言中的 printf(格式控制,输出表列)如表 6.4 所示。

表 6.4　printf 输出格式控制符

控制字符	说　　明
%c	字符
%d	带符号整数
%i	带符号整数
%e	科学记数法,使用小写"e"
%E	科学记数法,使用大写"E"
%f	浮点数
%g	使用%e 或%f 中较短的一个
%G	使用%E 或%f 中较短的一个
%o	八进制
%s	一串字符
%u	无符号整数
%x	无符号十六进制数,用小写字母
%X	无符号十六进制数,用大写字母
%p	一个指针
%n	参数应该是一个指向一个整数的指针,指向的是字符数放置的位置
%%	一个'%'符号

【例 6.16】 利用 C 语言的 scanf()和 printf()函数输入输出数据示例。

程序代码:

```
01    #include <cstdio>
02    int main() {
03        //输入输出一个字符
04        char ch;
05        scanf("%c",&ch);
06        printf("%c\n",ch);
```

```
07          //输入输出一个整数
08          int i1;
09          scanf("%d",&i1);
10          printf("%d\n",i1);
11          //输入浮点数,并按两种方式输出
12          float f1;
13          scanf("%f",&f1);
14          printf("%f\t%E\n",f1,f1);
15          //输入一个定长的整数
16          int i2;
17          scanf("%2i",&i2);
18          printf("%i\n",i2);
19          return 0;
20      }
```

运行结果：

```
a↙
a
345↙
345
34567↙
34567.000000       3.456700E+04
345↙
34
```

代码分析：

第 17 行代码为输入 2 个数字的整数,所以虽然程序在运行的时候最后输入 345,但系统只接收了 34。

（3）**C++中的格式控制**。使用 C++格式控制方式的时候,需要包含 iomanip 头文件,可以使用表 6.5 中的格式控制符。

表 6.5 C++格式控制符

控制符	说明
dec	基数为10,相当于"%d"
hex	基数为16,相当于"%X"
oct	基数为8,相当于"%o"
setfill(c)	填充字符为 c
setprecision(n)	设显示小数精度为 n 位
setw(n)	设置域宽为 n 个字符
setioflags(ios::fixed)	固定的浮点显示
setioflags(ios::scientific)	科学记数法表示(指数表示)
setiosflags(ios::left)	左对齐
setiosflags(ios::right)	右对齐
setiosflags(ios::skipws)	忽略前导空白
setiosflags(ios::uppercase)	十六进制数大写输出
setiosflags(ios::lowercase)	十六进制数小写输出
setiosflags(ios::showpoint)	强制显示小数点
setiosflags(ios::showpos)	对于正数,强制显示"+"号

【例 6.17】 利用 C++ 语言的格式控制符输入输出整数示例。

程序代码：

```
01   #include <iostream>
02   #include <iomanip>
03   using namespace std;
04   int main() {
05       int a;
06       //输入八进制
07       cin >> oct >> a;
08       cout << a << endl;
09       //输入十六进制
10       cin >> hex >> a;
11       cout << a << endl;
12       //输入十进制
13       cin >> dec >> a;
14       //不同形式的整数输出
15       cout << oct << a << endl;
16       cout << hex << a << endl;
17       cout << dec << a << endl;
18       cout << setw(10) << a << endl;
19       cout << setiosflags(ios::showpos) << a << endl;
20       cout << setfill('#') << setw(10) << a << endl;
21       return 0;
22   }
```

运行结果：

```
123↙
83
ff↙
255
12345↙
30071
3039
12345
     12345
+12345
#####+12345
```

代码分析：

（1）**输入不同进制的整数**。在输入整数时，系统默认进制为十进制。使用 cin >> oct 可以切换输入为八进制整数（第 7 行代码），后续的输入进制就改变了，但输出的进制还保持不变。所以输入八进制的 123，输出为十进制的 83。同样，使用 cin >> hex 可以切换输入为十六进制整数（第 10 行代码），输入十六进制的 ff，则输出十进制的 255。为了恢复输入十进制整数，所以使用 cin >> dec 来切换（第 13 行代码）。

（2）**输出不同进制的整数**。在输出整数时，系统默认进制为十进制。使用 cout << oct 可以切换输出为八进制整数（第 15 行代码），后续的输出进制就统一改变了，为了后续输出十六进制，使用 cout << hex 切换（第 16 行代码），再切换成十进制（第 17 行代码）。

（3）**其他设置**。cout << setw(10) 指定输出为 10 个数字宽度（第 18 行代码），由于输出

的整数只有 5 位,则在此整数之前需要空 5 个空格。

cout << setiosflags(ios::showpos)强制要求输出正数的时候要输出"＋"符号(第 19 行代码),所以整数 12345 输出的时候,前面就出现了一个"＋"号。

cout << setfill('♯')设置"♯"为填充字符(第 20 行代码),在后续输出的时候,前面宽度不够的位置使用"♯"进行填充。

【例 6.18】 利用 C++语言的格式控制符输入输出浮点数示例。

程序代码：

```
01    #include <iostream>
02    #include <iomanip>
03    using namespace std;
04    int main() {
05        double a=1234.56789;
06        //默认格式输出
07        cout << a << endl;
08        //设置 8 个有效数字输出
09        cout << setprecision(8) << a << endl;
10        //恢复到默认格式输出
11        cout << setprecision(6) << a << endl;
12        //固定小数点后 2 位输出
13        cout << setprecision(4) << setiosflags(ios::fixed) << a << endl;
14        //固定小数点后 6 位科学记数法输出
15        cout << resetiosflags(ios::fixed);
16        cout << setiosflags(ios::scientific) << setprecision(6) << a << endl;
17        //固定小数点后 3 位输出
18        cout << resetiosflags(ios::scientific);
19        cout << setiosflags(ios::fixed) << setprecision(3) << a << endl;
20        return 0;
21    }
```

运行结果：

```
1234.57
1234.5679
1234.57
1234.5679
1.234568e+03
1234.568
```

代码分析：

(1) **设置 n 位有效数字输出**。浮点数默认输出为 6 个有效数字(第 7 行代码),通过 cout << setprecision(8)将改变输出有效位为 8 位(第 9 行代码),设置完成后,后续若不改变输出有效位将保持当前设置。在输出截断尾部数据的时候服从四舍五入的规则。

(2) **设置 n 位固定小数位输出**。cout << setprecision(4) << setiosflags(ios::fixed)(第 13 行代码),可以设置 4 位小数的输出,setprecision(n)和 setiosflags(ios::fixed)的顺序可以颠倒(第 19 行代码),在输出截断尾部数据的时候服从四舍五入规则。

(3) **设置 n 位尾数科学记数法输出**。cout << setiosflags(ios::scientific) << setprecision(6)(第 16 行代码),设置 6 位尾数的科学记数法输出,尾数尾部截断时服从四舍五入规则。

这里 setiosflags(ios::scientific) 和 setprecision(n) 的顺序可以颠倒。

（4）科学记数法和固定小数位在同一个程序中的混合使用。科学记数法格式设置 setiosflags(ios::scientific) 和固定小数位输出设置 setiosflags(ios::fixed) 在一个程序中会产生冲突，输出乱码。也就是说，在系统中这两者只能保持一个生效，所以当使用了一种格式控制后，为了使用另外一种格式控制，必须将之前的格式控制取消，格式取消使用 resetiosflags() 函数：取消固定小数位输出 cout << resetiosflags(ios::fixed)（第 15 行代码），取消科学记数法格式 cout << resetiosflags(ios::scientific)。

视频讲解

6.9 应用

【例 6.19】 编码实现数学函数 sin(x)。

思路：

利用泰勒展开式 $\sin(x) = \sin(x) = \sum_{k=0}^{\infty} (-1)^k \frac{x^{2k+1}}{(2k+1)!} = x - \frac{x^3}{3!} + \frac{x^5}{5!} - \frac{x^7}{7!} + \cdots$，可以发现后一项/前一项的比值为有规律的值 $-\frac{x^2}{2k*(2k+1)}$，k 从 1 开始。

程序代码：

```
01    #include <iostream>
02    using namespace std;
03
04    double sin(double x)
05    {
06        const double TINY=1e-6;
07        double s=0;
08        double t=1;
09        double xi=x;
10        for(int i=0;;i++)
11        {
12            xi=xi*t;
13            s+=xi;
14            t=-1.0*x*x/(2*i+2)/(2*i+3);
15            if(-1*t<TINY)
16            {
17                break;
18                cout<<i<<endl;
19            }
20        }
21        return s;
22    }
23
24    int main() {
25        const double PI=3.1415926;
26        cout<<sin(0)<<endl;
27        cout<<sin(PI/6)<<endl;
28        cout<<sin(PI/4)<<endl;
29        cout<<sin(PI/2)<<endl;
```

```
30        cout << sin(-PI/4) << endl;
31        return 0;
32    }
```

运行结果：

```
0
0.5
0.707107
1
-0.707107
```

代码分析：

代码第 14 行求通项，因为程序中循环变量从 0 开始，所以前后项比值形式略有变化。只要该比值在 1e-6 之内，则函数执行结束。

【例 6.20】 验证哥德巴赫猜想。

思路：

哥德巴赫猜想：不小于 6 的偶数可以分解为 2 个素数之和。程序中可以先编写一个判断素数的函数，然后对于任意不小于 6 的偶数 n，可以通过循环从 2 开始遍历每一个整数 i，只要遍历的每个整数 i 和 n-i 均为素数，则可以验证猜想成立。

程序代码：

```
01    #include <iostream>
02    using namespace std;
03
04    //n 是否为素数
05    bool isPrime(int n)
06    {
07        for(int i=2;i<=n/2;i++)
08        {
09            if(n%i==0)
10            {
11                return false;
12            }
13        }
14        return true;
15    }
16
17    //n 是否满足猜想
18    bool isSatisfy(int n)
19    {
20        for(int i=2;i<=n/2;i++)
21        {
22            if(isPrime(i)&&isPrime(n-i))
23                return true;
24        }
25        return false;
26    }
27
```

```
28
29    int main() {
30        const int BIG=10000;
31        for(int i=6;i<=BIG;i+=2)
32        {
33            if(!isSatisfy(i))
34            {
35                cout<<i<<"is not satisfy"<<endl;
36                return 0;
37            }
38        }
39        cout<<"ok!"<<endl;
40        return 0;
41    }
```

运行结果：

ok!

代码分析：

（1）判断素数的函数。代码第 4~15 行用于判断 n 是否为素数，只要 2~n/2 范围内的数都不能整除 n，则 n 为素数。

（2）判断是否满足哥德巴赫猜想的函数。代码第 17~26 行用于判断是否满足猜想，代码思路见前述。

（3）主函数。代码第 29~41 行为主函数，从 6 开始遍历每个偶数，看每个偶数是否满足猜想，若有一个不满足，则在不满足的整数位置退出，若均满足，则显示 ok!

【例 6.21】用递归法将一个十进制数 n 转换为八进制整数。

思路：

模拟手动计算十进制转化为八进制的过程。若十进制整数 n 小于 8，则直接输出，否则，每一次需要继续转化 n/8 的部分，并输出 n%8。

程序代码：

```
01    #include <iostream>
02    using namespace std;
03
04    void get8(int n)
05    {
06        if(n<8)
07        {
08            cout<<n;
09            return;
10
11        }
12        get8(n/8);
13        cout<<n%8;
14    }
15
16    int main(){
```

```
17          get8(7);
18          cout << endl;
19          get8(10);
20          cout << endl;
21          get8(123);
22          cout << endl;
23          get8(999);
24          cout << endl;
25          return 0;
26      }
```

运行结果：

```
7
12
173
1747
```

6.10 本章小结

本章介绍了函数的定义及其使用。从多个角度学习了函数：从是否需要用户自己编写函数的实现可以将函数分成用户自定义的函数和标准库函数两类；从函数有无参数可以将函数分成有参函数和无参函数两类；从函数是否调用了自身可以将函数细分为直接调用和递归调用。通过对函数参数的类型、顺序、个数的改变可以书写同名的多个重载函数，通过引入虚拟参数可以编写函数模板，通过设置函数参数的默认值可以简化函数的调用，通过给函数加上 inline 的修饰可以在某些情况下提高函数的执行效率。

学习函数的时候需要建立起模块化分工的思维方式。一个大的软件系统在宏观上可以将其分成不同功能的若干模块，然后通过模块之间的有机协作实现整体的功能。这种思维方式就像我们所有人投身于建设国家一样：每个人是一个功能独立的模块，同时又在国家有需要时服从统一的规划调度，这样整体上就能众志成城，成为一个整体实力强大的国家。

习题 6

1. 如何使用一个函数名实现多个功能？
2. 输入一个整数 n，请输出 n（包括 n）以内的亲密素数，所谓亲密素数：相邻的两个奇数均为素数。
3. 输入一个整数 n（n≥3），使用递归函数求斐波那契数列前 n 项元素。
4. 输入一个整数 n，求 n（包括 n）以内的完全平方数，所谓完全平方数，即该数可以表示为某个整数的平方，例如，4 为完全平方数，因为 4=2*2。
5. 输入一个十进制整数 n，以及进制 m（m<10 或者 m=16），将 n 转换为 m 进制数输出。
6. 输入一个整数 n，输出 n（包括 n）以内的完全数，所谓完全数，即该数可以表示为其所有不等于其自身的因子之和，例如，6 为完全数，因为 6=1+2+3，其中 1,2,3 为其因子。
7. 利用函数重载求解圆面积和矩形面积。

第 7 章

数　　组

CHAPTER 7

　　通常情况下，程序中有多少个数据，就声明多少个变量，但是当数据量特别大的时候，定义或者使用变量都很不方便，C++提供了一种数组的技术可以使得管理和使用大量数据时比较方便，在使用这些数据时，要求这些数据的数据类型相同。

7.1 一维数组

7.1.1 定义数组

定义数组的语法形式如下。

数据类型 数组名[数组长度];

数据类型可以为之前定义数据的各种数据类型,数组名为标识符,数组长度需要为整型常量,可以是常数、符号常量、名称常量,不能为变量。也就是说,数组在声明的时候就需要将数组的长度固定下来。数组中的每一个单元称为元素。数组长度也是数组内能够容纳的元素的最大数量。

定义 10 个元素的整型数组,程序可以描述为 int a[10];,该数组定义将在内存中分配如图 7.1 所示的空间。

这 10 个元素在内存中连续排列,对于定义的 a 数组来说,数组名 a 就是数组在内存中的起始位置,对数组中的每个元素可以用数组名及元素在数组中的**位置**(也称**下标**)来共同表示。例如,数组中的第一个元素可以用 a[0] 来表示,数组中的最后一个元素可以用 a[9] 来表示。

也就是说,**数组中元素的起始下标为 0,结束下标为:数组长度-1。**

7.1.2 数组初始化

数组的初始化可以有几种方法。

a[0]	a[1]	a[2]	a[3]	a[4]	a[5]	a[6]	a[7]	a[8]	a[9]

图 7.1 10 个元素的数组空间示意

(1)**定义数组长度,同时初始化所有元素**。对数组定义后,可以同时对数组进行初始化。例如:

int a[10] = {1,3,5,7,9,11,13,15,17,19};

初始化的时候,赋值号右侧用花括号将所有要赋值的数据括起来,同时各数据之间用逗号隔开,最后一个数据的末尾不需要加标点符号。内存中各数据将分别保存到数组各对应位置,如图 7.2 所示。

1	3	5	7	9	11	13	15	17	19

图 7.2 定义数组长度并初始化所有元素

(2)**定义数组长度,初始化部分元素**。对数组定义后,可以只对部分数组元素进行初始化。例如:

int a[10] = {1,3,5};

则数组中各元素保存的数据如图 7.3 所示。

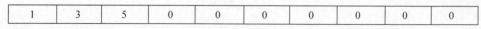

图 7.3 定义数组长度并初始化部分元素

对于使用整型、浮点型定义的数组,在部分初始化数组元素的情况下,未初始化数值位置上的元素赋值为 0,对于字符型数组,部分初始化的情况下,未初始化数值位置上的元素赋值为'\0'。

(3) 不定义数组长度,初始化所有元素。使用这种方法对数组元素初始化时,可以不定义数组的长度。例如:

int a[]={1,3,5,7,9};

采用这种方式初始化数组后,数组的长度将根据花括号中数据的个数自动确定。最后数组的长度为 5,数组中存储的数据形式如图 7.4 所示。

图 7.4 不定义数组长度初始化所有元素

7.1.3 基于位置的数组元素访问

对于数组中的元素访问,可以用数组名和下标的组合来进行。比如访问 a 数组中的第一个元素,也就是下标为 0 的元素可以用 a[0]来表示。下标为整数,下标并不一定需要为常量,只要在程序执行过程中可以得到该下标的值就可以进行定位。

【例 7.1】 求解一组数的平均值。

程序代码:

```
01    #include <iostream>
02    using namespace std;
03    int main()
04    {
05        const int LEN=10;
06        int a[LEN]={1,2,3,4,5};
07        a[5]=6;
08        a[6]=7;
09        a[7]=8;
10        a[8]=9;
11        a[9]=10;
12        int sum=0;
13        for(int i=0;i<LEN;i++)
14        {
15            sum+=a[i];
16        }
17        cout<<1.0*sum/LEN<<endl;
18        return 0;
19    }
```

运行结果:

5.5

代码分析：

(1) **数组初始化**。代码第 5 行、第 6 行声明了一个含有 10 个整型数据的整型数组，并进行了初始化，也就是将数组中的 a[0]赋值为 1，a[1]赋值为 2，a[2]赋值为 3，a[3]赋值为 4，a[4]赋值为 5，剩余的 5 个元素赋值为 0。

(2) **写入数组元素**。代码第 7~11 行对数组元素进行赋值。一定要注意的是，经过初始化以及写数组元素的操作，数组的 10 个元素的值已经全部就绪，也就是说按照数组中元素下标从最小的 0 到最大的下标 9 顺序排列的 10 个元素值为 1,2,3,4,5,6,7,8,9,10。该数组中不存在下标为 10 的数组元素。数组元素最大下标为数组长度－1。

(3) **求平均值**。代码第 12~17 行求解该数组中所有元素数值的平均值，其中第 17 行代码中采用表达式 1.0 * sum/LEN 求解平均值，而不是 sum/LEN 求平均值，目的是将 sum 转换为浮点数，这样最后求解的结果为浮点数 5.5，若是 sum/LEN，则为两个整数相除，最后得到的解就是整数 5。

7.1.4 基于值的数组元素访问

当对数组中的元素进行访问时，如果对元素的位置并不关心，只在意元素值的使用，则可以使用 for in 循环来遍历所有元素（这是 C++ 11 之后才予以支持的技术）。

for in 循环的语法形式如下。

for(数据类型 变量名:数组名)
{
 ...
}

其中，**数据类型 变量名**定义了作用范围为 for 语句内的变量，该类型需要和数组类型保持一致；冒号":"不能缺少，表示该变量预备从后续的数组中取值；数组名是之前已经定义好的预备访问的数组。

【**例 7.2**】 求整型一维数组中的最大值和最小值。

思路：在求整型数组中的最大值时，可以设置一个变量为很小的整数值（也可以为数组中的任意值），遍历整个数组的元素，只要比较的数组元素的值比这个变量值大，则将这个变量赋值为当前的数组元素值，以此类推，待所有数组元素遍历完成后，该变量中保存的值即为整个数组中最大元素的值。求数组中最小值的思路与此类似。

程序代码：

```
01   #include <iostream>
02   #include <climits>
03   #include <iomanip>
04   using namespace std;
05   int main() {
06       int imax=INT_MIN;
07       int imin=INT_MAX;
08       cout<<"maximum int:"<< imin << endl;
09       cout<<"minimum int:"<< imax << endl;
10       int arr[10]={1,2,3,4,5,6,7,8,9,10};
11       for(int i:arr)
```

```
12        {
13            imax=(i>imax)?i:imax;
14            imin=(i<imin)?i:imin;
15        }
16        cout<<"the maximum of array:"<<imax<<endl;
17        cout<<"the minimum of array:"<<imin<<endl;
18        return 0;
19   }
```

运行结果:

```
maximum int:2147483647
minimum int:-2147483648
the maximum of array:10
the minimum of array:1
```

代码分析:

(1) 最值的初始化。代码第 6 行、第 7 行定义最终要求解的最小值 imin 和最大值 imax,并分别赋值最大整数值 INT_MAX 和最小整数值 INT_MIN,这两个宏定义的符号常量是在 limits.h 中定义的,所以代码第 2 行需要 include<climits>。

(2) 数组值遍历。代码第 11~15 行遍历全部数组元素值,其中第 11 行 for(int i:arr) 这种表达方式就是遍历所有数组的值,其中定义的整型变量 i 为数组元素的值,i 从数组的头部开始,循环中每一次的 i 向后移动一次,得到对应位置上元素的值。这里 i 的类型为数组元素值的类型,也就是数组的类型。在第 13 行代码中,比较 i 和 imax,若 i 大于 imax,则 imax 的值更新为 i 的值,这样 imax 中始终为当前已经检查过的数组元素的最大值,第 14 行代码思路与此类似,imin 中总是得到最小值。

补充说明:

(1) 访问数组元素时可以基于位置访问,也可以遍历值访问。基于值访问时不能选取开始和结束的位置,只能从数组的头部开始依次得到每个元素的值。

(2) for in 循环中定义的访问数组的局部变量的数据类型必须和数组类型一致。由于数组是先前已经定义好的,C++为了降低程序员的负担,可以使用**通用数据类型 auto 来定义该局部变量**,而由编译器自动推导该类型,比如该程序中可以将第 11 行代码写成 for(auto i:arr)。

7.2 二维数组

许多数据可以用一维数组来管理,比如某门课程的所有学生的成绩,班级所有学生的身高等,但是当可以描述数据的特征增多,用一维数组管理数据就不如二维数组方便了。

假设大学计算机学院现有 3 个专业,每个专业有 4 个年级的学生,现在需要对学生数量进行管理。如果用一维数组就很不方便,而如果用二维数组,可以用如表 7.1 所示的表格来管理。

表 7.1 二维表格

专业\年级	一年级	二年级	三年级	四年级
计算机应用	40	44	46	42
软件工程	60	65	70	80
智能科学技术	50	55	53	52

显然，对于其中每个数据，用专业和年级两个特征来描述比较直观和方便。如果转化成用位置表示，可以将计算机应用所在行定义成第 0 行，将软件工程所在行定义成第 1 行，将智能科学技术所在行定义成第 2 行，将一年级所在列定义成第 0 列，将二年级所在列定义成第 1 列，将三年级所在列定义成第 2 列，将四年级所在列定义成第 3 列。那么软件工程三年级学生数就可以用该数组的第 1 行第 2 列定位进行访问。

7.2.1 定义数组

定义二维数组的语法形式如下。

数据类型 数组名[数组长度][数组长度];

数据类型可以为之前定义数据的各种数据类型，数组名为标识符，数组长度需要为整型常量，可以是常数、符号常量、名称常量，不能为变量。

可以定义之前的专业学生数量：int Num[3][4];。对于二维数组而言，这种定义形式直观上看来就是一个 3 行 4 列的数组，该数组定义将在内存中分配如图 7.5 所示的空间。

Num[0][0]	Num[0][1]	Num[0][2]	Num[0][3]
Num[1][0]	Num[1][1]	Num[1][2]	Num[1][3]
Num[2][0]	Num[2][1]	Num[2][2]	Num[2][3]

图 7.5 二维数组

二维数组**数组名[数组长度][数组长度]**中从左侧到右侧的数组长度可以理解成是从高维到低维的不同长度，比如 Num[3][4] 中 3 就是高维，4 就是低维，由于内存的结构整体上和一维数组的结构类似，是线性存放数据的，二维数组在内存中实际上也是展开成一维数组存放的，展开的策略是先高维，后低维，每一维度上按照下标从低到高存放。比如 Num[3][4] 中存放次序为：Num[0][0]→Num[0][1] →Num[0][2] →Num[0][3] →Num[1][0] → Num[1][1] →Num[1][2] →Num[1][3] →Num[2][0] →Num[2][1] →Num[2][2] → Num[2][3]。

7.2.2 数组初始化

初始化二维数组有以下几种方法。

（1）**定义数组行和列，初始化全部元素**。这种方法是最直观的赋值方法，比如定义一个 3 行 4 列的整型数组并对数组中的所有元素进行初始化：

```
int Num[3][4] = {{ 40,44,46,42},
                 {60,65,70,80},
                 {50,55,53,52}};
```

也就是用了两层花括号来初始化。二维数组中每一行都可以看成是一个独立的一维数组,所以 3 行 4 列的二维数组可以看成是 3 个元素的一维数组,而每个元素又是一个包含 4 个整数的数组。初始化以后 Num 数组中存放的数据如图 7.6 所示。

40	44	46	42
60	65	70	80
50	55	53	52

图 7.6　定义行和列并初始化全部元素

同时,由于二维数组中的所有元素在内存中是一个元素挨着一个元素顺序存放的,所以 C++ 又提供了另一种可以省略一层花括号的初始化方法。

int Num[3][4] = { 40,44,46,42,60,65,70,80,50,55,53,52 };

这种方法是将二维数组中的所有元素全部列出,虽然写起来比较方便,但阅读的时候不容易对应每个元素具体的行和列。

(2) 定义数组行和列,初始化部分元素。如果只需要定义数组中的部分元素,可以显式定义数组的行和列,但在元素上可以缺省,缺省部分的元素值为 0。

int Num[3][4] = {{ 40 },
　　　　　　　　{60,65},
　　　　　　　　{50}};

此时,数组中已经存放的数据如图 7.7 所示。

40	0	0	0
60	65	0	0
50	0	0	0

图 7.7　定义行和列并初始化部分元素

这里省略了部分列,更进一步,还可以省略数组中的部分行。例如:

int Num[3][4] = {{ 40 },
{60,65}};

未明确赋值的元素缺省为 0。此时,数组中已经存放的数据如图 7.8 所示。

40	0	0	0
60	65	0	0
0	0	0	0

图 7.8　定义行和列并省略了行元素

使用这种方法初始化数组时,定义数组时必须标明其两个维度上的长度,也就是不能省略行和列,这种方式比较适合表示二维数组中 0 值比较多的情形。

(3) 定义数组列,初始化全部或部分元素。可以标明二维数组的列,而行省略,由系统自动计算出数组的行。例如:

int Num[ ][4] = { 40,44,46,42,60,65,70,80,50,55,53,52 };

此时花括号一共列出了 12 个元素,由于已经标明了是 4 列,所以该二维数组合计 3 行,数组存放的形式如图 7.9 所示。

又如,定义数组为

40	44	46	42
60	65	70	80
50	55	53	52

图 7.9　定义数组列初始化全部元素

int Num[ ][4]={40,44,46,42,60};

此时花括号列出了 5 个元素，由于列数为 4 列，所以该二维数组被计算确定为 2 行。数组中存放的数据如图 7.10 所示。

40	44	46	42
60	0	0	0

图 7.10　定义数组列初始化部分元素

其中，未明确赋值的元素值为 0。

7.2.3　数组元素的访问

访问二维数组元素可以通过数组名和两个维度的下标来表示。例如，若需要读写先前定义的 Num[3][4]中的第 0 行，第 1 列的元素，可以用 Num[0][1]进行读写。

【例 7.3】　使用表格形式显示二维数组元素值。

程序代码：

```
01  #include<iostream>
02  using namespace std;
03  int main() {
04      const int ROW=3;
05      const int COL=4;
06      int Num[ROW][COL]={{40,44,46,42},
07                         {60,65,70,80},
08                         {50,55,53,52}};
09      for(int row=0;row<ROW;row++)
10      {
11          for(int col=0;col<COL;col++)
12          {
13              cout<<Num[row][col]<<'\t';
14          }
15          cout<<endl;
16      }
17      return 0;
18  }
```

运行结果：

```
40    44    46    42
60    65    70    80
50    55    53    52
```

代码分析：

（1）遍历二维数组。代码第 9～16 行使用了两个 for 语句构成的二重循环对二维数组进行遍历,外层的循环遍历每一行,内层的循环遍历某一行的每一列。

(2) 分隔符。代码第 13 行中使用转义符'\t'分隔每一行中的两个元素,第 15 行代码分隔数组中的每一行。

7.3 高维数组

与二维数组类似,C++ 中可以定义超过二维的高维数组,如要描述物理世界三维空间中的任意一个位置的空气温度、压力、湿度等数据就需要经度、纬度、高度三个维度上的描述,这就可以用三维数组来描述。

高维数组的实现在系统内部通过数组的嵌套来实现,如二维数组可以看成是一维数组的数组,三维数组可以看成是二维数组的数组,以此类推,可以实现任意维度的数组。

【例 7.4】 三维数组的使用示例。

程序代码:

```
01  #include<iostream>
02  using namespace std;
03  int main()
04  {
05      const int HEIGHT=2;
06      const int ROW=3;
07      const int COL=4;
08      int a[HEIGHT][ROW][COL]={
09                      {{101,102,103,104},
10                       {111,112,113,114},
11                       {121,122,123,124}},
12                      {{201,202,203,104},
13                       {211,212,213,214},
14                       {221,222,223,224}}
15                      };
16      for(int height=0;height<HEIGHT;height++)
17      {
18          cout<<"height="<<height<<':'<<endl;
19          for(int row=0;row<ROW;row++)
20          {
21              cout<<"row="<<row<<':';
22              for(int col=0;col<COL;col++)
23              {
24                  cout<<a[height][row][col]<<' ';
25              }
26              cout<<endl;
27          }
28          cout<<endl;
29      }
30      return 0;
31  }
```

运行结果：

```
height=0：
row=0:101 102 103 104
row=1:111 112 113 114
row=2:121 122 123 124

height=1：
row=0:201 202 203 104
row=1:211 212 213 214
row=2:221 222 223 224
```

代码分析：

本程序中可以将三维数组 a 理解成第一个维度 height=0 上是一个二维数组，height=1 上又是一个二维数组。该数组在逻辑上的布局如图 7.11 所示。

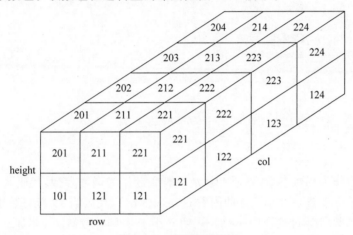

图 7.11　三维数组示意

高维数组的定义、初始化、元素访问方法与一维数组、二维数组类似。

7.4　函数中的数组

函数的参数和返回值可以是各类变量和常量，数组也可以作为函数的参数或返回值。数组元素作为函数的参数或返回值与一般变量相似：按值传递，但数组名作为函数参数或返回值时，传递的就不再是数值，而是数组的地址。

7.4.1　元素值作为参数

数组元素值作为函数参数和一般变量作为函数参数特性相似，均是按值传递，也就是形参得到一份实参值的复制，在函数内部对形参进行的各类运算都和实参无关。

【例 7.5】　统计整型一维数组中负数的个数。

程序代码：

```
01  #include <iostream>
02  using namespace std;
```

```
03    bool isLessZero(int x)
04    {
05        if(x<0)
06            return true;
07        return false;
08    }
09    int main() {
10        const int LEN=10;
11        int a[LEN]={-10,4,5,7,-2,6,7,8,9,-1};
12        int cnt=0;
13        for(auto n:a)
14        {
15            if(isLessZero(n))
16            {
17                cnt++;
18            }
19        }
20        cout << cnt << endl;
21        return 0;
22    }
```

运行结果：

```
3
```

代码分析：

对于元素值作为函数参数，本质上就是一般变量作为函数参数，代码第 3~8 行定义了一个用于判断某一变量是否小于 0 的函数 isLessZero()，代码第 15 行将数组中的每一个元素 n 传递给该函数，该函数返回 true 时，表明 n 小于 0，则计数器 cnt 累加。

这里参数传递的是元素的值，在 isLessZero() 函数内部，形参 x 的任何操作和实参 n 没有关系，在退出 isLessZero() 函数后，变量 x 的内存也随之释放。

7.4.2 数组名作为参数

采用数组名作为函数参数时，实参与形参均需要用数组名，此时参数传递的是数组的地址，也称按地址传递。在被调函数中对形参数组的任何操作，实际上也就是对主调函数中实参数组的操作。

【例 7.6】 将数组中的元素值修改为原先值的平方。

程序代码：

```
01    #include <iostream>
02    using namespace std;
03    bool square(int arr[], int n)
04    {
05        for(int i=0;i<n;i++)
06        {
07            arr[i] *= arr[i];
08        }
09        return true;
```

```
10  }
11  int main() {
12      const int LEN=10;
13      int a[LEN]={-10,4,5,7,-2,6,7,8,9,-1};
14      square(a,LEN);
15      for(int n:a)
16      {
17          cout << n <<'\t';
18      }
19      return 0;
20  }
```

运行结果:

| 100 | 16 | 25 | 49 | 4 | 36 | 49 | 64 | 81 | 1 |

代码分析:

(1) 函数定义。代码第 3～10 行定义了函数 square(int arr[],int n),其中 arr 为数组名,n 为数组长度,一般情况下,用一维数组名作为函数参数时,会将数组长度作为一个参数;用二维数组名作为函数参数时,会将行数和列数作为参数,以此方便在函数中根据该数据进行遍历。

(2) 函数调用。代码第 14 行调用了 square() 函数,其中将数组名 a 和数组长度 LEN 作为参数进行传递,使用数组名传递时,被调函数 square() 得到的 arr 数组实际上和主调函数中 a 数组共享同一个空间,square() 函数中将 arr 数组每个元素的值修改为其平方值,这个变化也就是主调函数 a 数组上的变量,所以最后,当代码第 15～18 行遍历 a 数组元素显示时,可以显示出 square() 函数中修改后的值。

同样地,可以将二维数组名作为函数参数,此时需要在函数中显式给出第二维的维数,第一维的维数可以省略。

【例 7.7】 将二维数组中的元素值修改为原先值的平方。

程序代码:

```
01  #include <iostream>
02  using namespace std;
03
04  #define N 10
05
06  void square2(int a[][N],int m,int n)
07  {
08      for(int i=0;i<m;i++)
09      {
10          for(int j=0;j<n;j++)
11          {
12              a[i][j] *=a[i][j];
13          }
14      }
15  }
16  int main()
```

```
17  {
18      int a[N][N];
19      int m,n;
20      cin>>m>>n;
21      for(int i=0;i<m;i++)
22      {
23          for(int j=0;j<n;j++)
24          {
25              cin>>a[i][j];
26          }
27      }
28      square2(a,m,n);
29      for(int i=0;i<m;i++)
30      {
31          for(int j=0;j<n;j++)
32          {
33              cout<<a[i][j]<<' ';
34          }
35          cout<<endl;
36      }
37      return 0;
38  }
```

运行结果：

2 2↵
1 2↵
3 4↵
1 4
9 16

代码分析：

（1）**函数定义**。二维数组名作为函数参数时，需要显式给出第二维的具体数值，void square2(int a[][N],int m,int n)。也可以写成 void square2(int a[N][N],int m,int n)，但这两个维数本身是无法作为参数传递进函数的，所以需要另外定义有效的行数 m 和列数 n。

（2）**函数调用**。对声明的二维数组函数调用时，可以使用 square2(a,m,n) 直接调用，此时直接将二维数组名传递进被调函数即可。

7.5 字符数组

当数组中的元素类型为字符型时，数组即为字符数组，由于字符数组在实际应用中范围很广，C++提供了许多专用于字符数组处理的函数。这里也有必要将字符数组单独列出来详细讨论。

7.5.1 定义及使用

定义一般数组的方法同样适用于字符数组，针对一维字符数组，可以有以下三种方式进行初始化。

（1）**定义数组长度，同时初始化所有元素**。对于一维字符数组，可以定义：

char str[10] = {'I',' ','l','o','v','e',' ','C','+','+'};

在计算机内部，str 字符数组存放的字符如图 7.12 所示。

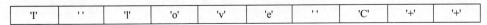

图 7.12　定义字符数组长度并初始化所有元素

注意，这里的空字符' '也需要单独占有一个数组元素的空间。再回顾一下，字符在内存中以 ASCII 码形式表示。

（2）**定义数组长度，初始化部分元素**。在初始化数组元素时，可以只对部分数组元素赋值，此时，未明确赋值的元素将赋值'\0'字符，此字符 ASCII 值为 0，也就是空字符。例如可以定义：

char str[10] = {'I',' ','l','o','v','e',' ','C'};

str 字符数组存放的字符如图 7.13 所示。

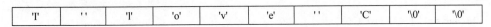

图 7.13　定义字符数组长度并初始化部分元素

该定义方式等同于完整赋值所有元素的以下两种初始化形式：

①char str[10] = {'I',' ','l','o','v','e',' ','C','\0','\0'};
②char str[10] = {'I',' ','l','o','v','e',' ','C',0,0};

（3）**不定义数组长度，初始化所有元素**。在定义数组的时候，可以省略数组长度，即定义：

char str[] = {'I',' ','l','o','v','e',' ','C','+','+'};

系统将自动根据花括号内的字符数量来初始化字符数组的长度，也就是一共 10 个元素，存放的字符如图 7.14 所示。

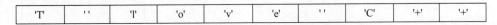

图 7.14　不定义数组长度并初始化所有元素

对于二维字符数组的定义和初始化，与一般数据类型的二维数组的定义和初始化类似。

【例 7.8】 将字符数组中的小写字母转化为大写字母并输出。

程序代码：

```
01    #include <iostream>
02    using namespace std;
03
04    int main() {
05        const int LEN=10;
06        char str[]={'I',' ','l','o','v','e',' ','C','+','+'};
07        for(int i=0;i<LEN;i++)
08        {
09            if(str[i]<='z'&&str[i]>='a')
10            {
```

```
11                str[i] = str[i] - 'a' + 'A';
12            }
13            cout << str[i];
14        }
15        return 0;
16    }
```

运行结果：

I LOVE C++

代码分析：

代码第 11 行用于将小写字母转化为大写字母，当然也可以写成 str[i]=str[i]−32。

7.5.2 字符串

C++中规定字符串为最后一个字符为'\0'的字符数组。以下初始化的方法均定义和初始化了相同的字符串：

(1) char str1[] = "I love C++";
(2) char str2[11] = "I love C++";
(3) char str3[] = {'I',' ','l','o','v','e',' ','C','+','+','\0'};
(4) char str4[11] = {'I',' ','l','o','v','e',' ','C','+','+','\0'};

可以看出，第(1)种方法最为简洁，这也是 C++中最常用的定义和初始化字符串的方法。

【例 7.9】 将用户输入的字符串逆序并输出。

思路：

先获得用户输入字符串的长度，然后依次交换第 1 个字符和最后 1 个字符，交换第 2 个字符和倒数第 2 个字符，以此类推，最后直接输出字符串。

程序代码：

```
01    #include <iostream>
02    using namespace std;
03    int getLen(char c[], int len)
04    {
05        int n=0;
06        for(int i=0;i<len;i++)
07        {
08            if(c[i]!='\0')
09            {
10                n++;
11            }
12            else
13            {
14                break;
15            }
16        }
17        return n;
18    }
19    int main(){
```

```
20      const int LEN=80;
21      char str[LEN];
22      cin >> str;
23      int n=getLen(str,LEN);
24      for(int i=0;i<n/2;i++)
25      {
26          char c=str[i];
27          str[i]=str[n-i-1];
28          str[n-i-1]=c;
29      }
30      cout << str << endl;
31      return 0;
32  }
```

运行结果：

abcdefg↵
gfedcba

代码分析：

（1）**字符串输入**。代码第 21 行定义字符数组，第 22 行使用 cin 输入字符串，输入时需要注意输入的字符数量要小于定义的字符数组的长度，若字符数量超过字符数组的长度，多余的字符会保存到紧挨着字符数组的后续内存空间，这可能会导致不可预知的错误。

使用 cin >> str 输入字符串时，系统将会基于用户输入的空格、回车、Tab 键等结束当前的输入，也就是说，若用户输入带有空格的字符串，则包括空格在内的后续字符不会输入。

输入字符串后，在字符数组的末尾系统将自动增加'\0'字符，该字符不需要用户输入。

当然也可以逐个字符地输入，比如 cin >> str[0]，不过使用这种方法输入大量字符的时候效率较低。

（2）**获得字符串长度**。代码第 3～18 行为获得字符串的长度，注意其中 for 循环语句中，根据字符是否为'\0'来判断是否已经到结束，这也是后续一些系统函数用于判断字符串结束的标识。

（3）**字符串输出**。代码第 30 行输出字符串，输出时采用了 cout << str 语句输出，这里若输出具体的某个下标的字符，可以用类似于 cout << str[0]这种方式输出，但若要输出整体的字符串，就不需要标注下标，直接用数组名即可。输出时系统根据 str 字符串中的结束字符标识'\0'输出'\0'之前的所有字符，'\0'本身不输出，若字符数组中存在多个'\0'，也只会输出第一个'\0'之前的所有字符。

7.5.3 字符串处理标准函数

C++中提供了一系列处理字符串的函数。主要是在 cstring 头文件中声明，少量是在 iostream 头文件中声明。

（1）**读取一行字符串（可以包含空格）函数**。函数原型为：cin.getline(char[],int n,char delim)，第 1 个参数为定义好的字符数组，第 2 个参数为允许读入的最大字符个数，第 3 个参数为结束字符，可以缺省，若缺省该参数，则以输入换行符为结束标识，函数没有返回值。该函数在 iostream 中定义,使用时需要包含该头文件。

【例 7.10】 输入输出一行字符串。

程序代码:

```
01  #include <iostream>
02  using namespace std;
03
04  int main() {
05      const int LEN=80;
06      char str[LEN];
07      cin.getline(str,LEN);
08      cout << str << endl;
09      cin.getline(str,LEN,'#');
10      cout << str << endl;
11      return 0;
12  }
```

运行结果:

```
I love C++#,and you?↙
I love C++#,and you?
I love C++#,and you?↙
I love C++
```

代码分析:

第 7 行第一次输入字符串,cin.getline(str,LEN);,只要一行字符个数不超过 LEN-1,则程序读取并保存一行完整的字符串。

第 9 行第二次输入字符串,cin.getline(str,LEN,'#');,读取的字符最多为 N-1 个或者遇到'#'结束。

(2) 获得字符串长度的函数。 该函数原型为:int strlen(const char[]);,函数的参数为一个字符数组名,该字符数组为一个字符串,也就是要以'\0'为结束。const 表示在该函数内部不能修改该字符数组,这是一种保护实参数组空间的方法,在调用的时候不需要传递"const"。函数返回一个无符号整数,表示字符数组的长度。该函数在 cstring 头文件中定义,使用时需要包含该头文件。

【例 7.11】 比较输入的两个字符串的长度。

程序代码:

```
01  #include <iostream>
02  #include <cstring>
03  using namespace std;
04
05  int main() {
06      const int LEN=80;
07      char str1[LEN];
08      cout<<"第一次输入:";
09      cin.getline(str1,LEN);
10      char str2[LEN];
11      cout<<"第二次输入:";
```

```
12          cin.getline(str2,LEN);
13          if(strlen(str1)>strlen(str2))
14          {
15              cout<<"第 1 次输入的字符串较长"<< endl;
16          }
17          else
18          {
19              cout<<"第 2 次输入的字符串较长"<< endl;
20          }
21
22          return 0;
23      }
```

运行结果：

第一次输入：I love C++✓
第二次输入：I love Java✓
第 2 次输入的字符串较长

(3) 字符数组比较函数。该函数原型为：int strcmp(const char[],const char[]);，函数的参数为字符数组名，该函数从两个字符数组的开始位置逐个比较对应位置上字符的 ASCII 码，若有不相等或者均为'\0'则结束，函数返回一个整数，表示比较结果。比较结果如表 7.2 所示。

表 7.2 strcmp()比较函数返回结果

返回值	解　　释
<0	第 1 个数组中的字符 ASCII 码值小
=0	两个数组内容相同
>0	第 1 个数组中的字符 ASCII 码值大

该函数在 cstring 头文件中定义，使用时需要包含该头文件。

【例 7.12】 比较字符串的大小。

程序代码：

```
01  #include<iostream>
02  #include<cstring>
03  using namespace std;
04
05  int main(){
06      const int LEN=80;
07      char str1[LEN]="good bye";
08      char str2[LEN]="hello";
09      cout<<strcmp(str1,str2)<<endl;
10      char str3[LEN]="I am happy";
11      char str4[LEN]="I am happy";
12      cout<<strcmp(str3,str4)<<endl;
13      char str5[LEN]="9+8=17";
14      char str6[LEN]="5";
15      cout<<strcmp(str5,str6)<<endl;
16      return 0;
17  }
```

运行结果：

```
-1
0
1
```

注意，这里的比较不是字符串长度的比较，关系运算符不能直接作用于字符数组，即不能直接用类似于 str1＜str2 这种比较表达式。

(4) 字符数组复制函数。该函数原型为：char[] strcpy(char[],char[]);，该函数将第 2 个参数所表示的字符数组复制给第 1 个参数所表示的字符数组。函数返回第 1 个参数所指向的字符串。该函数在 cstring 头文件中定义，使用时需要包含该头文件。

在使用时，需要给第 1 个字符数组分配的空间不少于第 2 个字符数组。

【例 7.13】 两个字符数组交换。

程序代码：

```
01  #include <iostream>
02  #include <cstring>
03  using namespace std;
04
05  int main() {
06      const int LEN=80;
07      char str1[LEN]="good bye";
08      char str2[LEN]="I love C++";
09      char tmp[LEN];
10      strcpy(tmp,str1);
11      strcpy(str1,str2);
12      strcpy(str2,tmp);
13      cout<<"第1个字符串："<<str1<<endl
14          <<"第2个字符串："<<str2<<endl;
15      return 0;
16  }
```

运行结果：

```
第1个字符串:I love C++
第2个字符串:good bye
```

代码分析：

对字符串只能初始化赋值，或者使用 strcpy 赋值，不能利用赋值运算符"="进行赋值。

另外，C++ 还提供了一种 string 类可用于对字符串进行表示和处理，使用形式上比本节的标准函数处理更加直观和便捷（参见第 15.5 节）。

视频讲解

7.6 应用

【例 7.14】 利用筛法求素数。

思路：

从 2 开始遍历，第一个素数为 2，将所有 2 的倍数筛掉，下一个没有被筛掉的数为 3，将所有 3 的倍数筛掉,这样依次筛掉多余的数,剩余的没有被筛掉的数即为素数。

程序代码:

```
01  #include <iostream>
02  using namespace std;
03  void sieve(int a[],int n)
04  {
05      a[0]=1;
06      a[1]=1;
07      a[2]=0;
08      for(int i=2;i<n;i++)
09      {
10          if(a[i]==1)
11              continue;
12          for(int j=i+1;j<n;j++)
13          {
14              if(j%i==0)
15              {
16                  a[j]=1;
17              }
18          }
19      }
20  
21  }
22  
23  int main(){
24      const int N=100;
25      int a[N]={};
26      sieve(a,N);
27      for(int i=0;i<N;i++)
28      {
29          if(a[i]==0)
30          {
31              cout<<i<<' ';
32          }
33      }
34      return 0;
35  }
```

运行结果:

2 3 5 7 11 13 17 19 23 29 31 37 41 43 47 53 59 61 67 71 73 79 83 89 97

代码分析:

代码第 7 行相当于设置数值 2(用数组的下标表示对应的数组序列的值)为素数(数组元素值为 0),代码第 8 行的循环用于遍历从 2 开始的所有整数,若已经标记为非素数(第 10 行)则跳过检测(第 11 行),若未检测过,则看其是否被已有的素数(数组元素值为 0)整除,若能整除,则设置该数所对应的数组值为 1(第 14~17 行)。最终系统中所有标记为 0 的整数值对应的下标位即为素数。

【例 17.15】 使用冒泡法对一个数组中的整数从小到大进行排序。

思路：

（1）一轮遍历：从头到尾，相邻两个元素进行比较，大的元素交换到后边，这样，只要遍历扫描完整个数组，最大的元素就被交换移动到数组最后面，也是最终正确的位置。

（2）重复以上动作，但是每一轮遍历的时候不需要扫描完整个数组，因为每一轮遍历的时候总有一个元素被交换移动到最终正确的位置，所以每一轮遍历的元素数量会逐渐减少。

程序代码：

```
01    #include<iostream>
02    using namespace std;
03
04    void bubble_sort(int a[],int n)
05    {
06        for(int round=1;round<n;round++)
07        {
08            for(int i=0;i<n-round;i++)
09            {
10                if(a[i]>a[i+1])
11                {
12                    int x=a[i];
13                    a[i]=a[i+1];
14                    a[i+1]=x;
15                }
16            }
17        }
18    }
19
20    int main() {
21        const int LEN=9;
22        int a[LEN]={19,18,17,16,15,14,13,12,11};
23        bubble_sort(a,LEN);
24        for(int i:a)
25        {
26            cout<<i<<'\t';
27        }
28        return 0;
29    }
```

运行结果：

| 11 | 12 | 13 | 14 | 15 | 16 | 17 | 18 | 19 |

代码分析：

第8~16行为一轮冒泡。第6行的循环语句为 n−1 轮外围控制。例如，对于数组 11, 13,15,13,8,9,7,20,19,18 数据而言，第1轮冒泡如图 7.15 所示。

后续的每一轮排序结果如图 7.16 所示。

【例 7.16】 现有若干文明城市候选名单，请用选择法将该名单按照字典降序排列。

思路：

（1）先固定数组第一个位置进行第1轮比较或交换：将第一个位置的数组元素与其之后的所有元素进行挨个比较，并将较大的元素换到第一个。经过这样的一轮比较和交换之后，数组中元素值最大的将会被交换到数组的第一个位置。

（2）再固定数组的第二个位置进行第2轮的比较或交换动作，类似于第1轮的操作，经

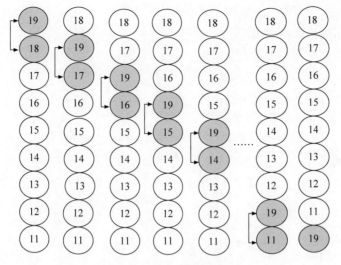

图 7.15 第 1 轮循环操作

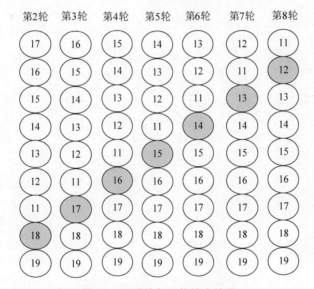

图 7.16 后续每一轮排序结果

过这样一轮操作之后,数组中第二大的元素将被交换到数组的第二个位置。

(3) 以此类推,最终所有的元素都被交换到其正确的位置上。

程序代码:

```
01  #include <iostream>
02  #include <cstring>
03  using namespace std;
04  #define COLS    80
05  void descend_sort(char city[][COLS],int n)
06  {
07      for(int i=0;i<n-1;i++)
08      {
09          for(int j=i+1;j<n;j++)
```

```cpp
10            {
11                if(strcmp(city[i],city[j])<0)
12                {
13                    char tmp[COLS];
14                    strcpy(tmp,city[i]);
15                    strcpy(city[i],city[j]);
16                    strcpy(city[j],tmp);
17                }
18            }
19        }
20  }
21
22  int main() {
23      const int LEN=10;
24      char city[LEN][COLS]={
25          "xuzhou",
26          "nanjing",
27          "beijing",
28          "shanghai",
29          "guangzhou",
30          "shenzhen",
31          "zhengzhou",
32          "tianjin",
33          "chongqing",
34          "jinan"
35      };
36      descend_sort(city,LEN);
37      for(int i=0;i<LEN;i++)
38      {
39          cout<<city[i]<<endl;
40      }
41      return 0;
42  }
```

运行结果:

```
zhengzho
xuzhou
tianjin
shenzhen
shanghai
nanjing
jinan
guangzho
chongqin
beijing
```

代码分析:

第1轮选择排序的运行情况如图7.17所示。

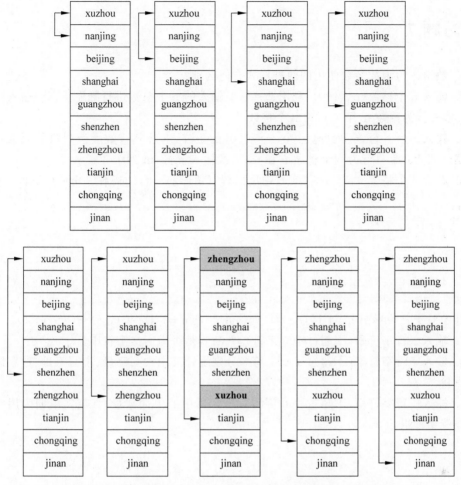

图 7.17　第 1 轮选择排序执行过程（灰色背景表示执行了交换）

7.7　本章小结

　　本章介绍了一维数组、二维数组以及高维数组的定义、初始化及元素访问。并介绍了数组作为函数参数的使用方法，尤其是作为数组名进行函数参数传递时，函数中的形参和实参会共用同一段内存，这对于需要在函数中修改实参的应用场所非常有用。由于文本信息在信息处理中比较常见，因此同时介绍了当数组元素为字符类型时的特例：字符数组，而当字符数组包含字符'\0'时，则该字符数组即为字符串，系统为字符串提供了各种功能更为方便的处理函数，比如字符串的复制、连接、比较等。

　　当程序中需要管理大量数据时，就不能像之前使用单独变量来管理数据了，必须使用合适的数据结构来管理这些数据，数组是一种常见的数据结构。单独的变量和数组之间的关系犹如分散的个人和有组织的集体一样，分散的个人团结起来形成有机组织的整体才有可能发挥出更强大的力量。

习题 7

1. 数组作为函数参数使用的两种形式有何区别?
2. 输入 n 个整数(n≤100),利用选择法对输入的 n 个整数进行降序排列。输入数据形式为:第一行为整数 n,第二行为 n 个整数。
3. 输入一个 n 行,m 列(n≤100,m≤100)的矩阵,求解其行数大于列数的元素和。输入数据形式为:第一行为两个整数 n 和 m,后续输入 n 行,m 列个元素。
4. 输入一个整数 n(1≤n≤100),输出杨辉三角形前 n 行。杨辉三角形如下:

```
1
1 1
1 2 1
1 3 3 1
1 4 6 4 1
1 5 10 10 5 1
......
```

其中对于三角形中 n+1 行,i(i≥1)列的元素 C(n+1,i)=C(n,i)+C(n,i−1)。

5. 输入一行字符串(不超过 100 字符),判断其是否为回文字符串。
6. 输入一行字符串(不超过 100 字符),分别统计其中大写字母、小写字母、数字以及空格的数量。
7. 输入一行字符串(不超过 100 字符),统计其中的单词数量。(英文单词为用空格隔开的连续字符组。)

第 8 章

自定义类型

CHAPTER 8

当用户程序复杂性增强时,C++中已有的基础数据类型,例如 int、float、double、char 等可能就不能满足用户的需求。C++由此允许用户自己声明一些额外的数据类型服务于自己的应用程序,例如结构体、枚举等,这些均是一些用户自定义的数据类型。

8.1 结构体

先前的数组可以将多个相同类型的数据统一组织起来，方便用户使用。而当多个数据的类型可能不同，但它们在逻辑上有内在联系时，C++提供了一种称为结构体的数据类型来描述这种组合。

8.1.1 结构体类型定义

结构体数据类型的定义形式如下。

struct 结构体类型名
{
    成员列表；
};

其中，struct 是关键字，表示预备定义一个结构体数据类型；结构体类型名服从标识符命名规范；后续的花括号和分号不可缺少；成员列表的定义形式和普通变量的定义形式一样，只是定义的这些变量在逻辑上从属于定义的结构体，而不是分散的独立变量。

比如一名学生的信息，可以用学号(num)、姓名(name)、年龄(age)、身高(height)等特征来描述，C++中可以通过如下声明描述这样的一个组合类型：

```
struct Student
{
    int num;              //整型变量 num 表示学号
    char name[10];        //字符数组变量 name 表示姓名
    int age;              //整型变量 age 表示年龄
    float height;         //浮点变量 height 表示身高
};
```

可以看出，其中每一项都定义了一个特征，它们都被统一包含进 Student 这样一个结构体类型中，整体上理解这个结构体的定义：定义了一个 Student 结构体，其中包含了学号(num)、姓名(name)、年龄(age)、身高(height)的成员，定义结构体内部的成员数据和在程序中定义一般变量形式一样，即**数据类型 变量名**；只是现在这些变量都从属于 Student 结构体。

另外，一个结构体类型的成员可以是另外一个结构体变量。例如：

```
struct Date                //表示日期的结构体数据类型
{
    int year;              //年份
    int month;             //月份
    int day;               //天
};
struct Student
{
    int num;
    char name[10];
    int age;
    float height;
```

```
    Date enrollment;          //入学日期 enrollment
};
```

可以看出这个 Student 数据类型中包括了入学日期这个成员,而入学日期(enrollment)这个成员的数据类型是先前自定义的日期(Date)这个结构体的数据类型。

8.1.2 结构体变量的定义

先前定义的结构体类型定义了一种新的数据类型,描述了程序中预备要使用的数据产生的一个图纸,并没有包含真正可以读写的数据,所以需要基于这种新的类型定义结构体变量,定义结构体变量的方式分为如下三种。

(1) **分段声明有名类型和定义变量**。声明有名字的结构体数据类型及基于该类型定义变量分成两个独立步骤来实现。例如先声明 Student 结构体类型,然后再基于该类型创建若干结构体变量 stu1,stu2 等。

```
struct Student
{
    int num;
    char name[10];
    int age;
    float height;
};
Student stu1,stu2;            //定义结构体变量
```

这里可以用[struct]结构体类型 变量名;的方式来定义变量,struct 可以省略,例如 **struct Student stu1,stu2**;这种早期的定义方式也是可以的。

这种定义结构体变量的方式比较灵活,适用面比较广泛,如果将此结构体声明放在头文件(h)中,则只要在任意需要使用该结构体的地方包含该头文件就可以方便定义变量了。

(2) **同步声明有名类型和定义变量**。这种方式将声明有名字的结构体数据类型和基于该类型定义变量合成一个步骤来实现。例如:

```
struct Student
{
    int num;
    char name[10];
    int age;
    float height;
}stu1,stu2;                   //这里在定义 Student 结构体数据类型的同时,定义了两个变量
```

这种定义方式的语法形式为

```
struct 结构体类型名
{
    成员列表;
}变量名表;
```

这种定义的形式也支持另行基于该结构体类型名定义结构体变量,当只需要在本文件中使用该结构体数据类型时,可以采用该方法来定义结构体类型和结构体变量。

(3) **同步声明匿名类型和定义变量**。这种方式将声明匿名的结构体数据类型和基于该类型定义变量合成一个步骤来实现。例如:

```
struct
{
    int num;
    char name[10];
    int age;
    float height;
}stu1,stu2;
```

可以看出,这里声明结构体变量的时候没有定义名字,这种方式比较适合这种结构体类型只在一个局部使用,即不需要另行基于该类型创建其他结构体变量。

无论采用哪种方式定义结构体变量,结构体变量内部的成员均占据独立的内存,因此,结构体变量占有的总内存不低于各成员内存总和见表8.1。

表 8.1 Student 结构体

成 员	类 型	字 节
num	int	4
name	char[10]	10
age	int	4
height	float	4
合计	Student	22(所有成员内存总和)

补充说明:

程序中使用 sizeof(Student)时可能会发现占据的总字节数大于 22,这种情况是因为平台或性能要求使用了不同的内存对齐策略导致的,可以在结构体类型定义之前使用 #pragma pack(1)指令通知编译器将后续结构体内部成员按照 1 字节为单位紧密对齐,这样可以看到总的字节数即为 22。使用这种指令可以节省结构体内存占用,但有可能降低程序执行效率,该指令对后面涉及的联合体(union)和类(class)也是适用的。

8.1.3 结构体变量的初始化

结构体变量在定义时可以赋初始值,赋值的形式类似于数组的初始化,只是其各项数据类型需要和结构体数据类型定义保持一致。例如:

```
struct Student
{
    int num;
    char name[10];
    int age;
    float height;
}stu={1000,"Li",20,175};
```

这里在赋值时,花括号内部的每一项的值类型需要和结构体类型定义中保持一致,并且有针对性地赋值到对应的成员中。例如,1000 是 int 类型,赋值到 num 成员中。

对于结构体类型定义中包括其他结构体类型定义的情形,可以通过嵌套赋值的方式实现。例如:

```
struct Date
{
    int year;
```

```
    int month;
    int day;
};
struct Student
{
    int num;
    char name[10];
    int age;
    float height;
    Date enrollment;
};
Student stu={1000,"Li",20,175,{2000,1,1}};
```

这里在对结构体变量 stu 初始化的时候，由于其成员入学日期(enrollment)是另外一个结构体变量，所以可以再次嵌入用花括号包含值的方式进行初始化。不过，C++也允许将内部的花括号省略，即

Student stu={1000,"Li",20,175,2000,1,1};

8.1.4 读写结构体变量

对于结构体变量，可以有以下两种读写形式。

(1) 同一个结构体类型的结构体变量之间可以直接相互赋值。比如 Student 结构体类型定义的两个变量 stu1 和 stu2，则可以有 stu1=stu2，这样 stu2 的所有成员可以原封不动地复制给 stu1。

(2) 对于结构体变量的成员读写，可以通过成员运算符点"."进行访问，也就是可以通过**结构体变量名.成员名**的形式指定到具体的某个变量的成员，然后进行操作，比如对 stu 的 num 进行赋值，可以用 stu.num=1000 来进行赋值。不能整体上直接对结构体变量赋值，如若前期定义了结构体变量 stu，后期再用 stu={1000,"Li",20,175,2000,1,1};则这种语句进行赋值是不行的。

【例 8.1】 比较输出身高较高的学生信息。

程序代码：

```
01  #include <iostream>
02  using namespace std;
03  struct Student
04  {
05      int num;
06      char name[10];
07      int age;
08      float height;
09  };
10
11  int main() {
12      Student stu1,stu2;
13      cout<<"Input the first student:"<<endl;
14      cin>>stu1.num
15         >>stu1.name
```

```
16                >> stu1.age
17                >> stu1.height;
18         cout <<"Input the second student:"<< endl;
19         cin >> stu2.num
20                >> stu2.name
21                >> stu2.age
22                >> stu2.height;
23         cout <<"The taller student:"<< endl;
24         if(stu1.height >= stu2.height)
25         {
26                cout << stu1.num <<'\t'<< stu1.name <<'\t'<< stu1.age <<'\t'<< stu1.height << endl;
27         }
28         else
29         {
30                cout << stu2.num <<'\t'<< stu2.name <<'\t'<< stu2.age <<'\t'<< stu2.height << endl;
31         }
32         return 0;
33    }
```

运行结果：

```
Input the first student:
1000↙
zhang↙
21↙
175↙
Input the second student:
2000↙
li↙
22↙
180↙
The taller student:
2000    li    22    180
```

8.1.5 函数中的结构体

结构体变量可以用在函数中，可以作为函数的参数或者作为函数的返回值。

（1）作为函数参数。可以定义一个结构体变量作为函数的形式参数，在调用该函数时，将结构体变量实参传递给该函数，由于结构体变量可以整体赋值，所以函数中的结构体形参得到一份实参的复制，在被调函数内部，对结构体变量形参的所有操作都不会再影响主调函数中的实参。

【例 8.2】 结构体作为函数参数示例。

程序代码：

```
01    #include <iostream>
02    using namespace std;
03    struct Date
04    {
05         int year;
```

```
06        int month;
07        int day;
08    };
09    struct Student
10    {
11        int num;
12        char name[10];
13        int age;
14        float height;
15        Date enrollment;
16    };
17
18    void showStudent(Student stu)
19    {
20        cout <<"Num:"<< stu.num << endl
21            <<"Name:"<< stu.name << endl
22            <<"Age:"<< stu.age << endl
23            <<"Height:"<< stu.height << endl
24            <<"Enrollment:"<< stu.enrollment.year
25                  <<"-"
26                  << stu.enrollment.month
27                  <<"-"
28                  << stu.enrollment.day;
29    }
30
31    int main() {
32        Student stu={1000,"zhang",20,175,2000,1,1};
33        showStudent(stu);
34        return 0;
35    }
```

运行结果:

```
Num:1000
Name:zhang
Age:20
Height:175
Enrollment:2000-1-1
```

（2）作为函数返回值。函数类型可以为结构体类型，此时函数内部需要返回一个结构体变量。

【例 8.3】 结构体作为函数返回值。

程序代码：

```
01    #include <iostream>
02    using namespace std;
03
04    struct Student
05    {
06        int num;
07        char name[10];
```

```
08      int age;
09      float height;
10  };
11
12  Student getOneStudent()
13  {
14      Student stu;
15      cout<<"Num:"<<endl;
16      cin>>stu.num;
17      cout<<"Name:"<<endl;
18      cin>>stu.name;
19      cout<<"Age:"<<endl;
20      cin>>stu.age;
21      cout<<"Height:"<<endl;
22      cin>>stu.height;
23      return stu;
24  }
25
26  int main() {
27      Student stu1=getOneStudent();
28      Student stu2=getOneStudent();
29      cout<<"The taller student's name:";
30      if(stu1.height>=stu2.height)
31      {
32          cout<<stu1.name;
33      }
34      else
35      {
36          cout<<stu2.name;
37      }
38      return 0;
39  }
```

运行结果:

```
Num:
1000↵
Name:
zhang↵
Age:
20↵
Height:
175↵
Num:
2000↵
Name:
li↵
Age:
21↵
Height:
180↵
The taller student's name:li
```

8.1.6 结构体数组

当需要操作多个相同结构体类型的变量时,可以用结构体数组来组织管理。结构体数组是每一个元素均为结构体类型的数组,对数组整体的操作仍然和一般数据类型的数组相同,只是当需要对数组元素进行具体操作时,需要清楚其为结构体变量,需要用读写结构体变量的相关技术来访问。

【例 8.4】 显示超过平均身高的学生信息。

程序代码:

```
01   #include <iostream>
02   using namespace std;
03
04   struct Student
05   {
06       int num;
07       char name[10];
08       int age;
09       float height;
10   };
11
12   int main(){
13       const int LEN=4;
14       Student stu[LEN]={{1000,"Zhao",20,175},
15                        {2000,"Qian",21,170},
16                        {3000,"Sun",19,180},
17                        {4000,"Li",22,176}};
18       double avg=0;
19       for(Student tmp:stu)
20       {
21           avg=avg+tmp.height/LEN;
22       }
23       cout<<"average height:"<<avg<<endl;
24       for(Student tmp:stu)
25       {
26           if(tmp.height>avg)
27           {
28               cout<<tmp.num<<'\t'<<tmp.name<<'\t'<<tmp.age<<'\t'<<tmp.height<<endl;
29           }
30       }
31       return 0;
32   }
```

运行结果:

```
average height:175.25
3000    Sun     19      180
4000    Li      22      176
```

8.2 联合体

联合体,又称共用体。在定义形式上与之前的结构体比较类似,可以把多个成员组合在一个统一定义的数据类型中。定义联合体的语法形式如下。

```
union 联合体类型名
{
    成员列表;
};
```

其中,union 是关键字,表示定义一个联合体数据类型;联合体类型名服从标识符命名规范;后续的花括号和分号不可缺少;成员列表的定义形式和普通变量的定义形式一样。

联合体变量和结构体变量不同的地方在于:结构体变量中各成员均独立占有内存,而联合体变量中的所有成员共享同一个内存。因此,结构体变量所占内存容量为内部所有成员的内存总和,而联合体变量所占内存为最长成员所占内存值。

【例 8.5】 同成员的结构体和联合体内存容量的比较。

程序代码:

```
01  #include <iostream>
02  using namespace std;
03
04  int main() {
05      struct sData
06      {
07          int i;
08          char c[8];
09      };
10      union uData
11      {
12          int i;
13          char c[8];
14      };
15      sData s1;
16      uData u1;
17      cout <<"size"<< endl;
18      cout <<"int:"<< sizeof(int)<< endl
19          <<"char:"<< sizeof(char)<< endl
20          <<"struct:"<< sizeof(s1)<< endl
21          <<"union:"<< sizeof(u1)<< endl;
22      return 0;
23  }
```

运行结果:

```
size
int:4
char:1
struct:12
union:8
```

代码分析：

可以看出，int 容量为 4 字节，c[8] 的容量为 8 字节，对于结构体变量 s1 来说，内容容量为这两者相加；对于联合体变量 u1 来说，内容容量为较大容量成员 c[8] 的容量 8，见表 8.2。

表 8.2 uData 联合体

成　　员	类　　型	字　　节
i	int	4
c	char[8]	8
合计	uData	8（最长成员内存）

在访问联合体变量内部成员时，同样使用成员访问符点"."来操作，需要注意的是，无论如何读写，联合体变量内部只有一个共享内存，所以不论读写联合体变量内的哪一个成员，本质上都是读写的同一段内存。

【例 8.6】 判断数据存储的大小端。

思路：

计算机系统中，当需要保存的数据超过 1 字节时，存在大小端问题，即高位的数据是在低地址（大端模式）还是高地址（小端模式）？比如：0x12345678 这个十六进制整数，需要 4 字节存放，那么就会有如表 8.3 所示的两种存放形式，假设内存起始地址为 0。

表 8.3 两种存放形式

物理地址	大端模式	小端模式
0	0x12	0x78
1	0x34	0x56
2	0x56	0x34
3	0x78	0x12

不同的 CPU 往往设计成不同的存储模式，在设计和硬件控制相关的底层应用时，需要清楚系统的存储模式。除了通过查找硬件文档了解存储模式外，也可以用联合体来定义不同类型的成员变量，通过给一个成员赋值，并通过另外 char 类型成员变量数据获知存储模式。

程序代码：

```
01    #include <iostream>
02    #include <iomanip>
03    using namespace std;
04
05    int main() {
06        union uData
07        {
08            int i;
09            char c[4];
10        };
11        uData u;
12        u.i=0x12345678;
13        for(int i=0;i<4;i++)
```

```
14      {
15          cout << hex << int(u.c[i])<<'\t';
16      }
17      if(u.c[0] == 0x78)
18      {
19          cout << endl <<"Little Endian"<< endl;
20      }
21      else
22      {
23          cout << endl <<"Big Endian"<< endl;
24      }
25      return 0;
26  }
```

运行结果:

```
78    56    34    12
Little Endian
```

代码分析:

定义一个联合体如下。

```
union uData
{
    int i;
    char c[4];
};
```

其中,整数 i 占据 4 字节,字符数组 c 同样为 4 字节,并且字符数组按照从低地址到高地址的顺序排列,这两者共享同一段内存。通过给 i 赋值 0x12345678,再从 c 数组中读取这一段内存的数据,这样就知道整数的存储模式是大端还是小端了。

代码第 13~16 行从数组的低地址到高地址逐个显示所有元素值,代码第 17~24 行根据字符数组最低端数据是否和整数最低字节数据一致来判断是否为小端模式存储。

说明:

(1) 作为一种类型,其使用和结构体类似,比如定义联合体类型的变量,这里只是使用了一种方式:分段声明有名类型和定义变量,实际上联合体类型的变量定义和结构体变量一样,也可以使用同步声明有名类型和定义变量或者同步声明匿名类型和定义变量。

(2) 联合体类型变量可用于函数作为参数或者返回值,也可以定义联合体类型的数组。

8.3 枚举

当变量只有确定的几个值时,可以定义一种新的数据类型"枚举",枚举类型将变量取值范围内的所有值全部列举出来,凡用此枚举类型定义的变量最终的取值均必须是在已经列举的值中进行选取。例如,一道 4 个选项的单项选择题的答案只有 4 种取值,一个星期取值有 7 种。

定义枚举类型的语法形式:

enum 类型名{枚举常量列表};

定义之后，可以使用这种类型来定义变量，例如：

```
enum answer{A,B,C,D};        //定义一道选择题的答案为一种新的枚举类型 answer
answer ans1,ans2;            //基于这种类型定义了两个变量 ans1、ans2
```

其中，answer 是一种新的数据类型，ans1 和 ans2 是这种数据类型定义的两个变量，ans1 和 ans2 只能取 A、B、C 或 D 中的一个值。这里的 A、B、C、D 是自定义的标识符，表示 4 个不同的值。

这里，可以和之前学习过的基本数据类型做一个对比，事实上，基本数据类型 int、float、char 等也是定义了取值范围，只是那个范围比较大，没有全部列举出来，比如 char 类型的数据，其取值范围为从 0 到 127 范围内的任意一个整数，合计 128 个值，可以将 char 类型理解成一种列举了 128 个值的枚举类型，在使用的时候，当用 char 定义变量时，这个变量只能从这 128 个值中间取一个。

【例 8.7】 枚举类型简单使用。
程序代码：

```
01    #include <iostream>
02    using namespace std;
03
04    int main() {
05        enum answer{A,B,C,D};
06        answer ans1=A;
07        answer ans2=D;
08        cout<<"ans1:"<<ans1<<"\tans2:"<<ans2<<endl;
09        answer tmp=ans1;
10        ans1=ans2;
11        ans2=tmp;
12        cout<<"ans1:"<<ans1<<"\tans2:"<<ans2<<endl;
13        return 0;
14    }
```

运行结果：

```
ans1:0 ans2:3
ans1:3 ans2:0
```

代码分析：

（1）**枚举类型变量赋值**。第 6 行、第 7 行代码为给枚举类型变量赋值，ans1=A 为给变量 ans1 赋值 A，这里 A 不是字符或字符串，而是标识符表示的值，从第一行输出可以看出这里 ans1 中保存的值为 0，而 ans2 中保存的值为 3，但在使用的时候不能直接使用 ans1=0 这种语句进行赋值，因为 0 是 int 类型数值，而 ans1 是 answer 类型。不过，可以用 ans1=(answer)0;或者 ans1=answer(0);这种形式强制将整数 0 转换为 answer 类型中的 A 值。

（2）**枚举常量**。编译器在将枚举类型声明中的常量列表中的值按照从 0 开始顺序赋值进行转换的缘故，也就是说，枚举类型中常量 A 被翻译为 0，B 为 1，C 为 2，D 为 3。枚举常量列表中的 A、B、C、D 是已经定义好的外观是标识符的值，本质上是值，所以不能再对其使用赋值语句进行赋值，不过，可以在常量列表中指定新的整数值，以通知编译器更新。比如 enum answer{A,B=2,C,D};此时其中的 A 在内部仍然为 0，B 改为 2，后续的值从新的起点增加：C为3，D为4。各个常量值之间可以按照内部的整数值比较大小。

说明：

（1）在应用中尽管可以直接用整数值来赋值，但是在程序的开发和理解上，使用枚举类型可以方便用户"见名知意""见值知意"。

（2）作为一种类型，其使用和结构体类似，例如定义枚举类型的变量，这里只是使用了一种方式：分段声明有名类型和定义变量，实际上枚举类型的变量定义和结构体变量一样，也可以使用同步声明有名类型和定义变量或者同步声明匿名类型和定义变量。

（3）枚举类型变量也可用于函数作为参数或者返回值，也可定义枚举类型的数组。

8.4 类型别名

为了适应多用户以及多平台下的软件开发，有时需要将已有的数据类型重新取一个名字，也就是类型别名，这样可以更好地协调软件开发或多平台下的软件移植。

8.4.1 #define

#define主要用来做宏定义，先前用来定义名称常量即是一种使用情况。还可以用：

#define 类型别名 现有类型名

这种方式将现有的一种数据类型定义成一种新的名字的类型。

【例8.8】 #define类型别名使用示例。

程序代码：

```
01    #include <iostream>
02    using namespace std;
03
04    struct Student
05    {
06        int num;
07        char name[10];
08        int age;
09        float height;
10    };
11    #define STUDENT Student
12    #define BIGINT int
13
14    int main() {
15        STUDENT stu={1000,"zhang",20,175};
16        BIGINT b=1000;
17        cout << stu.num <<'\t'<< stu.name <<'\t'<< stu.age <<'\t'<< stu.height << endl;
18        cout << sizeof(b)<< endl;
19        return 0;
20    }
```

运行结果：

```
1000    zhang   20      175
4
```

代码分析：

（1）**结构体类型重命名**。代码第 11 行将先前定义的结构体类型 Student 重新命名为 STUDENT，则在后面可以直接用 STUDENT 替代 Student 定义结构体变量。

（2）**int 类型重命名**。代码第 12 行将 int 类型重命名为 BIGINT，后面可以用 BIGINT 定义变量。

说明：

（1）♯define 定义类型别名是在程序编译之前就完成的。所以在编译之前♯define 定义的别名在系统内部已经被替换成原始的名字。

（2）系统中已经存在的类型，无论是系统内置的数据类型还是用户自定义的类型均可以用♯define 重新定义别名。

（3）对于示例中的 BITINT 定义的变量，占据的内存空间是 4 字节，对于 64 位、32 位系统来说，int 合计占据 4 字节，但是若需要将程序移植到 16 位系统中，则需要修改程序中的 int 类型，因为 int 类型只有 2 字节，而 16 位系统中的 long 类型为 4 字节，则只需要将♯define BIGINT int 改成♯define BIGINT long 即可，如不用这种宏定义的方式定义别名，则开发人员需要将程序中所有出现的 int 改成 long，那样工作量就太大了，这也是使用类型别名的一个好处，下面的 typedef 和 using 也具有类似的效果。

8.4.2 typedef

♯define 定义类型别名本质上是利用了其标识符替换的特征。而 typedef 定义类型别名则是 C++ 提供的专用别名定义的关键字，其定义别名的形式为：

typedef 现有类型名 类型别名；

注意，定义中所用到的两个名字的顺序和♯define 刚好相反，这里是别名在后，已有的名字在前，同时这里是一条语句，最后需要加分号"；"。

【例 8.9】 typedef 别名定义示例。

程序代码：

```
01  # include <iostream>
02  using namespace std;
03
04  struct Student
05  {
06      int num;
07      char name[10];
08      int age;
09      float height;
10  };
11  typedef Student STUDENT;
12  typedef int     BIGINT;
```

```
13    typedef char    Name[10];
14
15    int main() {
16        STUDENT stu={1000,"zhang",20,175};
17        BIGINT b=1000;
18        Name aMan="zhao",bMan="qian",cMan="sun",dMan="li";
19        cout << stu.num <<'\t'<< stu.name <<'\t'<< stu.age <<'\t'<< stu.height << endl;
20        cout << sizeof(b)<< endl;
21        cout << aMan <<'\t'<< bMan <<'\t'<< cMan <<'\t'<< dMan << endl;
22        return 0;
23    }
```

运行结果：

```
1000    zhang   20      175
4
zhao    qian    sun     li
```

代码分析：

代码第 13 行 typedef char　Name[10]; 相当于定义了一个 char[10]的别名为 Name，这样若系统中需要定义多个 char[10]的变量，可以用 Name 进行定义即可，见代码第 18 行。

8.4.3 using

using 用于类型别名是从 C++ 11 开始的新的类型别名定义方法，其作用比较广，在类型别名部分，其功能涵盖了 typedef 的能力，在某些情况下，使用 using 命名可读性更好。采用 using 进行类型别名定义的语法形式如下。

using 类型别名＝现有类型名；

这里采用了赋值语句的形式来定义类型别名，语句的末尾需要有分号。

【例 8.10】 using 类型别名示例。

程序代码：

```
01   #include <iostream>
02   using namespace std;
03
04   struct Student
05   {
06       int num;
07       char name[10];
08       int age;
09       float height;
10   };
11   using STUDENT=Student;
12   using BIGINT=int;
13   using Name=char[10];
14
15   int main() {
16       STUDENT stu={1000,"zhang",20,175};
```

```
17        BIGINT b=1000;
18        Name aMan="zhao",bMan="qian",cMan="sun",dMan="li";
19        cout << stu.num <<'\t'<< stu.name <<'\t'<< stu.age <<'\t'<< stu.height << endl;
20        cout << sizeof(b)<< endl;
21        cout << aMan <<'\t'<< bMan <<'\t'<< cMan <<'\t'<< dMan << endl;
22        return 0;
23    }
```

运行结果:

```
1000    zhang   20      175
4
zhao    qian    sun     li
```

代码分析:

代码第 11~13 行定义了新的别名,尤其是第 13 行代码 using Name=char[10];可以看出,在定义数组的别名方面,using 定义别名比 typedef 可读性要好一些。

注意:

(1) 所有定义的类型别名必须针对系统内置的数据类型或用户已经定义的类型来增加一个别名,并不能直接新增加一个数据类型。

(2) 定义类型别名不是定义变量。

(3) 程序中即使定义了类型别名,原始的类型名仍然可以继续使用,并不会失效。

8.5 应用

视频讲解

【例 8.11】 文明城市投票:现有 5 个文明城市,以及用户的投票列表 20 个,需要统计这 5 个文明城市获得选票的情况,用户投票列表中的名单可能会有大小写不一致的情况,最终需要根据城市得票数由高到低排序显示城市名称和得票数。

思路:

建立一个城市结构体数组,每一个元素都是一个结构体变量,成员为城市名和得票数;再建立一个二维字符数组,每一项存储一个字符串,程序遍历该二维数组中的字符串和城市结构体数组,若匹配就在相应的城市上增加 1,最后再根据城市得票数对城市数组进行排序。

程序代码:

```
01   #include <iostream>
02   using namespace std;
03   #define N 10
04   struct City
05   {
06       char name[N];
07       int vote;
08   };
09   using CITY=City;
10   bool isequal(char str1[],char str2[],int n)
```

```cpp
11  {
12      bool is=true;
13      for(int i=0;i<n;i++)
14      {
15          if(str1[i]==str2[i]||
16             str1[i]-str2[i]==32||
17             str1[i]-str2[i]==-32)
18             continue;
19          else
20          {
21              is=false;
22              break;
23          }
24      }
25      return is;
26  }
27  int main(){
28      const int LEN=5;
29      const int NUM=20;
30      CITY citys[LEN]={{"beijing",0},
31                       {"shanghai",0},
32                       {"tianjin",0},
33                       {"chongqing",0},
34                       {"xuzhou"}};
35      char votes[NUM][N]={"beijing","shanghai","tianjin","chongqing","ShangHai",
36      "beijing","shanghai","tianJin","beiJing","Xuzhou",
37      "beijing","shanghai","Shanghai","chongqing","xuZhou",
38      "beijing","Beijing","tianjin","XUZHOU","XuZhou"};
39      for(int i=0;i<NUM;i++)
40      {
41          for(int j=0;j<LEN;j++)
42          {
43              if(isequal(votes[i],citys[j].name,N))
44              {
45                  citys[j].vote++;
46                  break;
47              }
48          }
49      }
50      for(int round=1;round<LEN;round++)
51      {
52          for(int i=0;i<LEN-round;i++)
53          {
54              if(citys[i].vote<citys[i+1].vote)
55              {
56                  CITY ctemp=citys[i];
57                  citys[i]=citys[i+1];
58                  citys[i+1]=ctemp;
59              }
60          }
61      }
62      for(int i=0;i<LEN;i++)
63      {
```

```
64              cout << citys[i].vote <<'\t'<< citys[i].name << endl;
65       }
66       return 0;
67  }
```

运行结果：

```
6    beijing
5    shanghai
4    xuzhou
3    tianjin
2    chongqing
```

代码分析：

(1) **字符串匹配函数**。第 10～26 行定义了不区分大小写的字符串匹配函数，该函数可以对相同长度的字符串不区分大小写字符进行比较，若两个字符相等或相差±32，认为二者匹配，若所有字符均匹配，则认为两个字符串匹配；若有一个位置上对应的字符不匹配，则认为两个字符串不匹配，函数立即返回。

(2) **投票结果统计**。第 39～49 行统计投票结果，思路就是遍历投票结果的数组，对每个投票名单去匹配城市数组中每一个城市的名单，若两者匹配，则在城市数组项中对应城市投票数增加 1。

(3) **结果排序**。第 50～61 行对城市数组按照投票数进行从大到小的冒泡排序。

【例 8.12】 纸牌花色组合：从 4 个不同花色的纸牌中任意选两张纸牌，求其具体花色纸牌组合形式。利用枚举表示花色。

思路：

使用两种循环遍历花色类型，由于是任意取出两张纸牌，所以每张牌（花色）不可能取相同。

程序代码：

```
01  #include <iostream>
02  using namespace std;
03  enum Card{Spade,Heart,Diamond,Club};
04
05  void showCard(Card c)
06  {
07      switch(c)
08      {
09      case Spade:
10          cout <<"Spade";
11          break;
12      case Heart:
13          cout <<"Heart";
14          break;
15      case Diamond:
16          cout <<"Diamond";
17          break;
18      case Club:
```

```
19              cout<<"Club";
20              break;
21       }
22  }
23
24  int main() {
25       int n=0;
26       for(int c1=Spade;c1<=Club;c1++)
27       {
28            for(int c2=Spade;c2<=Club;c2++)
29            {
30                 if(c1==c2)
31                      continue;
32                 cout<<++n<<":\t";
33                 showCard(Card(c1));
34                 cout<<'\t';
35                 showCard(Card(c2));
36                 cout<<endl;
37            }
38       }
39       return 0;
40  }
```

运行结果：

```
 1:   Spade    Heart
 2:   Spade    Diamond
 3:   Spade    Club
 4:   Heart    Spade
 5:   Heart    Diamond
 6:   Heart    Club
 7:   Diamond  Spade
 8:   Diamond  Heart
 9:   Diamond  Club
10:   Club     Spade
11:   Club     Heart
12:   Club     Diamond
```

代码分析：

第 26 行代码任意取出一张牌，第 28 行任意取一张牌，第 30 行、第 31 行保证这两张牌不能相同。

【例 8.13】 显示入学日期相同的学生，利用结构体数据类型表示学生信息。

程序代码：

```
01  #include<iostream>
02  using namespace std;
03
04  struct Date
05  {
06       int year;
07       int month;
```

```cpp
08      int day;
09 };
10
11 struct Student
12 {
13      int num;
14      char name[10];
15      Date enrollment;
16 };
17
18 bool isSameDay(Student stu1,Student stu2)
19 {
20      if(stu1.enrollment.year==stu2.enrollment.year
21         &&stu1.enrollment.month==stu2.enrollment.month
22         &&stu1.enrollment.day==stu2.enrollment.day)
23      {
24          return true;
25      }
26      else
27      {
28          return false;
29      }
30 }
31
32 void showDay(Student stu)
33 {
34      cout << stu.enrollment.year
35          <<'-'
36          << stu.enrollment.month
37          <<'-'
38          << stu.enrollment.day;
39      cout << endl;
40 }
41
42 void showStu(Student stu)
43 {
44      cout << stu.num <<'\t'<< stu.name;
45      cout << endl;
46 }
47 int main() {
48      const int LEN=8;
49      Student stu[LEN]={
50          {1000,"zhao",2022,9,4},
51          {2000,"qian",2023,9,1},
52          {3000,"sun",2022,9,1},
53          {4000,"li",2023,9,1},
54          {5000,"zhou",2022,9,1},
55          {6000,"wu",2023,9,1},
56          {7000,"zheng",2023,9,1},
57          {8000,"wang",2022,9,4}};
58      int isMatch[LEN]={0};
59      bool isfirst=true;
60      for(int i=0;i<LEN-1;i++)
```

```
61          {
62              if(isMatch[i]==1)
63              {
64                  continue;
65              }
66              isfirst=true;
67              isMatch[i]=1;
68              for(int j=i+1;j<LEN;j++)
69              {
70                  if(isMatch[j]==1)
71                  {
72                      continue;
73                  }
74                  if(isSameDay(stu[i],stu[j]))
75                  {
76                      if(isfirst)
77                      {
78                          showDay(stu[i]);
79                          showStu(stu[i]);
80                          isfirst=false;
81                      }
82                      showStu(stu[j]);
83                      isMatch[j]=1;
84                  }
85              }
86          }
87          return 0;
88      }
```

运行结果：

```
2022-9-4
1000    zhao
8000    wang
2023-9-1
2000    qian
4000    li
6000    wu
7000    zheng
2022-9-1
3000    sun
5000    zhou
```

代码分析：

（1）排除重复匹配数组。第58行定义了整型数组并初始化 isMatch[LEN]={0};，目的是在搜索过程中一旦发现对应位置的学生结构体和之前的某个日期重复，则该结构体在后续的遍历中将不再匹配。

（2）是否是第一次匹配。第59行定义了布尔变量 isfirst=true;，目的是当外层循环发现了相同日期的学生时，此时需要根据此变量是否为 true 决定是否打印出日期和外层循环发现的学生姓名，如果此变量为 false，则只需要显示内层循环发现的学生名单，因为此时可以确定先前已经显示过日期和第一个该日期下的学生了。

8.6 本章小结

本章主要介绍了几种用户自定义类型,包括可以组合不同类型数据成员的结构体类型,数据成员共享内存的联合体类型,表示有限取值的枚举类型,以及使用#define、typedef、using等几种指令给现有数据类型取别名。

结构体可以将不同类型的数据组合在一起形成更富有表达力的整体,增强了数据的描述能力。就组合数据这一点而言,结构体有点类似于数组,不过数组中的元素类型必须是同一种,而结构体的成员类型可以是不同类别。结构体类型犹如一个团体,其中可以包含不同特点的个体,只要能恰当地发挥其个体的能力,那么团体就能具有强大的战斗力。

习题 8

1. 简述结构体变量的定义方式及其区别。
2. 简述结构体和联合体之间的区别。
3. 编写一个函数,计算输入的日期为当年的第多少天。日期使用成员为年、月、日的结构体类型表示。
4. 编写一个程序,要求读入 n(n≤100)个学生的学号、姓名、总分以及名次 m(m≤n),最后输出排名为第 m 名的学生信息。输入形式:第一行输入 2 个整数,分别为 n 和 m,后面 n 行中,每一行为学生的学号、姓名和总分。
5. 编写一个程序,要求读入 n(n≤100)个人员的姓名和住址,最终按照姓名的字典序进行排序。输入形式为:第一行为 1 个整数 n,后面为 n 行的人员姓名和住址。
6. 编写一个程序,首先读入 n(n≤100)个产品的名称和价格,最后再读入一个产品的名称,要求输出该产品对应的价格,若该产品不存在,输出 No。输入形式为:第一行为 1 个整数 n,后面为 n 行的产品名称和价格。
7. 编写一个程序,对班级班委选举进行统计,投票的形式为输入 n(n≤100)个姓名,统计这些姓名各自被投票的数量,最后按照获得选票的数量从高到低排序输出被投票的姓名和投票数。输入形式为:第一行为 1 个整数 n,后面 n 行为被投票的姓名。

第 9 章

指针及引用

CHAPTER 9

指针是 C 和 C++ 中重要的技术,许多重要的函数及功能都是建立在指针基础上。有一些功能必须通过指针才能实现,比如先前在定义数组的时候需要使用常量来定义数组的长度,也就是使用数组的时候必须提前分配一个固定长度的空间,这在程序运行过程中,可能会导致程序占用多余的内存而浪费,若使用指针相关技术,则程序可以动态分配内存:程序需要多大数组空间则分配相应容量的空间,不再使用这部分空间的时候则可以进行回收,那么程序运行的性能会显著提升。

9.1 指针基础

9.1.1 内存地址及指针

程序中定义的变量在编译及运行时会分配一个内存单元,该内存单元的容量根据变量类型占有一定数量的字节(使用 sizeof 运算符即可获得该变量的字节数)。所以每一个变量都拥有一个内存地址,该地址可以用取值运算符"&"获得。例如,程序中若定义了整型变量 i:

  int i=3;

则 i 将会被分配一个 4 字节的空间,该空间内存储的值为 3,其地址可以用 &i 获得,对于其他类型的变量,也可以用类似的方法获得其内存地址。

变量的内存地址称为该变量的指针。

【例 9.1】 内存地址显示示例。

程序代码:

```
01   #include <iostream>
02   using namespace std;
03
04   int main(){
05       int i=3;
06       float f=4.5f;
07       double d=6.7;
08       cout<<"i="<<i<<"\taddress="<<&i<<"\tsize="<<sizeof(i)<<endl;
09       cout<<"f="<<f<<"\taddress="<<&f<<"\tsize="<<sizeof(f)<<endl;
10       cout<<"d="<<d<<"\taddress="<<&d<<"\tsize="<<sizeof(d)<<endl;
11       return 0;
12   }
```

运行结果:

```
i=3         address=0x61fe1c        size=4
f=4.5       address=0x61fe18        size=4
d=6.7       address=0x61fe10        size=8
```

代码分析:

根据程序执行结果,可以将变量在内存中的分布情况用表 9.1 进行表示。

表 9.1　变量内存分布

内存地址	变量值	变量名
0x61fe10	6.7	d
0x61fe11		
0x61fe12		
0x61fe13		
0x61fe14		
0x61fe15		
0x61fe16		
0x61fe17		

续表

内存地址	变量值	变量名
0x61fe18	4.5	f
0x61fe19		
0x61fe1a		
0x61fe1b		
0x61fe1c	3	i
0x61fe1d		
0x61fe1e		
0x61fe1f		

程序中分别定义了整型、单精度浮点型、双精度浮点型 3 个变量,最后输出各变量的值、内存地址、所占内存大小。

可以看出,double 类型变量 d 所在内存地址从 0x61fe10 开始一直到 0x61fe17 结束,合计 8 字节,其中的值为 6.7。

float 类型变量 f 所在内存地址从 0x61fe18 开始一直到 0x61fe1b 结束,合计 4 字节,其中的值为 4.5。

需要注意的是,C++ 下面 float 和 double 类型变量所占位数根据当前国际标准规定分别是 4 字节和 8 字节,这和 CPU 或操作系统的位数无关。

int 类型变量 i 所在内存地址从 0x61fe1c 开始一直到 0x61fe1f 结束,合计 4 字节,其中的值为 3。其在内存中按照小端排列。

该运行结果中,内存地址 0x61fe10 即是变量 d 的指针;内存地址 0x61fe18 是变量 f 的指针;内存地址 0x61fe1c 是变量 i 的指针。

另外,若在不同环境下运行这个程序,各变量显示的内存地址并非一成不变,这是正常现象,因为程序在启动运行时可能会被操作系统动态加载到不同的内存位置。

9.1.2 指针变量的定义

可以将某个变量的内存地址,也即某个变量的指针存放在另外一个专门定义的用来存放指针的变量中,这种可以存放指针的变量称为指针变量。定义指针变量的语法形式如下。

数据类型 ∗ 指针变量名;

若有指针变量定义语句: int ∗ pt;,表示定义了一个指针变量 pt, ∗ 表示该变量 pt 为指针类型变量,int 表示该变量 pt 中存放的是整型变量的地址,也就是说尽管不同类型变量的内存地址形式上都是十六进制整数,但在定义指针变量时,需要根据指针变量中所预备指向的内存地址存放的数据类型来确定指针变量的数据类型,不能混用。例如,若需要一个指针变量 pt 存放指向 double 类型变量的指针(内存地址),则需要定义: double ∗ pt;。

【例 9.2】 指针变量定义示例。

程序代码:

```
01  #include <iostream>
02  using namespace std;
03
```

```
04  int main() {
05      int i=3;
06      float f=4.5f;
07      double d=6.7;
08      int * pti=&i;
09      float * ptf=&f;
10      double * ptd=&d;
11      cout <<"pti="<< pti << endl;
12      cout <<"ptf="<< ptf << endl;
13      cout <<"ptd="<< ptd << endl;
14      return 0;
15  }
```

运行结果：

```
pti=0x61fe04
ptf=0x61fe00
ptd=0x61fdf8
```

代码分析：

代码第 8～10 行分别定义了整型指针变量 pti、单精度浮点型指针变量 ptf、双精度浮点型指针变量 ptd，并初始化存放相应类型变量的指针，也可以将这一条初始化语句分成两行书写，比如第 8 行可以写成以下两条语句：

```
int * pti;
pti=&i;
```

指针变量 pti 与原始变量 i 之间的关系如图 9.1 所示。

如果修改程序观察可以发现，若给 pti 赋 &f 或者十六进制常量，则程序会报错。一般情况下，指针所指向的内存中的数据类型决定了该指针所在的指针变量的类型。

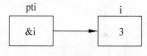

图 9.1　指针变量 pti 与原始变量的 i 关系

9.1.3　指针变量的使用

定义指针变量，对指针变量赋地址值后，可以通过对指针变量的操作实现一系列复杂功能，其中最经常使用的操作就是通过指针变量读写所指向的原始变量内存空间。通过指针变量访问所指向的内存空间的语法形式如：* **指针变量名**。其中 * 运算符形式上是乘法符号，在这里表示指针运算符，也称为间接访问运算符。

使用 * **指针变量名** 操作后，可以认为就获得了指针所指向的变量（内存空间），那么将其作为左值可以对指向变量进行赋值，将其作为右值即从指向变量读取值。

【**例 9.3**】　指针运算符示例。

程序代码：

```
01  # include <iostream>
02  using namespace std;
03
04  int main() {
```

```
05      int i=1;
06      int * pti;
07      pti=&i;
08      cout<<"i="<<i<<"\tpti="<<pti<<"\t*pti="<<*pti<<endl;
09      *pti=2;
10      cout<<"i="<<i<<"\tpti="<<pti<<"\t*pti="<<*pti<<endl;
11      i=i+3;
12      cout<<"i="<<i<<"\tpti="<<pti<<"\t*pti="<<*pti<<endl;
13      i=*pti+4;
14      cout<<"i="<<i<<"\tpti="<<pti<<"\t*pti="<<*pti<<endl;
15      *pti=i+5;
16      cout<<"i="<<i<<"\tpti="<<pti<<"\t*pti="<<*pti<<endl;
17      *pti=*pti+6;
18      cout<<"i="<<i<<"\tpti="<<pti<<"\t*pti="<<*pti<<endl;
19      return 0;
20  }
```

运行结果:

```
i=1     pti=0x61fe14    *pti=1
i=2     pti=0x61fe14    *pti=2
i=5     pti=0x61fe14    *pti=5
i=9     pti=0x61fe14    *pti=9
i=14    pti=0x61fe14    *pti=14
i=20    pti=0x61fe14    *pti=20
```

代码分析:

由运行结果可知,指针变量 pti 保存了变量 i 的内存地址,所以 * pti 的访问操作就是对变量 i 的访问。

9.1.4 void 指针

可以声明一个数据类型为 void 的指针变量,void 表示数据类型不确定,定义这种类型的指针变量的语法形式为:

void * p;

该类型的指针变量可以理解成通用类型的指针,也就是任何数据类型的指针均可以直接赋给 void 指针,不过当需要使用 * p 的方式访问指针指向内存值的时候,需要首先转换 void 指针为具体的数据类型指针方可。

【例 9.4】 void 指针示例。

程序代码:

```
01  #include<iostream>
02  using namespace std;
03
04  int main() {
05      int i=3;
06      int * pi=&i;
07      void * vpi=pi;
```

```
08        int *  ipi=(int * )vpi;
09        cout << * ipi << endl;
10        double d=4.5;
11        void * vpd=&d;
12        cout << * (double * )vpd << endl;
13        return 0;
14    }
```

运行结果：

```
3
4.5
```

代码分析：

代码第 7 行声明了一个 void 指针并初始化赋值了一个 int 类型数据的指针，代码第 8 行将 void 指针转化为 int 型指针，第 9 行代码输出该指针所指向整数的值。

代码第 11 行声明了一个 void 指针并初始化赋值了一个 double 类型数据的指针，代码第 12 行将该 void 指针转化为 double 型指针值，并同时输出该指针所指向的浮点数的值。

在输出 void 指针所指向的数据值时，必须首先将 void 指针转化为对应数据类型的指针，否则编译会报错。

9.1.5 NULL 指针

声明指针变量的时候，如果指针还没有初始化指向需要的变量时，可以将其赋 NULL 值，表示空指针。大多数编译软件中定义名称常量 NULL 为 0，如果将指针赋为 NULL，相当于指针指向地址为 0 的内存单元，而 0 地址的内存单元在大多数操作系统中是由操作系统管理，不允许应用程序访问，如果指针指向 0，则意味着该指针不指向任何有意义的单元。

【例 9.5】 NULL 指针示例。

程序代码：

```
01    #include <iostream>
02    using namespace std;
03
04    int main() {
05        int i=3;
06        int * pi;
07        cout <<"not assign address:"<< pi << endl;
08        pi=NULL;
09        cout <<"assign NULL address:"<< pi << endl;
10        pi=&i;
11        cout <<"assign useful address:"<< pi << endl;
12        return 0;
13    }
```

运行结果：

```
not assign address:0x10
assign NULL address:0
assign useful address:0x61fe14
```

代码分析：

当声明了指针但未初始化指针值的时候，赋予的指针值一般是随机的，这样在程序中可能会出现意想不到的后果，所以一般情况下，建议在声明指针时，同时将其指向一个有意义的内存空间或者指向 NULL。

9.1.6 指向指针的指针

可以将变量或某个内存的地址存放在指针里，同样地，可以将某个指针的地址存放在另一个指针里，这样就可以构成一个指针的链条，如图 9.2 所示。

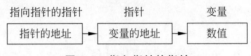

图 9.2 指向指针的指针

定义变量时，内存分配了一个空间，该空间内可以存放该变量对应的数值；声明指针时，可以将该变量的地址存放在指针的内存空间；声明指向指针的指针后，指针的地址可以存放在指针的指针内存空间。这样可以通过对指向指针的二次间接寻址操作，获得原始变量的值。

定义指向指针的语法形式如下。

数据类型 ** p;

【**例 9.6**】 指向指针的指针示例。

程序代码：

```
01    #include <iostream>
02    using namespace std;
03
04    int main(){
05        int i=3;
06        int * pi=NULL;
07        int ** ppi=NULL;
08        pi=&i;
09        ppi=&pi;
10        cout<<"i="<<i<<endl;
11        cout<<" * pi="<<* pi<<endl;
12        cout<<" ** pi="<<** ppi<<endl;
13        return 0;
14    }
```

运行结果：

```
i=3
* pi=3
** pi=3
```

代码分析：

代码第 8 行将变量的地址赋给指针，代码第 9 行将指针的地址赋给指向指针的指针。

9.2 指针与数组

9.2.1 数组指针

数组在内存中被分配了连续的内存空间,数组名代表了这个空间的起始地址,同时数组中的每个元素也分别对应这个空间的某个地址,所以,数组及数组元素均可以用对应的指针指向它们。具体来说:

(1) 数组的指针就是指向数组的起始地址。

(2) 数组元素的指针就是指向具体数组元素的地址,数组的指针同时也是指向数组中第一个元素的指针。

(3) 当用某个指针指向数组中元素的时候,可以对指针变量进行自增、自减、加、减、比较等运算。

【例 9.7】 数组指针的遍历。

程序代码:

```
01   #include <iostream>
02   using namespace std;
03
04   int main() {
05       const int LEN=5;
06       int a[LEN];
07       int *p=a;
08       for(int i=0;i<LEN;i++)
09       {
10           *p=2*i+1;
11           p++;
12       }
13       p=&a[LEN-1];
14       while(p>=a)
15       {
16           cout<<*p<<'\t';
17           p--;
18       }
19       return 0;
20   }
```

运行结果:

```
9       7       5       3       1
```

代码分析:

(1) **数组指针定义和初始化**。代码第 7 行,将数组名 a 赋给指针变量,int *p=a;,这里 a 是数组名,表示数组的起始地址,程序在编译运行之后,可以认为数组名就表示一个表示内存地址的常量,这与指针变量 p 是有区别的:a 的地址不能为变量,即 a 的值不能修改,而 p 所指向的地址可以是变量,所以 p 的值可以修改。

(2) 基于数组指针对数组元素赋值。代码第 8~12 行从头至尾遍历整个数组,并对数组元素进行赋值,其中 p++,表示指针向后移动指向下一个数组元素,这里不是移动 1 字节。

(3) 数组倒序输出。代码第 13~18 行从数组元素的末尾向头部遍历输出,代码第 13 行首先将 p 指针移动到数组元素末尾的位置,p－－表示指针向前移动指向前一个数组元素。

代码第 14 行中 p>=a 可以判断指针 p 是否到达数组 a 的起始位置。

对于整型数组 a 而言:

(1) 指针变量 p=a,p=&a[0]是等价的,均使得指针变量 p 指向数组的起始位置。

(2) 当知道数组下标 i 时,p+i 和 a+i 均指向相同的位置,即可以将 *(p+i)和 *(a+i)当作 a[i]看待,可以对它们进行读写操作。

(3) p 指针变量可以加、减、比较运算;数组名 a 不能,只能通过下标的变化,结合数组名进行定位。也就是不能使用 a++,a－－之类的操作。

9.2.2 指针数组

数组的元素也可以是指针,这种数组称为指针数组。声明指针数组的语法形式如下。

数据类型 * 指针变量[常量];

常量为表示数组长度的常量,定义之后,则该数组中的每一个元素都表示为指向该数据类型数据的指针。

【例 9.8】 指针数组示例。

程序代码:

```
01    #include <iostream>
02    using namespace std;
03
04    int main(){
05        const int LEN=5;
06        int a[LEN]={1,3,5,7,9};
07        int * pa[LEN];
08        for(int i=0;i<LEN;i++)
09        {
10            pa[i]=&a[i];
11        }
12        for(int i=LEN-1;i>=0;i--)
13        {
14            cout<<* pa[i]<<'\t';
15        }
16        return 0;
17    }
```

运行结果:

| 9 | 7 | 5 | 3 | 1 |

代码分析：

（1）**指针数组的定义和赋值**。代码第 7 行定义了指针数组，代码第 8～11 行对该指针数组中每一个元素赋予了一个指针。

（2）**指针数组成员值的输出**。代码第 12～15 行遍历了该指针数组，由于数组中每一项均为一个指针，所以在获得数组元素后，需要用指针运算符获得指针指向的空间的值。

9.2.3 字符指针

当数组的元素为字符时，可以定义一个指向字符数组的指针，在使用过程中，字符指针和字符数组名有许多类似的地方，尤其是系统提供的一些字符串处理相关的函数，其参数既可以用字符数组名，也可以用字符指针。

【例 9.9】 字符指针示例，将字符串转换为大写。

程序代码：

```
01  #include <iostream>
02  using namespace std;
03
04  int main() {
05      const int LEN=80;
06      char str1[LEN]={0};
07      char * pstr1=str1;
08      const char * str2="i love C++";
09      for(int i=0; *(str2+i)!='\0';i++)
10      {
11          if( *(str2+i)<='z'
12              && *(str2+i)>='a')
13          {
14              *pstr1 = *(str2+i)-32;
15          }
16          else
17          {
18              *pstr1 = *(str2+i);
19          }
20          pstr1++;
21      }
22      pstr1=str1;
23      cout << pstr1 << endl;
24      return 0;
25  }
```

运行结果：

I LOVE C++

代码分析：

（1）**字符指针的定义及初始化**。代码第 7 行定义了字符指针 pstr1 并将字符数组名 str1 赋给 pstr1。代码第 8 行定义了字符指针 str2，并直接将字符串常量赋给 str2，str2 实际上就是一个表示常量的字符串。

(2) 转换字符串为大写。代码第 9~21 行对字符串常量 str2 进行逐字符遍历,将其中的小写字符转换为大写以后复制到 pstr1 对应的位置,其他不是小写字符的字符直接复制到对应的位置。

(3) 显示字符指针。代码第 22 行、第 23 行显示字符指针,因为 pstr1 在先前的移动中已经到达结尾的位置,所以需要将其重新移动到开始的位置,然后直接用 cout 输出。

9.3 内存动态分配

指针变量可以指向已定义的变量,也可以指向动态分配的内存空间,这种技术在需要动态使用内存的程序中非常有用,它可以使得运行程序精确控制自己所需要耗费的内存空间。

9.3.1 基础类型内存动态分配

对于常用的整型、浮点型等基础数据类型的变量,分配一个单独的内存空间可以用 new 运算符,其语法形式如下。

数据类型 * 指针变量=new 数据类型([初始值]);

分配的时候将该空间的内存地址赋给指针变量,可以同时赋予分配空间的初始值,初始化值的操作是可选的。

对于使用 new 分配的空间,最后需要将空间释放给系统,释放指针变量需要使用 delete 运算符,其语法形式如下。

delete 指针变量;

【例 9.10】 基础指针变量分配与释放示例。

程序代码:

```
01    #include <iostream>
02    using namespace std;
03
04    int main(){
05        int * pi=new int;
06        float * pf=new float(3.5f);
07        double * pd=new double;
08        * pi=3;
09        * pd=5;
10        cout<<* pi<<endl
11            <<* pf<<endl
12            <<* pd<<endl;
13        delete pi;
14        delete pf;
15        delete pd;
16        return 0;
17    }
```

运行结果：

```
3
3.5
5
```

代码分析：

所有用 new 分配的指针变量，必须用 delete 释放，若不释放，则该内存并不会随着该程序的结束而自动释放，这会造成内存的浪费。

9.3.2 可变长数组动态分配

先前定义数组的时候需要首先确定数组长度，数组一旦分配，在程序执行全过程中，即使不再需要使用到该数组，数组的空间也不能释放，这会导致内存浪费、影响程序的性能。使用 new 运算符同样可以对数组的空间进行分配，动态分配数组的语法如下。

数据类型 * 指针变量＝new 数据类型[长度]；

这里的长度可以是常量，也可以是变量。分配后得到的指针变量指向数组的开始地址，在访问数组元素时，可以将指针变量名当作数组名来使用。

不再使用 new 分配的数组后，需要使用 delete 运算符进行释放：

delete[] 指针变量；

这里 delete 的后面需要有方括号，表示对数组空间的释放。

【例 9.11】 动态分配数组的示例。

程序代码：

```
01  #include <iostream>
02  using namespace std;
03
04  int main() {
05      int m,n;
06      cin>>m>>n;
07      //一维数组动态分配
08      int *pa=new int[n];
09      for(int i=0;i<n;i++)
10      {
11          pa[i]=3*i+1;
12      }
13      //二维数组动态分配
14      //分配所有行
15      int **pb=new int *[m];
16      for(int r=0;r<m;r++)
17      {
18          //分配某一行的所有列
19          pb[r]=new int[n];
20          for(int c=0;c<n;c++)
21          {
22              pb[r][c]=(r+1)*(c+1);
23          }
24      }
```

```
25        cout <<"first array:"<< endl;
26        for(int i=0;i<n;i++)
27        {
28            cout << pa[i]<<'\t';
29        }
30        cout << endl <<"second array:"<< endl;
31        for(int r=0;r<m;r++)
32        {
33            for(int c=0;c<n;c++)
34            {
35                cout << pb[r][c]<<'\t';
36            }
37            cout << endl;
38        }
39        //一维数组释放
40        delete[] pa;
41        //二维数组所有列释放
42        for(int r=0;r<m;r++)
43        {
44            delete[] pb[r];
45        }
46        //二维数组所有行释放
47        delete[] pb;
48        return 0;
49   }
```

运行结果：

```
3↙ 5↙
first array:
1       4       7       10      13
second array:
3       3       3       3       3
3       4       6       8       9
3       6       9       12      15
```

代码分析：

（1）**一维数组动态分配**。第 7 行使用 new[] 动态分配了一维数组，后续对该数组赋值（第 8～11 行）和显示（第 20～24 行）。第 34 行使用 delete[] 释放了该数组空间。

（2）**二维数组动态分配**。由于二维数组在内存内部的存储本质上是一维数组，所以可以将二维数组的动态分配转化为 2 次一维数组的分配。代码第 15 行定义了指针的指针 pb，先给 pb 分配一个 m 维的一维指针数组，其中每一个下标的元素又是一个指向一维数组的指针。

9.3.3 结构体类型内存动态分配

结构体指针变量同样可以赋予某个结构体变量的内存地址，也可以动态分配一个内存空间。动态分配的语法形式如下。

结构体类型名 ＊指针变量＝new 结构体类型名；

在拥有结构体指针后,可以将 * **结构体变量**看成普通的结构体变量,并使用点"."成员访问符对结构体中的成员进行读写,也可以直接用结构体指针配合箭头"->"成员访问符对结构体指针中的成员进行读写。

在结构体指针使用完成后,使用 new 动态分配的结构体指针,也需要使用 delete 进行释放。

【例 9.12】 结构体指针分配示例。

程序代码:

```
01   #include <iostream>
02   #include <cstring>
03   using namespace std;
04
05   int main() {
06       struct Student
07       {
08           int num;
09           char name[10];
10       };
11       Student stu{1000,"zhang"};
12       Student * pstu1, * pstu2;
13       pstu1 = &stu;
14       pstu2 = new Student;
15       pstu2 -> num = 2000;
16       strcpy(pstu2 -> name,"li");
17       cout <<"Student1:"<< endl
18           << pstu1 -> num <<'\t'
19           << pstu1 -> name << endl;
20       cout <<"Student2:"<< endl
21           << pstu2 -> num <<'\t'
22           << pstu2 -> name << endl;
23       delete pstu2;
24       return 0;
25   }
```

运行结果:

```
Student1:
1000    zhang
Student2:
2000    li
```

代码分析:

(1) 结构体变量地址赋值结构体指针。代码第 11 行定义了结构体变量 stu 并初始化,代码第 13 行将该结构体变量地址值赋给结构指针变量 pstu1,代码第 17~19 行输出该结构体指针变量所指向的内存空间的值,也就是 stu 的成员值。

(2) 动态分配内存后赋值结构体指针。代码第 14 行分配结构体内存后返回地址给结构体指针 pstu2,代码第 15 行、第 16 行对 pstu2 的成员进行赋值,代码第 20~22 行显示 pstu2 指针指向的结构体成员值,第 23 行代码释放了 pstu2。

注意,只要是用 new 分配了内存的指针变量必须使用 delete 释放对应的内存。

9.4 指针与函数

函数的参数可以为基础的整型、浮点型等,也可以是指针类型的。同样,函数的返回值类型也可以为指针类型。另外,由于函数名和变量名类似,在编译之后也拥有一个地址,所以函数也具有指针,可以定义一个函数指针,在某些情况下使用函数指针来调用函数。

9.4.1 指针作为函数参数

在使用整型、浮点型、字符型等数据作为函数参数时,参数从实参传递给形参按照"按值单向传递"规则进行,也就是在函数中对形参做任何修改操作,也不会影响实参。而若**通过指针类型数据作为函数参数时,实参传递给形参的是实参的地址,那么对形参的指针运算本质上就是对实参空间的运算**。

【例 9.13】 指针作为函数实参交换数据。

程序代码:

```
01  #include <iostream>
02  using namespace std;
03
04  void swap_value(int a, int b)
05  {
06      int tmp=a;
07      a=b;
08      b=tmp;
09  }
10
11  void swap_address(int * pa, int * pb)
12  {
13      int * tmp=pa;
14      pa=pb;
15      pb=tmp;
16  }
17
18  void swap_pointer(int * pa, int * pb)
19  {
20      int tmp= * pa;
21      * pa= * pb;
22      * pb=tmp;
23  }
24
25  int main() {
26      int x=3;
27      int y=4;
28      int * px=&x;
29      int * py=&y;
30      cout<<"begin:\t\t&x="<< px <<"\tx="<< x <<"\t&y="<< py <<"\ty="<< y << endl;
31      swap_value(x,y);
32      cout<<"swap value:\t&x="<< px <<"\tx="<< x <<"\t&y="<< py <<"\ty="<< y << endl;
```

```
33        swap_address(px,py);
34        cout <<"swap address:\t&x="<< px <<"\tx="<< x <<"\t&y="<< py <<"\ty="<< y << endl;
35        swap_pointer(px,py);
36        cout <<"swap pointer:\t&x="<< px <<"\tx="<< x <<"\t&y="<< py <<"\ty="<< y << endl;
37        return 0;
38    }
```

运行结果：

```
begin:         &x=0x61fe0c    x=3    &y=0x61fe08    y=4
swap value:    &x=0x61fe0c    x=3    &y=0x61fe08    y=4
swap address:  &x=0x61fe0c    x=3    &y=0x61fe08    y=4
swap pointer:  &x=0x61fe0c    x=4    &y=0x61fe08    y=3
```

代码分析：

（1）**swap_value(int a,int b)**函数。代码第 4～9 行定义了按值传递的函数，在该函数中，交换形参的值，由于该函数形参获得的是实参的复制，所以形参的任何改变并不会影响实参。代码第 30 行输出初始实参的地址和实参值，第 31 行调用了该函数，第 32 行输出调用了该函数之后的实参地址和实参值，可以发现实参的地址和实参值并未改变。由此可见，"按值传递"的参数传递模式不会改变实参，过程见图 9.3。

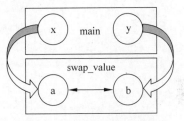

图 9.3　按值传递后函数中
进行变量值交换

（2）**swap_address(int * pa,int * pb)**函数。代码第 11～16 行定义了按地址传递的函数，在该函数中，函数形参获得了实参的地址复制，在函数中实现了对形参地址的交换，当退出函数后，实参的地址和实参值并未改变，如图 9.4 所示。

（3）**swap_pointer(int * pa,int * pb)**。代码第 18～23 行定义了按地址传递的函数，和上一个函数类似，形参获得了实参的地址复制，但与前一函数不同的是，函数中交换的不是形参的地址，而是形参所指向的原始内存空间的值，所以当退出函数后，实参的值会发生变化，如图 9.5 所示。

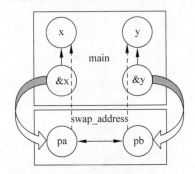 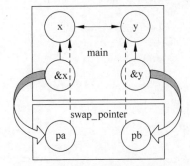

图 9.4　按地址值传递后函数中　　图 9.5　按地址值传递后函数中进行
　　　　进行地址值交换　　　　　　　　　　地址指向值的交换

所以，在编写函数的过程中，如果想要实现依靠指针作为形参传递参数并影响原始实参的值，在函数中一定注意不要直接对形参本身的值改变，因为形参是随着函数调用被创建，随着函数运行结束而被释放,所以改变的只是形参的值,实参不受影响,要想改变实参的值,就需要对形参所指向的原始空间进行操作,这就需要通过指针运算(间接访问运算)来实现。

9.4.2 指针作为函数返回值

函数返回值类型可以为整型、浮点型和用户自定义的类型,如结构体、枚举、联合体类型等也可以为指针类型。由于函数中的局部变量随着函数的退出而释放,所以返回局部变量的地址并没有意义,因此,返回的指针必须是能够不受函数退出而影响的指针变量,主要包括全局指针变量、**static** 变量的指针、函数内 **new** 分配的指针变量。

【例 9.14】 指针作为函数返回值示例。

程序代码:

```
01   #include <iostream>
02   using namespace std;
03
04   int * getStatic(int a, int b)
05   {
06       static int mul=0;
07       mul=a*b;
08       return &mul;
09   }
10
11   int * getNew(int a, int b)
12   {
13
14       int * sum=new int;
15       *sum=a+b;
16       return sum;
17   }
18
19   int main() {
20       int x=3, y=4;
21       int * rStatic=getStatic(x, y);
22       cout << *rStatic << endl;
23       int * rNew=getNew(x, y);
24       cout << *rNew << endl;
25       delete rNew;
26       return 0;
27   }
```

运行结果:

```
12
7
```

代码分析:

(1)局部 **static** 变量指针返回。代码第 4~9 行定义了 static 类型的局部指针变量,static 局部变量在函数退出后仍然占据内存空间,所以返回这种变量的指针可以在主调函数中间接访问 static 变量。

(2) **局部 new 分配的指针变量**。代码第 11～17 行使用 new 分配了 sum 指针，new 分配空间时并不是从函数的局部空间中分配，因此函数在退出后，分配的内存空间仍然可以在主调函数中访问，由于该指针变量采用 new 分配，所以最后还必须使用 delete 进行释放。

9.4.3 函数指针

函数在编译之后被分配了相应的空间，函数名可以作为这个空间的入口地址来看待，因此可以定义函数指针变量，并将该变量指向函数的入口地址，在使用的时候通过函数指针调用函数。

定义函数指针的语法如下。

函数类型(*函数指针)(函数形参表);

这里的函数类型、函数形参表必须和预备指向的函数完全一致。在定义了函数指针之后，需要将函数指针指向特定的函数。

函数指针=函数名;

在指向函数之后，可以用如下方式调用函数：

返回值=函数指针(函数实参);

【例 9.15】 函数指针示例。

程序代码：

```
01  #include <iostream>
02  using namespace std;
03
04  int mymax(int a,int b)
05  {
06      return a>b?a:b;
07  }
08
09  int mymin(int a,int b)
10  {
11      return a<b?a:b;
12  }
13
14  int myfun(int c,int d,int (*pf)(int a,int b))
15  {
16      return pf(c,d);
17  }
18
19  int main() {
20      int (*pfunction)(int,int);
21      pfunction=mymax;
22      cout<<pfunction(3,4)<<endl;
23      int y1=myfun(30,40,mymax);
24      cout<<y1<<endl;
25      int y2=myfun(50,60,mymin);
26      cout<<y2<<endl;
27      return 0;
28  }
```

运行结果：

```
4
40
50
```

代码分析：

（1）**函数指针基础使用**。代码第 20 行定义了函数指针，在定义的时候，需要对应预备指向的函数返回值和形参类型。第 21 行将函数名赋给该函数指针，第 22 行利用该函数指针调用函数。

（2）**函数指针作为函数参数**。第 14 行定义了一个使用函数指针作为参数的函数 myfun()，第 23 行调用 myfun() 函数，并将先前定义的 mymax() 函数名传递给 myfun() 函数的第三个参数函数指针 pf，因此在 myfun() 函数内可以用 pf 函数指针执行指向的函数 mymax()。与此类似，第 25 行调用 myfun() 函数时，对应传递了 mymin() 函数名，并在 myfun() 函数内执行了 mymin() 函数。

9.5 单向链表

当程序需要使用大量相同数据类型的数据时，可以使用数组来管理，数组在内存中的连续存储，对于数据的检索相关操作非常方便，但是对于需要更新数据的场景就非常不便，比如若要在数组中间增加或者删除一项时，为了保证数组存储的连续性，需要对数据项进行移动，这就增加了系统的时空消耗，而且，当增加的数据项过多超过数组长度时，可能会导致数组不能增加。

数组中存在的缺点，使用链表可以克服，链表从逻辑上看也是数据在内存中的线性排列，不过在内存中不一定是连续存放，所以它可以灵活地支持动态增加或删除数据项。

图 9.6 是一个包含 4 个节点的单向链表的图示，单向指链表节点中包含的指针只指向一个方向，即从头到尾。

图 9.6　4 个节点的链表示意

【例 9.16】　一个简单链表的示例。

程序代码：

```
01    #include <iostream>
02    #include <cstring>
03    using namespace std;
04
05    struct Student
06    {
07        int id;
```

```cpp
08        char name[20];
09        Student * pNext;
10    };
11
12    int main() {
13        Student * pHead, * pSecond, * pThird, * pTail;
14        //单独建立各个节点
15        pHead=new Student;
16        pHead->id=1000;
17        strcpy(pHead->name,"zhao");
18        pSecond=new Student;
19        pSecond->id=2000;
20        strcpy(pSecond->name,"qian");
21        pThird=new Student;
22        pThird->id=3000;
23        strcpy(pThird->name,"sun");
24        pTail=new Student;
25        pTail->id=4000;
26        strcpy(pTail->name,"li");
27        //将各个节点串联起来成为一个链表
28        pHead->pNext=pSecond;
29        pSecond->pNext=pThird;
30        pThird->pNext=pTail;
31        pTail->pNext=NULL;
32        //利用循环语句显示链表
33        cout<<"show list:"<<endl;
34        Student * pTemp=pHead;
35        while(pTemp!=NULL)
36        {
37            cout << pTemp->id <<'\t'<< pTemp->name << endl;
38            pTemp=pTemp->pNext;
39        }
40        //删除第二个节点,不破坏链表
41        pHead->pNext=pThird;
42        delete pSecond;
43        //利用循环语句显示删除了第二个节点之后的链表
44        cout<<"delete the second node,show list:"<< endl;
45        pTemp=pHead;
46        while(pTemp!=NULL)
47        {
48            cout << pTemp->id <<'\t'<< pTemp->name << endl;
49            pTemp=pTemp->pNext;
50        }
51        delete pHead;
52        delete pThird;
53        delete pTail;
54        return 0;
55    }
```

运行结果：

show list:
1000   zhao

```
2000    qian
3000    sun
4000    li
delete the second node,show list:
1000    zhao
3000    sun
4000    li
```

代码分析：

(1) 结构体定义。因为链表中的每个节点至少包括数据和指向下一个节点的地址（后向指针）两个部分，所以需要定义结构体数据类型来描述节点。代码第 5～10 行定义了一个 Student 结构体，其中第 7 行、第 8 行定义了数据，第 9 行定义了指向下一个节点的指针。

(2) 新建节点。代码第 13～26 行分别定义及动态分配了 4 个节点，并对节点中的数据部分进行了赋值。

(3) 建立链表。代码第 27～31 行通过对每个节点的后向指针进行赋值，从而可以将先前动态分配建立的 4 个节点串联起来形成一条完整的链表。尤其需要注意的是：最后一个节点 pTail 的后向指针赋值为 NULL，这为后续使用循环语句遍历链表提供了结束标识。最后形成的链表结构如图 9.7 所示。

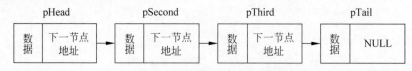

图 9.7　程序中 4 个节点的链表

(4) 遍历显示。代码第 32～39 行遍历链表的每个节点并显示，在遍历节点的时候首先定义一个临时指针变量 pTemp，先指向头节点 pHead，然后显示当前节点的数据，并根据后向指针移动 pTemp 指向 pHead 的下一个节点 pSecond，重复刚才的动作，一直到 pTemp 移动到 pTail 的下一个节点 NULL 为止，所以在链表建立时，最后一个节点的后向指针需要赋值 NULL。

(5) 删除节点。代码第 40～42 行删除链表中的第二个节点，在删除链表中节点的时候，需要注意一定不要破坏链表的"链"，也就是不能破坏前后相续的关系，否则链表就不能成为一个逻辑上连续的整体了。代码第 41 行将第三个节点 pThird 的位置赋给第一个节点 pHead，这样 pSecond 就被孤立出去，可以被删除，而链表仍然是完整的，可以从 pHead 开始一直遍历到链表的尾部，见代码第 43～50 行。

(6) 清空链表。在完成任务之后，需要将链表中所有用 new 分配的节点使用 delete 删除，delete 只提供了删除单独节点或数组的方法，不能直接整体删除链表，所以需要逐个删除每个节点。因为这里只是用了 4 个节点做简单的示范，若节点较多，需要使用循环的方式删除节点。

9.6　引用

引用（reference）是一个现有变量的别名，一旦对已有的变量建立一个引用，则可以认为原始变量名和引用名是等价的,均代表同样的内存空间。

9.6.1 引用的声明及使用

声明一个引用必须同时对其进行初始化,一旦声明引用之后,不能再将该引用名修改为其他变量的引用。声明引用的语法形式如下。

数据类型 &引用名＝变量名；

& 表示引用,注意和取址运算符区分开,这里是放在赋值表达式的左侧。使用该表达式声明之后,引用名和变量名都代表了同样的内存空间。

【例 9.17】 引用示例。
程序代码：

```
01    #include <iostream>
02    using namespace std;
03
04    int main() {
05        int i=3;
06        float f=4.5f;
07        double d=6.7;
08        int &ri=i;
09        float &rf=f;
10        double &rd=d;
11        i++;
12        cout << ri << endl;
13        rf *= rf;
14        cout << f << endl;
15        rd=rd*d;
16        cout << rd << endl;
17        return 0;
18    }
```

运行结果：

```
4
20.25
44.89
```

代码分析：

当声明原始变量的引用之后,无论是对原始变量的运算,还是对引用变量的运算,两者都是等价的；原始变量上的运算会同步影响引用变量,反之亦然。

9.6.2 引用作为函数参数

引用可以作为函数的参数,此时在函数内部对形式参数的任何操作,就相当于对主调函数中实际参数的操作,这种特性往往比先前使用指针传递参数来改变实参更加方便。

【例 9.18】 引用作为函数参数交换值。

程序代码：

```cpp
01  #include <iostream>
02  using namespace std;
03
04  struct Student
05  {
06      int id;
07      char name[20];
08  };
09  void myswap(Student &stu1,Student &stu2)
10  {
11      Student stu=stu1;
12      stu1=stu2;
13      stu2=stu;
14  }
15  void myswap(int &x,int &y)
16  {
17      int temp=x;
18      x=y;
19      y=temp;
20  }
21
22  int main() {
23      int i=3,j=4;
24      myswap(i,j);
25      cout<<i<<'\t'<<j<<endl;
26      Student stu1={1,"zhang"},stu2={2,"li"};
27      myswap(stu1,stu2);
28      cout<<"student1:"<<stu1.id<<'\t'<<stu1.name<<endl;
29      cout<<"student2:"<<stu2.id<<'\t'<<stu2.name<<endl;
30      return 0;
31  }
```

运行结果：

```
4       3
student1:2      li
student2:1      zhang
```

代码分析：

（1）整型变量引用作为函数参数。代码第 15~20 行声明了 2 个整型的引用变量 x 和 y 作为函数参数，在函数内部对 x 和 y 进行交换。代码第 24 行调用了该函数，传递的实际参数为 i 和 j，因为 x 和 y 分别为 i 和 j 的引用，所以对 x 和 y 的交换操作即是对 i 和 j 的交换操作。

过程见图 9.8。

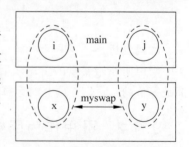

图 9.8　按引用传递后函数中进行变量值交换

（2）结构体变量引用作为函数参数。代码第 9~14 行声明了 2 个结构体变量的引用 stu1 和 stu2 作为函数参数，在函数内部对这两个变量进行了交换，代码第 27 行调用了该函数，所以实际参数的 stu1 和

stu2 也发生了交换。

9.6.3 引用作为函数返回值

引用同样可以作为函数的返回值,由于函数内部的局部变量会随着函数的退出而被释放,所以如果能返回某个变量的引用,则该变量需要为全局变量、局部静态变量、使用 new 分配的变量等。

【例 9.19】 引用作为函数返回值示例。

程序代码:

```
01    #include <iostream>
02    using namespace std;
03
04    int gi=0;
05    int& getRef(int x,int y)
06    {
07        gi=x+y;
08        return gi;
09    }
10
11    int& getRef(int x)
12    {
13        static int i=x*x;
14        return i;
15    }
16
17    int main() {
18        int &ret1=getRef(3);
19        int &ret2=getRef(3,4);
20        cout << ret1 <<'\t'<< ret2 << endl;
21        return 0;
22    }
```

运行结果:

9   7

9.7 const 对指针及引用的写保护

指针和引用均提供了某种间接访问内存空间的机制,尤其在作为函数参数传递时,可以只传递实参地址,而无须复制完整的实参,这种参数传递的方式可以减少时间和空间消耗,但由于在函数内部可以通过修改形参来改变实参,这在某些时候可能会造成意想不到的后果,因此需要对函数参数进行保护,const 就提供了保护指针和引用的方法。

9.7.1 保护指针及指针指向值

const 对指针可以保护三个方法:保护指针存储地址、保护指针指向空间、同时保护指针存储地址和指针指向空间。

（1）const 保护指针存储地址：**数据类型 * const p**，这种方式下，p 为初始化常量，不能对 p 进行修改而改变初始值。

（2）const 保护指针指向空间：**数据类型 const * p 或者 const 数据类型 * p**，这种方式下 *p 为保护空间，不能对 *p 进行修改。

（3）const 同时保护指针存储地址和指针指向空间：**const 数据类型 * const p 或者数据类型 const * const p**，这种方式下 p 及 *p 均不能再次被修改。

【例 9.20】 const 指针保护示例。

程序代码：

```
01   #include <iostream>
02   using namespace std;
03
04   void showOne(const int * p)
05   {
06       //不能执行 *p=x;
07       cout <<"const int * p"<< endl;
08       cout << *p << endl;
09   }
10
11   void showTwo(int * const p)
12   {
13       //不能执行 p=&x;
14       cout <<"int * const p"<< endl;
15       cout << *p << endl;
16   }
17
18   void showThree(const int * const p)
19   {
20       //不能执行 p=&x 或 *p=x;
21       cout <<"const int * const p"<< endl;
22       cout << *p << endl;
23   }
24
25   int main() {
26       int i=3;
27       int j=4;
28       int k=5;
29       int const * pi=&i;
30       int * const pj=&j;
31       int const * const pk=&k;
32       pi=&j;            //不能执行 *pi=j;
33       *pj=i;            //不能执行 pj=&i;
34       //不能执行 pk=&i 或 *pk=i;
35       cout << *pi << endl;
36       cout << *pj << endl;
37       cout << *pk << endl;
38       showOne(&i);
39       showTwo(&j);
40       showThree(&k);
```

```
41        return 0;
42  }
```

运行结果:

```
3
3
5
const int * p
3
int * const p
3
const int * const p
5
```

9.7.2 保护引用

const 可以对引用传递的函数参数进行保护,限制在函数内部对形式参数的修改。

形式为:const **数据类型 &引用名**,这种方式下,引用会成为常量,不能对引用重新赋值。

【例 9.21】 const 引用保护示例。

程序代码:

```
01  #include <iostream>
02  using namespace std;
03
04  struct Student
05  {
06      int id;
07      char name[20];
08  };
09
10  void show(const Student &stu)
11  {
12      //不能修改 stu.id 或者 stu.name 的值
13      cout << stu.id << endl
14          << stu.name << endl;
15  }
16
17  int main() {
18      Student stu{1000,"zhang"};
19      show(stu);
20      return 0;
21  }
```

运行结果:

```
1000
zhang
```

代码分析：

第10行会将实参以引用的方式传递给函数，程序内部的执行效果类似于按值传递，对形参的修改并不能改变实参，但由于参数是引用，因此在参数传递时程序的执行效率要比按值传递效率高，因此，这种保护引用的参数传递方式，可以将按值传递参数的简洁安全和按引用传递参数的高效率这两种优点有机结合。

9.8 应用

视频讲解

【例9.22】字符串截取，截取某个位置开始的若干长度的字符串。

思路：

设计函数 bool strmid(char * dest, char * src, int pos, int len)，其中 src 为需要获取的源字符串，dest 为最后获得的目标字符串，pos 为源字符串中的截取字符的起始位置，len 为获取的字符个数。

程序代码：

```
01  #include<iostream>
02  using namespace std;
03
04  bool strmid(char * dest,char * src,int pos,int len)
05  {
06      bool isin=false;
07      int i=0;
08      for(i=0;src[i]!='\0';i++)
09      {
10          if(i==pos)
11          {
12              isin=true;
13              break;
14          }
15      }
16      if(!isin)
17      {
18          return false;
19      }
20      int n=0;
21      for(i=pos;src[i]!='\0'&&n<len;i++,n++)
22      {
23          dest[n]=src[i];
24      }
25      dest[n]='\0';
26      return true;
27  }
28  int main(){
29      const int LEN=80;
30      char first[LEN]="I love Chinese and Mathmatics";
31      char second[LEN];
32      if(strmid(second,first,7,30))
33      {
```

```
34          cout << second << endl;
35      }
36      else
37      {
38          cout <<"no result"<< endl;
39      }
40      return 0;
41  }
```

运行结果:

```
Chinese and Mathmatics
```

代码分析:

在截取字符串时,要求目标字符串(dest)长度不小于源字符串(src)。

【例9.23】 利用函数指针实现通用的排序功能,支持任意基础数据类型(整型、浮点型、字符型)数组的增序或降序排列。

思路:

设计一个模板函数 bool selectSort(T *a,int n,bool (*pfun)(T,T)),其中第三个参数为函数指针,并另外编写两个模板函数 bool descend(T x,T y), bool ascend(T x,T y),在函数调用时,将这两个函数名传递进第一个函数,从而可以控制降序或升序。

程序代码:

```
01  #include <iostream>
02  using namespace std;
03
04  template< typename T >
05  bool descend(T x,T y)
06  {
07      return x > y;
08  }
09
10  template< typename T >
11  bool ascend(T x,T y)
12  {
13      return x < y;
14  }
15
16  template< typename T >
17  bool selectSort(T *a,int n,bool (*pfun)(T,T))
18  {
19      for(int i=0;i<n-1;i++)
20      {
21          for(int j=i+1;j<n;j++)
22          {
23              if(!pfun(a[i],a[j]))
24              {
25                  T t=a[i];
26                  a[i]=a[j];
27                  a[j]=t;
28              }
29          }
```

```
30          }
31          return true;
32      }
33
34      int main() {
35          int a[8] = {1,2,3,4,5,6,7,8};
36          selectSort(a,8,descend);
37          for(int x:a)
38          {
39              cout << x <<'\t';
40          }
41          cout << endl;
42          double b[7] = {7.6,6.5,5.4,4.3,3.2,2.1,1.0};
43          selectSort(b,7,ascend);
44          for(double y:b)
45          {
46              cout << y <<'\t';
47          }
48          cout << endl;
49          return 0;
50      }
```

运行结果：

8	7	6	5	4	3	2	1
1	2.1	3.2	4.3	5.4	6.5	7.6	

代码分析：

（1）降序模板函数及升序模板函数。代码第 4～8 行为降序模板函数，返回两个参数的小于的比较结果；代码第 10～14 行为升序模板函数，返回两个参数的大于的比较结果。

（2）选择排序模板函数。代码第 16～32 行定义了该函数，其中序列中元素两两比较调用了函数指针传递的函数，这样可以根据函数指针调用返回的布尔值来决定降序还是升序。

（3）主调函数。代码第 36 行调用了选择排序模板函数，传入的函数数据类型为 int 型。代码第 43 行调用了选择排序模板函数，传入的函数数据类型为 double 型。

【例 9.24】 使用链表管理学生信息。

思路：

管理学生信息主要包括对学生信息的增加、删除、修改、查询、浏览操作，可以利用链表来管理所有学生信息，并使用各个函数在链表上进行操作。

程序代码：

```
01  #include <iostream>
02  #include <cstring>
03  using namespace std;
04
05  struct Student
06  {
07      int id;
08      char name[20];
```

```
09        Student * pNext;
10    };
11
12    //增加一个节点
13    Student * addNode(Student * head)
14    {
15        Student * p=new Student;
16        cout <<"id:";
17        cin >> p-> id;
18        cout <<"name:";
19        cin >> p-> name;
20        p-> pNext=head;
21        return p;
22    }
23
24    //显示链表
25    void showList(Student * head)
26    {
27        Student * p=head;
28        while(p!=NULL)
29        {
30            cout << p-> id <<'\t'<< p-> name << endl;
31            p=p-> pNext;
32        }
33    }
34
35    //删除链表
36    void clearList(Student * head)
37    {
38        Student * p=head, * pt;
39        while(p!=NULL)
40        {
41          pt=p;
42          p=p-> pNext;
43          delete pt;
44        }
45    }
46
47    //查询节点
48    bool findNode(Student * head)
49    {
50        cout <<"find id:";
51        int n;
52        cin >> n;
53        Student * p=head;
54        while(p!=NULL)
55        {
56            if(p-> id==n)
57            {
58                cout <<"ok:"<< p-> name << endl;
59                return true;
60            }
61            p=p-> pNext;
```

```cpp
62      }
63      cout<<"no"<<endl;
64      return false;
65  }
66
67  //修改节点
68  bool modifyNode(Student * head)
69  {
70      cout<<"modify id:";
71      int n;
72      cin>>n;
73      Student *p=head;
74      while(p!=NULL)
75      {
76          if(p->id==n)
77          {
78              cout<<"ok,input name:";
79              cin>>p->name;
80              return true;
81          }
82          p=p->pNext;
83      }
84      cout<<"no node,can not modify"<<endl;
85      return false;
86  }
87
88  //删除节点
89  Student * delNode(Student * head)
90  {
91      cout<<"delete id:";
92      int n;
93      cin>>n;
94      Student *pt=head, *p=pt->pNext;
95      //若删除头节点,直接删除,返回第二个节点
96      if(pt->id==n)
97      {
98          delete pt;
99          return p;
100     }
101     //若删除非头节点,删除后,返回原始头节点
102     while(p!=NULL)
103     {
104         if(p->id==n)
105         {
106             pt->pNext=p->pNext;
107             delete p;
108             break;
109         }
110         pt=p;
111         p=p->pNext;
112     }
113     return head;
114 }
```

May all your wishes come true

读书破万卷

May all your wishes come true

如果知识是通向未来的大门，
我们愿意为你打造一把打开这扇门的钥匙！

https://www.shuimushuhui.com/

图书详情 | 配套资源 | 课程视频 | 会议资讯 | 图书出版

```
115
116     int main() {
117         Student * pHead=NULL;
118         int n;
119         do
120         {
121             cin>>n;
122             switch(n)
123             {
124             case 1:
125                 //增加节点,然后显示全部
126                 pHead=addNode(pHead);
127                 showList(pHead);
128                 break;
129             case 2:
130                 //删除节点,然后显示全部
131                 pHead=delNode(pHead);
132                 showList(pHead);
133                 break;
134             case 3:
135                 //查询节点
136                 findNode(pHead);
137                 break;
138             case 4:
139                 //修改节点,然后显示全部
140                 modifyNode(pHead);
141                 showList(pHead);
142                 break;
143             case 5:
144                 //显示全部
145                 showList(pHead);
146                 break;
147             default:
148                 //删除链表
149                 clearList(pHead);
150                 return 0;
151             }
152         }while(true);
153         return 0;
154     }
```

运行结果:

```
1↙
id:1000↙
name:zhang↙
1000    zhang
1↙
id:2000↙
name:li↙
2000    li
1000    zhang
1↙
```

```
id:3000
name:qian
3000    qian
2000    li
1000    zhang
3
find id:1000
ok:zhang
4
modify id:1000
ok,input name:sun
3000    qian
2000    li
1000    sun
2
delete id:1000
3000    qian
2000    li
5
3000    qian
2000    li
0
```

9.9 本章小结

本章主要介绍了指针相关技术,指针提供了间接访问内存的方法,定义指针后有不同的方法可以初始化指针:直接使用变量地址初始化、使用数组元素地址初始化、使用数组名初始化、使用函数名初始化、动态分配内存后初始化。指针可以作为函数的参数进行传递,此时函数中使用指针间接访问到的内存实际上位于主调函数空间。另外,本章还介绍了引用技术,引用通过变量别名的方法访问变量内存,在函数参数传递的时候替代指针,可以简化程序。

使用指针可以提高程序对系统资源的利用效率,这对于建设资源节约型和环境友好型社会也具有重要的启发意义。

习题 9

1. 简述函数参数传递的各类方式及其区别。
2. 如何使用 const 保护函数参数?
3. 编写一个程序,输入 3 个整数 a、b、c,调用 void sort(int * px,int * py,int * pz)函数后,输出 a、b、c,此时 3 个数为从大到小排序。
4. 编写一个程序,输入 3 个整数 a、b、c,调用 void sort(int &x,int &y,int &z)函数后,输出 a、b、c,此时 3 个数为从大到小排序。
5. 编写一个程序,输入一行字符串,调用 int integer(char * pstr)函数后,返回其中的整数个数。整数为连续的数字。

6. 对二维数组中的元素求倒数,若元素为 0,则保持不变。要求编写函数 void fun(int *pa[M],int m,int n),输入的形式为两行,第一行为两个整数,分别为二维数组的行数 m(m≤100)和列数 n(n≤100),下面为 m 行数据,每一行为 n 个浮点数。

7. 有 n 个人(n≤100)围成一圈,顺序排号。从第 1 个人开始报数(从 1～m 开始报数),凡是报到 m(m<n)的人退出圈子,问最后留下的人原来排在第几号?例如,6 个人围成圈,报数到 3,则出圈的顺序依次为 3,6,4,2,5,最后留下来的人是第 1 号。要求编写一个报数函数,返回最后留下来的人的编号。函数原型如下:

　　int baoshu(int *a,int n,int m);

第 10 章

类和对象

CHAPTER 10

当开发的软件规模增大时,仅仅使用先前所学习过的基于过程的程序设计技术,诸如选择语句、循环语句、函数、数组等技术就显得捉襟见肘了。C++程序中的面向对象机制就是用于有效应对大规模软件开发中可能出现的困难。C++语言的面向对象技术就是在C语言基于过程的程序基础上进行的面向对象技术的拓展。

面向对象机制在程序设计时,代码的基本单位是一种称为类(class)的程序模块,类中包括数据和函数两种程序单元。先前学习的基于过程的程序设计中,代码最大的模块单位是函数,因此从程序分析和设计的"粒度"上看,类天然地适应更大规模的程序设计。

面向对象程序设计(Object-Oriented Programming,OOP)主要包括三个主要特性:封装、继承和多态。C++中的类和对象体现了封装的特性,类的派生体现了继承的特性,类中成员函数的重载以及虚函数体现了多态的特性。

10.1 初步了解

面向对象程序设计中主要使用对象来进行编程,对象表示世界中的任何一个有形事物或无形概念,在计算机中可以用对象的静态特征和动态特征两个方面的特征来描述对象,例如,对于一个长方形,可以用如下特征来描述。

(1) **静态特性**,也称属性。长方形具有长和宽两种属性。
(2) **动态特征**,也称行为。长方形可以根据程序要求应答诸如周长、面积等信息,这些应答行为可以认为是长方形的动态特征。

虽然具体的某一个长方形对象具有各自独特的描述(各自的长和宽),但可以用一种通用的类型来描述对象,这种类型称之为类,类就是创建对象的说明书,类和对象的关系类似于结构体数据类型和结构体变量之间的关系。

【**例 10.1**】 长方形使用的 OOP 示例。
程序代码:

```
01   #include <iostream>
02   using namespace std;
03
04   class Rectangle
05   {
06   public:
07       int width;
08       int length;
09       int getPerimeter()
10       {
11           return 2 * (width+length);
12       }
13       int getArea()
14       {
15           return width * length;
16       }
17   };
18
19   int main() {
20       int w,l;
21       cin >> w >> l;
22       Rectangle obj_R;
23       obj_R.width=w;
24       obj_R.length=l;
25       int perimeter=obj_R.getPerimeter();
26       int area=obj_R.getArea();
27       cout <<"Perimeter= "<< perimeter << endl;
28       cout <<"Area= "<< area << endl;
29       return 0;
30   }
```

运行结果:

```
3↙ 4↙
Perimeter=14
Area=12
```

代码分析：

(1) 类的声明。代码第 4～17 行声明了长方形类 Rectangle，整体定义的外部框架类似于结构体数据类型的定义。其中定义了两个成员数据，也就是静态特征：宽度 width 和长度 length。定义的形式类似于一般变量定义的形式。另外，定义了两个成员函数，也就是动态行为：获得周长的函数 getPerimeter() 和获得面积的函数 getArea()。

同时，在定义其 4 个特征（两个静态特征，两个动态行为）之前，需要加上访问权限修饰符 public，后面加上冒号，这在本程序中是必需的，不然程序编译通不过。图 10.1 给出了 Rectangle 类的结构示意图，其中"+"表示紧随的成员访问权限为 public 类型。

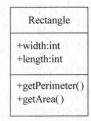

图 10.1 Rectangle 类结构

(2) 对象定义。代码第 22 行基于 Rectangle 类定义了对象 obj_R，这个定义的形式类似于基于结构体数据类型定义结构体变量。声明类的时候相当于只是描述了一个对象，而在定义对象的时候才是真正在内存里面创建了对象。

(3) 对象成员访问。代码第 23 行、第 24 行对对象 obj_R 的两个成员数据进行赋值，获得对象的成员使用成员访问符"."进行访问。代码第 25 行、第 26 行访问了对象的两个成员函数，这里可以理解成调用两个函数，只是这两个函数不像之前看到的函数都是全局函数，这里的函数从属于对象，所以在调用的时候必须以"对象名.成员函数"的形式来进行调用。

通过这个程序，可以简单看到面向对象程序设计的宏观思路，也就是需要明确程序中需要使用哪些对象，然后通过访问对象的成员数据来设置对象的属性，访问对象的成员函数来驱动对象执行相应的行为，而对象是基于类来创建的，所以大部分工作量需要投入在类的设计和实现上。

10.2 类声明

对象是具体的事物，类是对象的抽象，这两者的关系如同结构体变量和结构体数据类型之间的关系。在编写代码的时候，这两者也有其相似性，但与结构体声明不同，类的声明需要加上对成员的访问修饰符，成员被不同的访问修饰符限制时，其被访问到的特性是不同的。

10.2.1 声明形式

声明类的语法形式如下。

```
class 类名称
{
    访问修饰符：
        数据类型 变量名；
```

            数据类型 函数名(参数列表){}
    };
上述声明中：

类名称为 C++中规定的合法标识符。

这个声明语法中,类名之后的**花括号**{}不可缺少,花括号内就是类体,成员数据和成员函数都被封装在类体中,类外部只有根据访问权限来访问类的内部成员。

访问修饰符只有三种:公共(public)、保护(protected)、私有(private),用于控制其修饰限制的成员数据和成员函数的访问权限。如果是 public 成员函数,则可以在类外访问;如果是 private 成员函数,则只能在本类中被访问;如果是 protected 函数,则只能在本类及其派生类(见第 11 章)中被访问。访问权限最宽松的是用 public 修饰,这样修饰之后,类声明之后可以在 main()函数中基于该类创建对象,并访问对象的成员数据或成员函数,若用 protected 或者 private 修饰,则不能访问;一个类中的访问修饰符可以有多个,其有效范围从声明的位置处开始到下一个访问修饰符结束;若成员之前没有访问修饰符限制,则默认为 private 修饰。

数据类型 变量名;可以有多条语句用于声明该类中的多个成员数据,这种声明类似于先前程序中定义变量的形式,只是这里可以理解成定义的变量是从属于当前类,所以称为类的成员数据。

数据类型 函数名(参数列表){}用于声明类中的成员函数,这种声明类似于先前程序中定义函数的形式,由于这里是在类的内部进行的声明,该函数从属于当前类,称为类的成员函数,在面向对象理论中也称这种函数为"方法"。

类声明最后的**分号**";"不可缺少,若没有分号,则在编译时会报错。

【**例 10.2**】 学生类的声明和对象使用。

程序代码:

```
01  #include <iostream>
02  #include <cstring>
03  using namespace std;
04
05  class Student
06  {
07  private:
08      int num;                //学号
09      char name[20];          //姓名
10      int age;                //年龄
11      float height;           //身高
12  public:
13      void setInfo(int n,const char s[],int a,float h)
14      {
15          num=n;
16          strcpy(name,s);
17          age=a;
18          height=h;
19      }
20      void showInfo()
```

```
21        {
22            cout << num <<'\t'
23                 << name <<'\t'
24                 << age <<'\t'
25                 << height << endl;
26        }
27  };
28
29  int main() {
30       Student obj_stu;
31       obj_stu.setInfo(1000,"zhang",20,175.34);
32       obj_stu.showInfo();
33       return 0;
34  }
```

运行结果：

```
1000    zhang   20      175.34
```

代码分析：

（1）**类的声明**。第5～27行定义了Student类，其中第7行书写了private访问修饰符，这表示紧随其后的num、name、age、height四个成员数据的访问权限是private，这就意味着这几个成员数据不能在类的外面访问，比如在后续main()函数中创建了Student对象，也不能用**对象名.成员**的方式来直接对这几个成员进行读（比如输出）或写（比如赋值）的操作。

第12行书写了public访问修饰符，表示后续的第13行声明的setInfo()成员函数和第20行声明的showInfo()成员函数的访问权限是public，所以在main()函数中创建Student的对象之后，可以用**对象名.成员**的方式访问（调用）这两个函数。

这里private的修饰可以保证成员数据不能在类外部被访问，而public又开放了其对外的函数接口，这就达到了信息的封装隐藏和保护：用户只能通过主动公开的渠道来调用函数，从而保证内部数据的安全、完整。

（2）**对象的使用**。代码第30行定义了一个Student对象，第31行和第32行调用了对象的成员函数，在面向对象的一些理论中，将这种调用对象的成员函数的行为称为向对象发送"消息"。

10.2.2 成员函数

类中的成员函数和不属于类的一般函数有其相同点和不同点。两者相同的地方在于其声明的形式，包括函数类型、函数名、参数列表、函数体等语法结构均相同。两者不同的地方在于其从属于类，并且其受到访问权限限制。

在类中定义的成员函数，其函数体既可以写在类中间，也可以写在类的外部。但无论书写的位置及修饰权限如何，均可以访问本类中的其他成员数据和成员函数。函数声明在类的内部，而函数体在类的外部的这种方式有助于更好地组织程序代码，方便在多文件项目时候的组织管理。

成员函数的函数体在类的内部时，一般默认均为内联（inline）函数，而当成员函数的函数体写在类的外部时,可以显式声明该函数为内联函数,以便编译器更好地编译代码,加快程序的执行速度,当然系统最终是否可以真正实现将成员函数代码的内联嵌入,需要综合多方因素决定。

成员函数可以重载。

【例 10.3】 圆类的成员函数示例。

程序代码:

```
01   #include <iostream>
02   #include <cstring>
03   using namespace std;
04
05   const double PI=3.14159;
06
07   class Circle
08   {
09   private:
10       double R;
11   public:
12       void setR(double r)
13       {
14           R=r;
15       }
16       inline double getR()
17       {
18           return R;
19       }
20       double getPerimeter();
21       inline double getArea();
22   };
23
24   double Circle::getPerimeter()
25   {
26       return 2 * PI * R;
27   }
28
29   inline double Circle::getArea()
30   {
31       return PI * R * R;
32   }
33
34   int main() {
35       Circle c;
36       c.setR(5.5);
37       double r=c.getR();
38       cout<<"R = "<< r << endl;
39       double area=c.getArea();
40       cout<<"Area = "<< area << endl;
41       double perimeter=c.getPerimeter();
42       cout<<"Perimeter = "<< perimeter << endl;
43       return 0;
44   }
```

运行结果：

```
R=5.5
Area=95.0331
Perimeter=34.5575
```

代码分析：

（1）**成员函数声明**。代码第12行、第16行、第20行、第21行分别声明了类的4个成员函数。4个函数均必须在类内部声明，而setR()和getR()成员函数的函数体在类的内部，getPerimeter()和getArea()函数的函数体在类的外部。

（2）**内联成员函数**。代码第16行声明了getR()函数为内联函数，其中关键字inline需要放在函数类型之前，对于getR()来说，因为其函数体本身就在类中间，所以inline可以省略，而对于第21行的getArea()函数，由于其函数体在函数外部，所以无论在函数内部或函数外部的函数声明语句的最前面都不能缺少inline关键字。

（3）**函数体在类的外部**。对于函数体在外部的函数，需要在类的外部书写函数体，此时需要在函数名之前用"类名::"来限制，表示该函数从属于该类，其中"::"为作用域限制符，例如，double Circle::getPerimeter()表示getPerimeter()函数从属于Circle类，如果没有使用作用域限制符"::"来限制，则表示getPerimeter()函数是全局函数。

🔑 10.3 对象

对象是类的实例。在使用类的面向对象程序设计中，一般先基于类创建对象，然后通过向对象发送消息（调用对象的方法）来实现程序的具体功能。

视频讲解

10.3.1 对象的定义

声明类之后有三种主要的方法创建对象。

（1）**声明类之后再定义对象**。语法形式如下。

class 类名
{
    类体；
};
类名 对象名；

类体包括访问修饰符和类成员。这种方式也是最经常使用的方法，可以很容易地在任何需要的地方定义对象。

（2）**声明类的同时定义对象**。语法形式如下。

class 类名
{
    类体；
}对象名；

这种方式也支持在需要的地方定义对象，只是这种方式定义类时同时定义的对象其作用域范围过大，可能会超过用户的需要。

(3) 不出现类名,直接定义对象。语法形式如下。

```
class
{
    类体;
}对象名;
```

这种方式只可以在声明类的同时定义对象,不能在之后再定义对象,适合一次性定义对象的场合。

可以看出对象定义的三种形式类似于结构体变量定义的形式。

【例 10.4】 不同形式对象创建实例。

程序代码:

```
01    #include <iostream>
02    #include <cstring>
03    using namespace std;
04
05    class Man
06    {
07    public:
08        char name[20];
09        int age;
10    };
11
12    class Woman
13    {
14    public:
15        char name[20];
16        int age;
17    }woman1;
18
19    class
20    {
21    public:
22        char name[20];
23        int age;
24    }child1,child2;
25
26    int main(){
27        Man man1,man2;
28        man1.age=20;
29        strcpy(man1.name,"zhao");
30        man2.age=21;
31        strcpy(man2.name,"qian");
32
33        Woman woman2;
34        woman1.age=19;
35        strcpy(woman1.name,"sun");
36        woman2.age=18;
37        strcpy(woman2.name,"li");
38
39        child1.age=16;
40        strcpy(child1.name,"zhou");
```

```
41          child2.age=15;
42          strcpy(child2.name,"wu");
43
44          cout<<"Man:"<<endl
45              << man1.name <<'\t'<< man1.age << endl
46              << man2.name <<'\t'<< man2.age << endl
47              <<"Woman:"<< endl
48              << woman1.name <<'\t'<< woman1.age << endl
49              << woman2.name <<'\t'<< woman2.age << endl
50              <<"Child:"<< endl
51              << child1.name <<'\t'<< child1.age << endl
52              << child2.name <<'\t'<< child2.age << endl;
53
54          return 0;
55      }
```

运行结果：

```
Man:
zhao    20
qian    21
Woman:
sun     19
li      18
Child:
zhou    16
wu      15
```

代码分析：

（1）**访问修饰符**。定义的三个类中只有成员数据，没有定义成员函数，并且成员数据的访问修饰符均使用 public，这种形式的类从特性上来说，与结构体数据类型几乎相同。

（2）**不同的对象定义形式**。代码第 5～10 行声明了类 Man，代码第 27 行基于 Man 类定义两个对象 man1 和 man2。

代码第 12～17 行声明了类 Woman，同时定义了对象 woman1，并在第 33 行基于 Woman 类定义了另一个对象 woman2。

代码第 19～24 行基于类定义了对象 child1 和 child2，可以看出，由于没有显式指出类名，所以无法在后续基于类来创建该类的对象。

10.3.2　对象指针

与结构体变量类似，也可以定义对象指针，用于指向某一个先前定义的对象，或指向新创建的对象。对象指针的定义形式如下：

　　类名 * 对象指针;

在获得对象指针之后，可以用指向运算符"->"访问对象的内部成员。若需要动态创建对象并将其地址赋给对象指针，可以用：

　　对象指针=new 类名;

这种形式创建对象。同样地,只要使用 new 创建的对象,在结束使用对象之后,需要使用 delete 对象指针来释放对象所占用的内存空间。

【例 10.5】 Point 对象指针使用。

程序代码:

```
01    #include <iostream>
02    using namespace std;
03
04    class Point
05    {
06    private:
07        int x;
08        int y;
09    public:
10        void setXY(int ix, int iy)
11        {
12            x=ix;
13            y=iy;
14        }
15        void getXY()
16        {
17            cout<<"point:x="<< x <<"\ty="<< y << endl;
18        }
19    };
20
21    int main() {
22        Point p1, * p2;
23        p1.setXY(1,2);
24        p1.getXY();
25
26        p2=&p1;
27        p2->setXY(3,4);
28        p2->getXY();
29
30        Point * p3=new Point;
31        p3->setXY(5,6);
32        p3->getXY();
33        delete p3;
34
35        return 0;
36    }
```

运行结果:

```
point:x=1        y=2
point:x=3        y=4
point:x=5        y=6
```

代码分析:

第 22 行定义了对象指针 p2,并将 p2 指向了先前定义的对象 p1(第 26 行)。第 27 行、第 28 行向 p2 所指向的对象发送了 setXY 和 getXY 的消息(调用了 p2->setXY()以及 p2->

getXY()函数)。

第 30 行定义了对象指针 p3,并将其指向用 new 新建的对象,调用完对象的方法之后,再使用 delete 释放了 p3 所指向的内存空间。

10.3.3　对象引用

对象也可以取别名,即定义对象的引用,定义对象引用的语法形式如下。

类名 & 引用＝对象名;

引用必须初始化为先前已经存在的对象的别名,不能在初始化之后重新赋值。同样,对象引用也可以作为函数的参数或返回值来使用。

【**例 10.6**】　Box 类引用示例。

程序代码:

```
01  #include <iostream>
02  using namespace std;
03
04  class Box
05  {
06  private:
07      int length;
08      int width;
09      int height;
10  public:
11      void setEdge(int l, int w, int h)
12      {
13          length=l;
14          width=w;
15          height=h;
16      }
17
18      void getEdge(int &l, int &w, int &h)
19      {
20          l=length;
21          w=width;
22          h=height;
23      }
24
25      int getVolume()
26      {
27          return length * width * height;
28      }
29  };
30
31  void amplify(Box &box, int times)
32  {
33      int l, w, h;
34      box.getEdge(l, w, h);
35      box.setEdge(l * times, w * times, h * times);
36  }
37
```

```
38    int main() {
39        Box box;
40        box.setEdge(3,4,5);
41        int volume=box.getVolume();
42        cout<<"volume before:"<<volume<<endl;
43
44        amplify(box,2);
45        volume=box.getVolume();
46        cout<<"volume after:"<<volume<<endl;
47
48        return 0;
49    }
```

运行结果：

```
volume before:60
volume after:480
```

代码分析：

（1）**一般变量的引用**。代码第 18~23 行定义了带有引用的函数，这样类的成员数据 length、width 及 height 就可以通过这几个引用参数返回（见代码第 34 行）。

（2）**对象引用**。代码第 31~36 行定义了带有对象引用作为参数的全局函数，其中首先将对象的 3 个成员数据取出后，乘以放大倍数，再设置该引用的三条边的参数，由于是引用，这种改变实际作用于外部调用该函数时传入的对象上（见代码第 44 行）。

通过运行结果可以发现，每条边都放大到原来的 2 倍，则总体积变成原来的 8 倍。

10.3.4 对象数组

多个同类对象可以构成一个对象数组，从而可以方便对多个对象集中管理，比如一个多边形可以由多个点构成，每个点都具有独立的位置，可以通过对点的管理实现对多边形的管理。

【**例 10.7**】 多边形类。

程序代码：

```
01    #include<iostream>
02    #include<cmath>
03    using namespace std;
04
05    class Point
06    {
07    private:
08        int x;
09        int y;
10    public:
11        //设置点的坐标
12        void setXY(int a,int b)
13        {
14            x=a;
```

```cpp
15          y=b;
16      }
17      //获得点的坐标
18      void getXY(int &a,int &b)
19      {
20          a=x;
21          b=y;
22      }
23  };
24
25  class Polygon
26  {
27  private:
28      int num;
29      Point * p;
30  public:
31      //初始化数组的长度和动态分配数组
32      void Init(int n)
33      {
34          num=n;
35          p=new Point[num];
36      }
37      //输入各个点的坐标
38      void Input(int pos,int a,int b)
39      {
40          p[pos].setXY(a,b);
41      }
42      //输出各个点的坐标
43      void Output()
44      {
45          int a,b;
46          for(int i=0;i<num;i++)
47          {
48              p[i].getXY(a,b);
49              cout<<i+1<<":x="<<a<<"\ty="<<b<<endl;
50          }
51      }
52      //输出多边形各边的长度
53      void Edge()
54      {
55          int a1,b1,a2,b2;
56          for(int i=0;i<num;i++)
57          {
58              p[i].getXY(a1,b1);
59              if(i==num-1)
60              {
61                  p[0].getXY(a2,b2);
62              }
63              else
64              {
65                  p[i+1].getXY(a2,b2);
66              }
67              double d=sqrt((a1-a2)*(a1-a2)+(b1-b2)*(b1-b2));
```

```
68              cout<<i+1<<" edge's distance:"<<d<<endl;
69          }
70      }
71      //释放动态分配的内存
72      void Release()
73      {
74          delete[] p;
75      }
76  };
77
78  int main() {
79      Polygon obj;
80      obj.Init(4);
81      obj.Input(0,3,4);
82      obj.Input(1,20,4);
83      obj.Input(2,20,10);
84      obj.Input(3,3,10);
85      obj.Output();
86      obj.Edge();
87      obj.Release();
88      return 0;
89  }
```

运行结果:

```
1:x=3    y=4
2:x=20   y=4
3:x=20   y=10
4:x=3    y=10
1 edge's distance:17
2 edge's distance:6
3 edge's distance:17
4 edge's distance:6
```

代码分析:

(1) 数组的动态分配与释放。代码第 28 行、第 29 行定义了 Polygon 类中顶点的数量 num 和各点构成的数组 p,多边形中的点的数量可以由用户自定义,所以这里没有声明固定长度的对象数组,而是用对象指针声明了一个指向数组的指针,在第 32 行 Init 函数中动态分配了 num 个元素的动态数组 p,可以理解成这些点前后相连形成一个封闭的多边形(最后一个点连接到第一个点)。第 72 行 Release()函数释放动态分配的数组 p。

(2) 求多边形中各边的长度。第 53~70 行代码对多边形中的每一条边进行长度计算,最后一条边需要注意其距离计算的是从最后一个点到起始点的距离。这里需要使用 sqrt() 数学函数,所以开始需要包含数学头文件 cmath。

10.4 构造函数

软件开发过程中,创建对象后的第一个行动往往是初始化对象的成员数据,这在系统中对象较多时显得比较烦琐,有时甚至容易遗忘这一步骤,这可能会导致程序出现意想不到的后果。C++提供了构造函数的技术,可以在创建对象时同步完成其初始化的工作,这样可以提高软件开发的质量和效率。

10.4.1 一般构造函数

构造函数是一种特殊的成员函数,其具有如下几个特点。

(1) 没有函数类型,包括 void 都没有,没有返回值。

(2) 函数名和类名相同。

(3) 构造函数可以重载,包括无参构造函数、有参构造函数可以同时存在。每个类都有默认的无参构造函数,但在书写了有参构造函数,还需要调用无参构造函数时,必须显式书写无参构造函数,只能有一个无参构造函数。

(4) 构造函数支持默认值作参数。

(5) 访问修饰符一般为 public。

(6) 构造函数可以在类体内声明,在类外部定义。

(7) 构造函数不需要用户显式调用,其是在创建对象时自动被调用的。

【例 10.8】 圆的构造函数示例。

程序代码:

```
01  #include <iostream>
02  using namespace std;
03
04  class Circle
05  {
06  private:
07      const double PI=3.14159;
08      int x;
09      int y;
10      double radius;
11  public:
12      //无参构造函数
13      Circle()
14      {
15          x=0;
16          y=0;
17          radius=0;
18      }
19      //有参构造函数
20      Circle(int i)
21      {
22          x=i;
23          y=i;
24          radius=1;
25      }
26      //(1)使用参数初始化表初始化成员数据
27      //(2)使用了默认值作参数
28      Circle(int a,int b,double r=3):x(a),y(b)
29      {
30          radius=r;
```

```
31      }
32      void showCircle()
33      {
34          cout <<"Circle x="<< x
35               <<"\ty="<< y
36               <<"\t area="<< PI * radius * radius << endl;
37      }
38  };
39
40  int main() {
41      Circle c1;
42      c1.showCircle();
43      Circle c2(1);
44      c2.showCircle();
45      Circle c3(2,3);
46      c3.showCircle();
47      Circle c4(2,3,5);
48      c4.showCircle();
49      Circle * pc1=new Circle;
50      pc1->showCircle();
51      delete pc1;
52      Circle * pc2=new Circle(3,4,6);
53      pc2->showCircle();
54      delete pc2;
55      return 0;
56  }
```

运行结果：

```
Circle x=0      y=0      area=0
Circle x=1      y=1      area=3.14159
Circle x=2      y=3      area=28.2743
Circle x=2      y=3      area=78.5397
Circle x=0      y=0      area=0
Circle x=3      y=4      area=113.097
```

代码分析：

（1）**无参构造函数**。代码第 13~18 行为无参构造函数。代码第 41 行直接基于类 Circle 定义对象 c1，此时会调用该无参构造函数。代码第 49 行定义了对象指针 pc1，并用 new 动态创建了对象，此时也调用了该无参构造函数。

（2）**有一个参数的构造函数**。代码第 20~25 行定义了拥有一个参数的构造函数，代码第 43 行基于类 Circle 定义了该对象：Circle c2(1)；这种定义方式下的对象在被系统创建时将会自动调用一个参数的构造函数。

（3）**带有默认值参数的构造函数**。代码第 28 行定义了三个参数的构造函数：Circle (int a,int b,double r=3)，其中第 3 个参数带有默认值，也就是当调用该函数时，可以传入 3 个有效参数，若只传入两个有效参数，则函数内将默认第 3 个参数为 3。代码第 45 行定义了对象 c3：Circle c3(2,3)，此时将调用该带有默认值参数的构造函数。当然代码第 47 行、第 52 行对象在创建时也调用了该函数，不过没有使用默认值。

（4）**参数初始化表**。代码第 28 行的函数在声明函数后紧跟着参数初始化表。这里的构造函数 Circle(int a,int b,double r=3)：x(a),y(b)中，x 和 y 分别为类中的成员数据,而 a 和 b 分别是当前函数的参数,x(a),y(b)即为**参数初始化表**。这样参数初始化可以在函数头部声明时完成,无须在函数体内实现,因此可以直接在类体中简练地表达,无须在类外定义,构造函数的书写显得紧凑简洁。

使用参数初始化表的构造函数的语法形式如下。

构造函数名(参数表)：成员初始化表
{
}

例如,下面的函数：

Circle(int a,int b,double r=3)：x(a),y(b)
{
　　radius=r;
}

本质上相当于：

Circle(int a,int b,double r=3)
{
　　x=a;
　　y=b;
　　radius=r;
}

参数初始化表仅适用于构造函数,其他一般函数不能采用这种方式初始化参数。

10.4.2　复制构造函数

对象之间可以相互赋值,这一点类似于结构体变量之间可以相互赋值。赋值的操作就是两个对象的成员数据一一对应地复制,这种复制不受其访问修饰符的限制。对于常用数据类型定义的成员数据是没有问题的,但对于指针类型的数据,如果直接进行对象之间的赋值,可能会带来意想不到的问题,比如对象重复释放内存(见 10.5 节)。

此时可能就需要设计类的复制构造函数,复制构造函数是一种特殊的构造函数,其语法形式为

类名([const] 类名 & 对象名)
{
}

构造函数名即为类名,这里带有一个参数,参数为当前类的对象引用。const 为可选项,使用 const 修饰可以防止参数在构造函数内部被修改。

复制构造函数主要在以下三种情况下被自动调用：

(1) 对象初始化赋值为同类的另一对象。
(2) 对象作为函数形参传递。
(3) 对象作为函数返回值传递。

【例 10.9】　个人字符串类使用。

程序代码：

```cpp
01  #include <iostream>
02  using namespace std;
03
04  class myString
05  {
06  private:
07      int len;
08      char * pstr;
09      void copyString(const char * srcString)
10      {
11          pstr=new char[len];
12          char * mypc=pstr;
13          for(int i=0;srcString[i]!='\0';i++,mypc++)
14          {
15              * mypc=srcString[i];
16          }
17          * mypc='\0';
18      }
19  public:
20      myString(const char * srcString)
21      {
22          len=0;
23          for(int i=0;srcString[i]!='\0';i++,len++);
24          copyString(srcString);
25          cout <<"common constructor"<< endl;
26      }
27      myString(const myString& obj)
28      {
29          len=obj.len;
30          copyString(obj.pstr);
31          cout <<"copy constructor"<< endl;
32      }
33      void showString()
34      {
35          cout << pstr << endl;
36      }
37      void Release()
38      {
39          delete[] pstr;
40      }
41  };
42
43  void globalShowStringRef(myString &obj)
44  {
45      cout <<"globalShowStringRef"<< endl;
46      obj.showString();
47  }
48
49  void globalShowString(myString obj)
50  {
51      cout <<"globalShowString"<< endl;
52      obj.showString();
53  }
```

```cpp
54
55   myString globalGetString(const char * str)
56   {
57       cout <<"globalGetString"<< endl;
58       return myString(str);
59   }
60
61   int main() {
62       //一般构造函数
63       cout <<"1 ****************** "<< endl;
64       myString obj1("One");
65       //引用作为参数,不调用构造函数
66       cout <<"2 ****************** "<< endl;
67       globalShowStringRef(obj1);
68       //对象初始化,调用复制构造函数
69       cout <<"3 ****************** "<< endl;
70       myString obj2 = obj1;
71       obj2.showString();
72       //形参传递,调用复制构造函数
73       cout <<"4 ****************** "<< endl;
74       globalShowString(obj2);
75       //返回值传递,调用复制构造函数
76       cout <<"5 ****************** "<< endl;
77       globalGetString("Three").showString();
78       //释放对象
79       obj2.Release();
80       obj1.Release();
81       return 0;
82   }
```

运行结果：

```
1 ******************
common constructor
2 ******************
globalShowStringRef
One
3 ******************
copy constructor
One
4 ******************
copy constructor
globalShowString
One
5 ******************
globalGetString
common constructor
copy constructor
Three
```

代码分析：

（1）一般构造函数。代码第 64 行利用一般参数创建对象,调用一般构造函数(代码第

20~26 行),在一般构造函数中,首先获得参数字符串的长度,然后再调用 copyString()函数(根据该长度动态分配 myString 内部字符数组,将参数的字符串复制到该字符数组中)实现了初始化。

(2) **对象引用作为函数参数**。代码第 67 行调用了函数 globalShowStringRef(myString &obj),该函数的参数为对象引用,函数内部直接调用对象的显示字符串的方法,可以看出,这里并没有调用任何构造函数。

(3) **对象初始化赋值调用复制构造函数**。代码第 70 行 myString obj2＝obj1;利用 obj1 对象初始化 obj2 对象,这里调用了复制构造函数。

(4) **对象作为函数形参调用复制构造函数**。代码第 74 行调用函数 globalShowString (obj2);该函数参数为对象,观察输出可以知道在运行函数内部代码之前,调用了复制构造函数,说明参数在传递过程中实质上是有一个复制的过程,这和先前引用作为参数不同,引用中形参和实参指向同一个内存,而这里形参和实参不是同一个内存,调用函数的过程存在实参向形参的复制操作。

(5) **对象作为函数返回值调用复制构造函数**。代码第 77 行运行 globalGetString ("Three").showString();这里调用了第 55~59 行的函数 globalGetString(const char * str),在函数内部基于该字符串参数利用一般构造函数创建了一个临时对象 myString (str),然后从此被调函数内部返回到主调函数 main(),在返回过程中,将调用复制构造函数,将此临时对象复制到 main()函数空间中,所以紧接着在主调函数中直接利用此返回对象调用 showString()函数可以输出具体内容。

说明:在有些情况下,编译器可能会优化编译过程,比如在返回对象时,可能会忽略复制构造函数的调用,此时,可以增加编译选项通知编译器不要优化,例如 g＋＋编译器中,可以增加-fno-elide-constructors 选项以关闭这种优化(codeblocks 中可以在 Project→Build Options→Compilers Settings→Other compiler options 中增加该配置文本)。

10.5 析构函数

析构函数是另一种成员函数,其作用与构造函数相反,它是在对象被释放之前自动执行。具体来说,析构函数具有如下特征。
(1) 析构函数没有返回值,没有函数类型。
(2) 函数名为类名之前加上波浪线"～","～"表示取反,作用和构造函数相反。
(3) 析构函数没有重载函数,只有无参的析构函数。
(4) 访问修饰符只有 **public**。
(5) 析构函数可以在类体内声明,在类外部定义。
(6) 析构函数不需要用户显式调用,其是在释放对象时自动被调用的。

【例 10.10】 带有析构函数的个人字符串类。
程序代码:

```
01  #include <iostream>
02  using namespace std;
```

```cpp
03
04    class myString
05    {
06    private:
07        char * pstr;
08    public:
09        myString(const char * srcString)
10        {
11            int len=0;
12            for(int i=0;srcString[i]!='\0';i++,len++);
13            pstr=new char[len];
14            char * mypc=pstr;
15            for(int i=0;srcString[i]!='\0';i++,mypc++)
16            {
17                * mypc=srcString[i];
18            }
19            * mypc='\0';
20            cout <<"constructor:"<< pstr << endl;
21        }
22
23        void showString()
24        {
25            cout << pstr << endl;
26        }
27
28        ~myString()
29        {
30            cout <<"destructor:"<< pstr << endl;
31            delete[] pstr;
32        }
33    };
34
35    myString obj("global:77777");
36    myString obj8("global:88888");
37
38    void showString()
39    {
40        cout <<"enter local"<< endl;
41        myString obj5("local:55555");
42        cout <<"exit local"<< endl;
43    }
44
45    void showStaticString()
46    {
47        cout <<"enter static"<< endl;
48        static myString obj6("static:666666");
49        cout <<"exit static"<< endl;
50    }
51
52    int main() {
53        cout <<"enter main"<< endl;
54        obj.showString();
55        showString();
```

```
56        showStaticString();
57        myString obj1("11111");
58        myString obj2("22222");
59        myString * pobj3 = new myString("33333");
60        myString * pobj4 = new myString("44444");
61        myString * pobj5 = new myString("99999");
62        obj.showString();
63        showString();
64        showStaticString();
65        delete pobj3;
66        delete pobj4;
67        cout <<"exit main"<< endl;
68        return 0;
69    }
```

运行结果：

```
constructor:global:77777
constructor:global:88888
enter main
global:77777
enter local
constructor:local:55555
exit local
destructor:local:55555
enter static
constructor:static:666666
exit static
constructor:11111
constructor:22222
constructor:33333
constructor:44444
constructor:99999
global:77777
enter local
constructor:local:55555
exit local
destructor:local:55555
enter static
exit static
destructor:33333
destructor:44444
exit main
destructor:22222
destructor:11111
destructor:static:666666
destructor:global:88888
destructor:global:77777
```

代码分析：

（1）**程序结构。**代码第 4~33 行定义了 myString 类，其中包含一个私有的数据成员，为一个字符指针，另外有一个构造函数，参数为字符串；一个一般成员函数，显示字符串；

析构函数,用于释放构造函数中用 new 分配的指针,构造函数和析构函数中均有辅助提示,能够看出当前对象被创建和被释放的时机。

代码第 35 行定义了全局对象 myString obj("global:77777");第 36 行定义了全局对象 myString obj8("global:88888");

代码第 38~43 行为全局函数 showString(),该函数内部定义了局部对象 myString obj5("local:55555");

代码第 45~50 行为全局函数 showStaticString(),该函数内部定义了局部静态对象 static myString obj6("static:666666");

代码第 52~69 行为 main()函数,其中调用了全局对象的显示字符串方法,调用全局函数,自身内部定义局部对象,动态分配对象指针等。

(2) 全局对象的创建和释放。全局对象 obj("global:77777")和 obj8("global:88888")在程序运行后 main()函数运行前就创建了,这可以从输出的第 1 行"constructor:global:77777"和第 2 行"constructor:global:88888"看出,在程序运行过程中,全局对象一直存在,直到 main()函数结束后,在所有其他对象均被释放后,最后才按照声明相反的顺序释放全局对象(参见输出的最后 2 行:"destructor:global:88888"和"destructor:global:77777")。

(3) 局部对象的创建和释放。局部对象 myString obj5("local:55555")在第 37 行 showString()函数中创建,从 main()函数中两次调用该函数的结果可以发现,该局部对象在函数内部创建,而在退出函数后被立即释放。

在 main()函数中定义了两个局部对象:myString obj1("11111");myString obj2("22222");这两者创建的先后顺序按照其定义的先后顺序进行,而当 main()函数结束运行后,可以看出先创建的对象后释放,后创建的对象先释放。

(4) 静态对象的创建和释放。代码第 44 行定义了全局函数 showStaticString(),其中创建了局部静态对象 static myString obj6("static:666666");在 main()函数中两次调用 showStaticString()函数,可以看出第一次调用函数时,创建了该对象,由于该函数为静态的,所以在退出该函数时,系统并不释放该对象,而第 2 次调用该函数时,该静态对象也不再重复创建,也不释放,只有当 main()函数运行结束后,在其他局部对象释放之后,才释放该静态对象。

(5) 用 new 创建对象及用 delete 释放对象。先前定义的非静态局部对象均是在运行到对象定义的时候创建,在退出函数之后立即释放对象。当有多个这种类型的对象在函数中被创建时,将遵循先创建(调用构造函数)的后释放(调用析构函数)。

然后,对于用 new 创建的对象,若不用 delete 进行释放,则该对象将驻留在内存中(由第 61 行创建的对象指针 myString * pobj5 = new myString("99999")可以看出,该对象一直未调用析构函数),系统不会自动释放,只有用 delete 来释放对象内存,该对象的空间才会立即被释放。所以用 new 创建的对象,只有用 delete 才能进行释放。

另外,还需要注意的一点是,main()函数中使用 delete 可以释放对象空间,这和类的析构函数中用 delete 释放类的构造函数中用 new 分配的空间,这两者不能互相代替,也就是在哪个层次上用 new 创建的,则需要在哪个层次用 delete 释放。

总之,各类对象的构造和析构顺序可以描述如下。

(1) 全局对象自动创建和释放:按照声明先后在 main()函数启动之前构造,在 main()

函数结束之后和声明先后相反的顺序析构。

（2）局部对象自动创建和释放：按照在同一个函数中声明先后顺序构造，在函数结束后按照相反的顺序析构。

（3）局部静态对象自动创建和释放：第一次运行到该对象定义时构造，main()函数运行结束后，在全局对象析构之前析构。

（4）用 new 创建的对象指针，人工创建和释放：使用 new 创建，使用 delete 释放，什么时候 delete 什么时候释放，没有 delete 则该对象驻留内存不会被释放。

10.6　this 指针

this 指针为一种特殊的指针，其具有如下特点。

（1）this 指针指向当前类对象的指针，每一个对象都能通过该指针访问自身。

（2）该指针为隐藏的，无须用户创建，可以直接在类的成员函数中使用。

（3）类的成员函数并不占有对象的存储空间，其单独存储，但是成员函数默认自带有隐含的对象指针参数，在用户调用对象成员函数时，成员函数获得了相关对象的地址，因而能够正常运行，该机制由编译器内部实现，用户不需要额外为成员函数增加对象地址为参数。

【例 10.11】　圆类中使用 this 指针。

程序代码：

```
01   #include <iostream>
02   using namespace std;
03
04   const double PI=3.14159;
05   class Circle
06   {
07   private:
08       int R;
09   public:
10       Circle(int R)
11       {
12           this->R=R;    //必须用 this 修饰
13       }
14       double getArea()
15       {
16           return PI * this->R * this->R;    //this 不必须
17       }
18       Circle getCircle()
19       {
20           return *this;
21       }
22       Circle* getAddress()
23       {
24           return this;
25       }
26   };
27
```

```
28    int main()
29    {
30        Circle objC(5);
31        cout << objC.getArea()<< endl;
32        cout <<"size of Circle:"<< sizeof(objC)<< endl;
33        cout <<"size of Circle:"<< sizeof(objC.getCircle())<< endl;
34        cout <<"address of object"<< &objC << endl;
35        cout <<"address of object"<< objC.getAddress()<< endl;
36    }
```

运行结果：

```
78.5397
size of Circle:4
size of Circle:4
address of object0x61fe0c
address of object0x61fe0c
```

代码分析：

（1）**对象大小**。代码第 32 行获得当前对象的大小，代码第 33 行通过调用对象的成员函数 getCircle() 来获得对象的复制，代码第 20 行中返回了 * this 的复制，可以看出这两者容量是相同的，并且该容量和 int 的容量相同，这也就说明成员函数并不占据对象的空间。

（2）**对象地址**。代码第 34 行直接获得对象的地址，而第 35 行调用了对象的成员函数 getAddress()，其中返回了 this 的地址，可以看出这两者指向同一个地址，这也就说明在对象内部的 this，本质上就是指向当前对象的地址。

成员函数不占据对象的空间，而多个对象又能调用相同的成员函数代码却不会混乱，这就说明成员函数中应当有参数能够区分调用它的不同的对象。

（3）**this 的使用**。可以看出构造函数 Circle() 以及 getArea() 函数中均使用了 this 指针，其中构造函数的形式参数为 R，而由于 Circle 类的成员数据也为 R，所以这里必须用 this 指针加以区分，否则形参的值无法写入成员数据。

而 getArea() 成员函数中的 R 可以不加 this 修饰，因为这里可以很明确地表示当前类的成员数据。

因此，对于成员函数中若形参和成员数据名称相同时，必须用 this 加以区分，其他情况下，可以不用 this 指针。

10.7 静态成员

可以在成员之前加上 static 表示该成员为静态，一旦某个成员声明为静态，则该成员将成为该类所有对象共享的唯一副本。

10.7.1 静态成员数据

在类的成员数据之前加上 static 修饰，该成员数据将成为静态成员数据，该类所创建的所有对象均共享唯一的内存，因此使用静态成员数据可以用于同类的多个对象之间交换数据。其具有如下特性。

(1) 静态成员数据不专属于某个对象,可以基于对象名访问,也可以直接基于类名访问该成员,基于类名访问成员的语法形式为：**类名::静态成员数据名**,可以对该整体进行读写。

(2) 可以无须创建对象可以使用,在编译阶段就已创建内存空间,在程序全部结束后才释放空间。

(3) 只能在类体外进行初始化。初始化语法形式如下。

数据类型　类名::静态成员数据名=初始值;

【例 10.12】 统计钻石总数。
程序代码：

```
01  #include <iostream>
02  using namespace std;
03
04  class Diamond
05  {
06  public:
07      static int count;
08  public:
09      Diamond()
10      {
11          count++;
12      }
13      int getCount()
14      {
15          return count;
16      }
17  };
18  //静态成员数据类外初始化
19  int Diamond::count=0;
20
21  int main()
22  {
23      Diamond d1,d2;
24      cout<<"d1.count="<<d1.count<<endl;
25      cout<<"d1.getCount()="<<d1.getCount()<<endl;
26      cout<<"d2.count="<<d2.count<<endl;
27      cout<<"Diamond::count="<<Diamond::count<<endl;
28  }
```

运行结果：

```
d1.count=2
d1.getCount()=2
d2.count=2
Diamond::count=2
```

代码分析：

可以看出,基于 Diamond 的类创建了 2 个对象 d1 和 d2,其共享了 count 成员,这样在创建对象之前 count 在内存中已经初始化为 0,d1 和 d2 两个对象的构造函数中对 count 进行递增 1,最后可以通过对象名、类名、对象成员函数等方式获得 count 的值。

在使用对象名或类名访问静态成员数据时,仍然需要遵循权限修饰符的限制。

10.7.2 静态成员函数

在类的成员函数之前可以加 static 修饰,表示该成员函数为静态成员函数,一旦为静态成员函数,则和静态成员数据类似,该函数也就相当于从具体的对象中独立出来,成为所有该类对象共享的函数,也可以无须创建对象直接用类名来访问。

静态成员函数没有 this 指针,所以不能访问类的非静态成员,只能访问类的静态成员,包括静态成员数据和静态成员函数。

【例 10.13】 计算钻石的平均重量。

程序代码:

```
01   #include <iostream>
02   using namespace std;
03
04   class Diamond
05   {
06   public:
07       static int weight;
08       static int count;
09   public:
10       Diamond(int weight)
11       {
12           this->weight+=weight;        //可以用this
13           count++;
14       }
15       static double getAverage()
16       {
17           return 1.0*weight/count;     //不可以用this
18       }
19
20   };
21   //静态成员数据类外初始化
22   int Diamond::count=0;
23   int Diamond::weight=0;
24
25   int main()
26   {
27       Diamond d1(100),d2(200);
28       cout<<"Diamond::getAverage()="<<Diamond::getAverage()<<endl;
29       cout<<"d2.getAverage()="<<d2.getAverage()<<endl;
30   }
```

运行结果:

Diamond::getAverage()=150
d2.getAverage()=150

代码分析：

代码第 15～18 行定义了静态成员函数 getAverage()，其中利用 weight/count 计算平均值，这里的两个数据均为静态成员，由于该函数为静态成员函数，所以不能使用 this 指针指向 weight 及 count，而在 Diamond 构造函数中，可以使用 this 指针。

主函数 main() 中可以使用类名或对象名调用声明的静态成员函数 getAverage()。在使用静态成员函数时，也需要遵循访问修饰符的限制。

10.8　const 对类及对象的保护

类提供了非 public 的访问修饰符来保护类中的某些成员不被类外访问，然而那些 public 的数据可能需要在适当的环境下共享的同时又需要保护，比如作为参数传递、对象指针使用时，此时需要对可以共享的对象进行保护，就需要使用 const 来对对象或成员进行修饰限制。

【例 10.14】const 限制对象及成员示例。

程序代码：

```cpp
01  #include <iostream>
02  using namespace std;
03
04  class Circle
05  {
06  private:
07      const double PI=3;
08      int R;
09  public:
10      Circle(int r,double pi=3.14):PI(pi){
11          R=r;
12      }
13      double getArea()
14      {
15          return PI * R * R;
16      }
17      double getPerimeter() const;
18  };
19
20  double Circle::getPerimeter() const
21  {
22      return 2 * PI * R;
23  }
24
25  int main()
26  {
27      const Circle c1(10,3.14159);
28      cout << c1.getPerimeter() << endl;
29      Circle c2(5);
30      cout << c2.getPerimeter() << endl;
31      cout << c2.getArea() << endl;
```

```
 32        return 0;
 33   }
```

运行结果：

```
62.8318
31.4
78.5
```

代码分析：

(1) const 定义常成员数据。代码第 7 行定义了常成员数据，即使用 const 修饰限制了 PI：**const** double PI=3；这里同时初始化，这种定义的形式和先前使用 const 定义命名常量相同(见 2.2.5 节)，常成员数据定义后也可以在构造函数中进行初始化(代码第 10 行)，在构造函数中进行初始化的时候，需要使用参数初始化表的技术进行初始化，因为 PI 为 const 类型数据，若用一般形式的初始化方法，比如：PI=pi，则编译器认为在给常量赋值，编译会报错。**常成员数据在本类的任意成员函数中均不能被赋值。**

(2) const 定义常成员函数。代码第 17 行声明了一个常成员函数 double getPerimeter() const，声明的时候只需要在一般函数的声明头部最后加上 const 修饰，由于这里是类的内部声明，类的外部定义，所以在第 20 行定义了该函数，可以看出声明和定义常成员函数时，均需要在函数头部最后加上 const 修饰。若是在类的内部定义该函数，则只需要在函数头部最后加上 const 修饰即可。**常成员函数中不能对任意成员数据赋值，也不能调用任何其他的非 const 类型的成员函数。**

(3) const 定义常对象。代码第 27 行定义了一个常对象：const Circle c1(10, 3.14159)；这个定义的形式类似于先前定义常成员数据。**常对象只能调用该对象的常成员函数，不能调用一般的成员函数。**比如 c1 对象就不能调用 getArea() 函数。而非 **const** 类型对象，可以调用常成员函数以及一般成员函数。比如对于第 29 行定义的非 const 类型对象 c2，则可以调用常成员函数 getPerimeter() 以及一般成员函数 getArea()。

10.9 类模板

与函数模板(见 6.4 节)类似，类模板提供了一种通用的独立于特定数据类型的定义类的方式，这样可以用一套代码定义多种类型的类，极大地提高了代码的重用性。

类模板定义的一般形式为

template< **typename** 虚拟类型>
通用类定义

或者：

template< **class** 虚拟类型>
通用类定义

虚拟类型可以任意命名，一般情况用单个大写字母来规定。T 是模板参数，关键字 typename 或者 class 表示此参数是类型的占位符。调用函数时，编译器会将每个 T 实例替换为由用户指定或编译器推导的具体类型参数。

【例 10.15】 一个模板数字类示例。

程序代码：

```cpp
01  #include <iostream>
02  using namespace std;
03
04  template <class T>
05  class Number
06  {
07  private:
08      T a;
09      T b;
10  public:
11      Number(T a,T b)
12      {
13          this->a=a;
14          this->b=b;
15      }
16      T getMax()
17      {
18          return a>b?a:b;
19      }
20      T getMin()
21      {
22          return a<b?a:b;
23      }
24      T getSum();
25  };
26
27  template <class T>
28  T Number<T>::getSum()
29  {
30      return a+b;
31  }
32
33  int main()
34  {
35      Number<int> n1(3,4);
36      cout<<n1.getMax()<<'\t'<<n1.getMin()<<'\t'<<n1.getSum()<<endl;
37      Number<double> n2(3.5,4.5);
38      cout<<n2.getMax()<<'\t'<<n2.getMin()<<'\t'<<n2.getSum()<<endl;
39      return 0;
40  }
```

运行结果：

```
4    3    7
4.5  3.5  8
```

代码分析：

（1）类模板的声明。代码第 4 行声明了一个类中的虚拟数据类型，后面则声明了

Number 类,这个类的结构和一般类的声明除了数据类型之外,其他的完全相同。

(2) 类模板对象的定义。代码第 35 行定义了 int 类型的 Number 对象,第 37 行定义了 double 类型的 Number 对象,类模板声明对象的语法形式:

> 类名<数据类型> 对象名;

则在后面调用对象的成员函数时,系统将相关参数的数据类型用定义对象时的具体数据类型替代。

10.10 友元

面向对象的封装性可以使得在类外部访问成员时要遵循访问修饰符的限制,但是在某些情况下,如追求效率或输入输出运算符重载(见 13.9 节)等时,需要能在类外访问类的 private 或 protected 成员时,则需要使用友元。友元可以认为是打破类的封装性原则,因此建议在使用时遵循非必要不使用的原则。

10.10.1 友元函数

可以将全局函数声明为某个类的友元函数,从而可以在全局函数内部访问类的非 public 成员。友元函数的声明时只需要在类的内部声明该函数的原型,并在前面加上 friend 修饰。

【例 10.16】 访问私有数据的友元函数。
程序代码:

```
01    #include <iostream>
02    using namespace std;
03
04    class Diamond
05    {
06    private:
07        int weight;
08        double price;
09    public:
10        Diamond(int weight, double price);
11    private:
12        friend void show(Diamond& d);
13    };
14
15    Diamond::Diamond(int weight, double price)
16    {
17        this->weight = weight;
18        this->price = price;
19    }
20
21    void show(Diamond& d)
22    {
23        cout << "weight=" << d.weight << "\tprice=" << d.price;
```

```
24      }
25
26      int main()
27      {
28          Diamond d(100,2345);
29          show(d);
30      }
```

运行结果：

weight=100   price=2345

代码分析：

（1）**友元函数的声明**。代码第 12 行声明了友元函数，可以看出其在声明的时候，需要在函数原型之前加上 friend 修饰，同时该函数声明可以放在任意的访问修饰符下。

（2）**友元函数的定义**。代码第 21~24 行定义了友元函数，友元函数本质上也是全局函数，其并不从属于类，所以不需要用类来限定；同时，该函数也不能使用 this 指针，所以为了访问类中的成员，需要拥有一个类对象（或其引用）作为参数，在函数中，可以用该参数来访问类的非 public 成员。

10.10.2　友元成员函数

可以将另外一个类 B 的成员函数 f 声明为当前类 A 的友元，这样在函数 f 中就可以访问类 A 的私有和保护成员。

【例 10.17】 Diamond（钻石）类中设定 Seller（销售商）类中的 show（显示）成员函数为其友元，可以通过 Seller 显示 Diamond 的信息。

程序代码：

```
01    #include <iostream>
02    #include <cstring>
03    using namespace std;
04
05    class Diamond;                        //提前声明
06
07    class Seller
08    {
09    private:
10        char name[20];
11    public:
12        Seller(const char * name);
13        void show(Diamond& d);
14    };
15
16    class Diamond
17    {
18    private:
19        int weight;
20        double price;
```

```
21    public:
22        Diamond(int weight,double price);
23    private:
24        friend void Seller::show(Diamond& d);        //声明友元
25    };
26
27    Diamond::Diamond(int weight,double price)
28    {
29        this->weight=weight;
30        this->price=price;
31    }
32
33    Seller::Seller(const char * name)
34    {
35        strcpy(this->name,name);
36    }
37
38    void Seller::show(Diamond& d)
39    {
40        cout<<"seller:"<<this->name<<endl
41            <<"weight="<<d.weight<<endl  //访问Diamond的私有成员weight
42            <<"price="<<d.price<<endl;   //访问Diamond的私有成员price
43    }
44
45    int main()
46    {
47        Diamond d(100,2345);
48        Seller s("Great");
49        s.show(d);
50    }
```

运行结果：

```
seller:Great
weight=100
price=2345
```

代码分析：

（1）**类的声明和定义**。代码第 7～14 行声明了 Seller 类，代码第 16～25 行声明了 Diamond 类，在 Seller 类中定义了成员函数 show(Diamond& d)；由于编译器在编译到这一行代码的时候，系统发现没有 Diamond 类型，所以会报错。为了解决这个问题，C++中允许"提前声明"，也就是在 Seller 类之前声明 Diamond 类（见第 5 行），这里不需要书写类体，只要告知编译器 Diamond 是一个合法的类型即可，这样系统就能顺利编译。

（2）**友元成员函数的声明和定义**。代码第 24 行声明了 Seller 中的 show(Diamond& d)函数为当前 Diamond 的友元，也就是将当前 Diamond 类中的私有或保护成员的权限开放给 show(Diamond& d)函数，于是在第 38～43 行定义的 show(Diamond& d)函数中，就可以访问 Diamond 类中的私有成员 weight 和 price 了，同时该函数为 Seller 的成员函数，所以在函数内自然能访问 Seller 类的所有成员。声明友元的时候，可以放在任意访问修饰符限制下。

10.10.3 友元类

可以将类 B 声明为类 A 的友元,这样类 A 的所有成员都开放给类 B 使用,使用这种方式声明的语法形式为在类 A 的类体中(不受访问修饰符的限制)加上:**friend B**。

使用这种方式具有以下两个特性。

(1) 单向开放。A 中声明 B 为友元类,则 B 可以访问 A 的成员,而 A 不能访问 B 的友元,简单理解,友元开放是一种单向开放非公有成员给自认为是朋友的类。

(2) 非传递。声明的这种朋友关系不能传递,比如 A 中声明 B 为友元,B 中声明 C 为友元,那 C 并不会天然地就是 A 的友元。

【例 10.18】 Seller(销售商)类对象可以显示 Diamond(钻石)类对象的单价及信息。

程序代码:

```
01   #include <iostream>
02   #include <cstring>
03   using namespace std;
04
05   class Diamond;                              //提前声明
06
07   class Seller
08   {
09   private:
10       char name[20];
11   public:
12       Seller(const char * name);
13       void show(Diamond& d);
14       void unitprice(Diamond& d);
15   };
16
17   class Diamond
18   {
19   private:
20       int weight;
21       double price;
22   public:
23       Diamond(int weight,double price);
24   private:
25       friend Seller;                          //声明友元
26   };
27
28   Diamond::Diamond(int weight,double price)
29   {
30       this->weight=weight;
31       this->price=price;
32   }
33
34   Seller::Seller(const char * name)
35   {
36       strcpy(this->name,name);
37   }
```

```
38
39    void Seller::show(Diamond& d)
40    {
41        cout <<"seller:"<< this->name << endl
42            <<"weight="<< d.weight << endl         //访问 Diamond 的私有成员 weight
43            <<"price="<< d.price << endl;          //访问 Diamond 的私有成员 price
44    }
45
46    void Seller::unitprice(Diamond& d)
47    {
48        cout <<"unit-price="<< 1.0 * d.price/d.weight << endl;
49    }
50
51    int main()
52    {
53        Diamond d(100,2345);
54        Seller s("Great");
55        s.show(d);
56        s.unitprice(d);
57    }
```

运行结果：

```
seller:Great
weight=100
price=2345
unit-price=23.45
```

代码分析：

代码第 25 行中声明了 Seller 类为当前 Diamond 类的友元类，则 Diamod 类的所有成员均开放给 Seller 类使用。于是在第 39 行定义的 Seller 类的成员函数 show(Diamond& d) 以及第 46 行定义的成员函数 unitprice(Diamond& d) 中均可以访问 Diamond 类的私有数据。

10.11 本章小结

本章主要介绍了类的基础知识以及对象的定义使用。类是一种新的数据类型，其中包含了使用访问修饰符限制的成员数据和成员函数。不同的访问权限对应了类外、子类、自身等不同位置处的访问权限。类和对象之间的关系类似于结构体数据类型和结构体变量之间的关系。对象在创建之后首先自动执行构造函数，对象在被释放之前会自动执行析构函数。为了让具有相似功能的类适用于更多的数据类型，可以使用类模板的方法实现。为了在适当的情况下能够在外部访问类内部的非公有成员，可以使用友元的方法。

类的封装性的设计，将不同的成员设计成不同的访问权限来访问，这对于内部成员的保护更加细致，可以减少软件设计开发中的安全隐患，这对于我们理解国家安全中的各类保密级别措施等也很有借鉴意义。

习题 10

1. 简述类和结构体有何区别。
2. 简述类的构造函数和析构函数的作用。
3. 简述静态成员的特征。
4. 简述友元函数的作用。
5. 编写一个程序,设计一个 Date 类,满足下面的要求:
(1) 3 个私有成员数据 year、month、day,分别为整数表示的年、月、日。
(2) 构造函数 Date(int year,int month,int day):能对年、月、日进行初始化。
(3) 输出日期函数 show():用这样的格式输出 2024-5-27。
(4) 将日期增加 n 天的函数 add(int n)。
6. 编写一个程序,设计一个复数 Complex 类,满足下面的要求:
(1) 2 个私有成员数据 real、imag,分别为实部浮点数和虚部浮点数。
(2) 构造函数 Complex(double real,double imag):能用两个浮点数对其成员进行初始化。
(3) 输出函数 show():显示格式为 3+2i。
(4) 支持用友元实现 c3=add(c1,c2)得到两个复数的和。
7. 编写一个程序,设计一个圆柱体 Cylind 类,满足下面的要求:
(1) 2 个私有成员数据 r、h,分别为浮点数的底面半径和高。
(2) 构造函数 Cylind(double r,double h):用两个浮点数对其成员进行初始化。
(3) 输出函数 show(),输出其体积。计算公式为 V=3.14*r*r*h。

第 *11* 章

继 承

CHAPTER *11*

面向对象程序设计中,经常需要重新设计新的类,即使新的类和之前的类比较类似,也需要进行重新编码,这就会增加许多重复的工作量,在 C++ 中提供了继承的技术,使用这种技术可以使得用户重用已有类的代码和功能,从而节约劳动,提高软件开发的质量和效率。

11.1 单继承

"继承"技术提供了一种从已有类获得特性并建立新类的方法。单继承就是从一个已有类获得特征建立新类,多继承是从多个已有类获得特征建立新类。对于已经存在的类称为基类或父类,新建立的类称为派生类或子类。

11.1.1 基础

声明派生类的语法形式如下。

```
class 派生类名:[继承方式]基类名
{
    派生类中的成员
};
```

这里派生类名就是一个类的标识符,后面需要跟着冒号,冒号表示该类从冒号后面的类中继承,也就是重用了后面所跟的基类中的所有特征(成员数据和成员函数),注意,这里说的重用并不意味着能够完全不受限制地使用。

继承方式包括三种,与访问修饰符的关键字相同,分别为 public(公共)、protected(保护)、private(私有),继承方式为可选项,若不写继承方式,则默认为 private。

【例 11.1】 从 Human 类派生 Student 类。
程序代码:

```
01  #include <iostream>
02  #include <cstring>
03  using namespace std;
04
05  class Human
06  {
07  public:
08      char name[20];
09      int height;
10      void setInfo(const char * name, int height)
11      {
12          strcpy(this->name, name);
13          this->height = height;
14      }
15      void showInfo()
16      {
17          cout << name << '\t' << height << endl;
18      }
19  };
20
21  class Student:public Human
22  {
23  public:
24      int weight;
25      double score;
```

```cpp
26      void setStuInfo(int weight, double score)
27      {
28          this->weight = weight;
29          this->score = score;
30      }
31      void showStuInfo()
32      {
33          cout << name <<'\t'<< height <<'\t'<< weight <<'\t'<< score << endl;
34      }
35  };
36
37  int main()
38  {
39      Student stu;
40      stu.setInfo("LI",175);
41      stu.setStuInfo(75,100);
42      stu.showInfo();
43      stu.showStuInfo();
44      return 0;
45  }
```

运行结果：

```
LI    175
LI    175    75    100
```

代码分析：

（1）**基类的定义**。代码第 5～19 行定义了类 Human，该类中定义了 2 个成员数据 name 和 height，还有 2 个成员函数 setInfo() 和 showInfo()，这 4 个成员的访问修饰符均为 public。类在不被派生的时候就是普通的类，只有在有派生关系中，才被称为基类或派生类。

（2）**派生类的定义**。第 21～35 行定义了 Student 类，从第 21 行可以看出，Student 类从 Human 类 public 派生。Student 类中又增加了 4 个成员：2 个成员数据 weight 和 score，2 个成员函数 setStuInfo() 和 showStuInfo()。在 showStuInfo() 函数中，使用了继承自 Human 的 2 个成员数据：name 和 height。

（3）**派生类对象的使用**。第 39 行定义了派生类 Student 对象，随后调用了该对象的 4 个方法，其中有 2 个方法是 Student 新增加的方法，2 个方法是从基类继承下来的方法。

基类 Human 和派生类 Student 的成员如图 11.1 所示。可以看出，基类 Human 的所有成员在派生类 Student 中均存在。而派生类中除了从基类继承来的成员外，还包含了额外定义的成员。

11.1.2 访问属性

类成员的访问属性由其访问修饰符来决定：**public** 修饰的成员在类外部可以访问，**protected** 和 **private** 修饰的成员在类外不可以访问。

基类的所有成员均被派生类继承，定义派生类对象时，派生类对象中包含基类的所有成

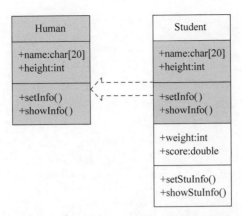

图 11.1 父类 Human 及派生类 Student 成员

员,但派生类对象能否使用继承自基类的成员,这要视这些从基类继承的成员在基类中的访问权限以及派生类从基类派生的继承方式这两个因素来决定。这个规则见表 11.1。

表 11.1 基类成员在派生类中的访问属性

继承方式 基类访问属性	public	protected	private
public	public	protected	private
protected	protected	protected	private
private	不可访问	不可访问	不可访问

从这里可以看出例 11.1 中,基类 Human 的所有成员访问属性均为 public 类型,派生类 Student 从 Human 类 public 继承,所以 Student 类中从基类 Human 中继承下来的成员的访问属性均为 public 类型,因此,在 main()函数中创建 Student 对象时,均可以直接访问 Student 的所有成员。

【例 11.2】 Student 类从 Human 类 private 派生。

程序代码:

```
01  #include <iostream>
02  #include <cstring>
03  using namespace std;
04
05  class Human
06  {
07  private:
08      char name[20];
09      int height;
10  protected:
11      void showInfo()
12      {
13          cout << name <<'\t'<< height << endl;
14      }
15  public:
16      void setInfo(const char * name, int height)
17      {
18          strcpy(this->name, name);
19          this->height = height;
```

```
20        }
21    };
22
23    class Student:private Human
24    {
25    private:
26        int weight;
27    protected:
28        double score;
29    public:
30        void setStuInfo(const char *  name,int height,int weight,double score)
31        {
32            setInfo(name,height);
33            this—>weight=weight;
34            this—>score=score;
35        }
36        void showStuInfo()
37        {
38            showInfo();
39            cout << weight <<'\t'<< score << endl;
40        }
41    };
42
43    int main()
44    {
45        Student stu;
46        stu.setStuInfo("LI",175,75,100);
47        stu.showStuInfo();
48        return 0;
49    }
```

运行结果：

```
LI    175
75    100
```

代码分析：

（1）**private 派生**。代码第 5～21 行为基类 Human，其中 name 和 height 成员数据为 private 访问属性，showInfo()成员函数访问属性为 protected，setInfo()成员函数访问属性为 public。

代码第 23～41 行为派生类 Student，Student 从 Human 私有派生，可以知道 Human 的所有成员在 Student 类中都存在，但对于这些传承给 Student 类的成员的访问属性并不相同：name 和 height 变成不可访问的，也就是说，在 Student 类的内部都不能直接访问这两个成员；showInfo()和 setInfo()这两个成员函数的访问属性变成 private。

而对于 Student 类体内部代码所描述的各种成员，包括私有的 weight，保护的 score，公共的 setStuInfo，showStuInfo 成员分别为其新增加的成员，这些成员只受派生类中直接使用的访问修饰符限制，不受继承方式的影响。

尽管 Student 类中从 Human 继承来的 name 和 height 不能直接访问，但是由于 name 和 height 在 Human 类中在其成员函数 setInfo()和 showInfo()中可以访问，而 setInfo()和

showInfo()函数经过 private 派生后在 Student 类中变成 private 属性,所以在 Student 类中可以直接使用 setInfo()函数和 showInfo()函数对 name 和 height 进行操作,当然 setInfo()和 showInfo()由于访问属性变成 private,在类外这两个函数并不能被访问。

(2) **Student 对象**。main()函数中定义了 Student 对象,显然,可以知道该对象可以直接调用 Student 对象的 public 方法,而对于其他的成员均不能直接访问。

11.1.3 构造函数

派生类的构造函数不能直接继承基类的构造函数,在派生类的构造函数中需要考虑对继承来自基类的成员数据的初始化,同时考虑对派生类中新增加的成员的初始化。

由于基类的成员数据可能不能在派生类中被直接访问,所以在派生类的构造函数中并不一定能够初始化从基类派生下来的成员数据,这就需要在派生类的构造函数中有效地利用基类的构造函数完成对继承下来的成员数据的初始化。

若在基类中没有定义构造函数,或者定义了无参的构造函数,则在定义派生类构造函数时可以不需要调用基类的构造函数,系统将在调用派生类构造函数时首先调用基类的无参或默认构造函数。

另外,派生类中的成员数据除了一般数据类型的数据外,还有可能包含一些对象,对于这些对象的初始化,也需要在派生类的构造函数中实现。

【**例 11.3**】 含子对象的派生类的构造函数示例。

程序代码:

```
01  #include <iostream>
02  #include <cstring>
03  #include <cmath>
04  using namespace std;
05
06  class Point
07  {
08  private:
09      char name[20];
10      int x;
11      int y;
12  public:
13      Point(int x, int y, const char * name)
14      {
15          this->x=x;
16          this->y=y;
17          strcpy(this->name,name);
18          cout<<"Point constructor:"<<name<<endl;
19      }
20      void show()
21      {
22          cout<<name<<":("<<x<<","<<y<<")"<<endl;
23      }
24  };
25
26  class Line:private Point
```

```
27    {
28    private:
29        Point end;
30        double length;
31    public:
32        Line(int x0,int y0,int x1,int y1):Point(x0,y0,"begin"),end(x1,y1,"end")
33        {
34            length=sqrt((x0-x1)*(x0-x1)+(y0-y1)*(y0-y1));
35            cout<<"Line Constructor"<<endl;
36        }
37        void show()
38        {
39            Point::show();
40            end.show();
41            cout<<"length:"<<length<<endl;
42        }
43    };
44    
45    int main()
46    {
47        Line l(1,2,3,4);
48        l.show();
49        return 0;
50    }
```

运行结果：

```
Point constructor:begin
Point constructor:end
Line Constructor
begin:(1,2)
end:(3,4)
length:2.82843
```

代码分析：

（1）**派生类构造函数执行顺序**。Line 类从 Point 类中派生，同时 Line 类中又定义了一个 Point 类的子对象 end。此时，Line 类中所有的成员数据包括 5 个：子对象 end，double 型数据 length，继承自基类的 x、y、name，对这 5 个数据的初始化在 Line 类的构造函数中实现：Line(int x0,int y0,int x1,int y1):Point(x0,y0,"begin"),end(x1,y1,"end")。

根据最后的程序运行结果可知，构造函数执行的是先执行基类的构造函数，然后执行子对象的构造函数，最后执行派生类构造函数体内部的代码。因此，通常包含子对象的派生类的构造函数的语法形式为如下。

派生类构造函数(全部参数表):基类构造函数(基类构造函数参数表),子对象名(子对象类构造函数参数表)
{
    派生类新增成员数据初始化语句
}

这里需要使用参数初始化表的方法实现对基类构造函数的调用以及对子对象的初始化。派生类的构造函数的参数为所有成员数据初始化所需要的全部参数，而基类构造函数以及子对象初始化所需参数为这个全部参数集合的一部分。

派生类构造函数执行的先后顺序为：①执行基类构造函数对派生类中继承自基类的成员数据初始化；②执行子对象类的构造函数对派生类中的子对象初始化；③执行派生类构造函数的函数体中的初始化语句，以完成对剩余的成员数据的初始化。

（2）**派生类中同名函数的使用**。代码第 20 行定义了 Point 类中的 show() 成员函数,代码第 37 行定义了 Line 类中的 show() 成员函数,在 Line 类的 show() 函数中需要显示派生类中继承下来的 x、y 和 name,同时需要显示子对象 end 的信息,由于 x、y 和 name 在 Point 中访问属性为 private,所以在此函数中不能直接访问,因为 Point 类中的 show() 函数为 public,而继承方式为 private,所以该方法成为在 Line 中的 private 访问属性,又由于两个函数名和参数完全一样,那就必须使用**父类名**::**函数名（参数表）**的方式调用从父类继承下来的 show() 方法,如果函数名或参数不完全一样,则不需要加上**父类名**::这种方式来约束。这种思路也同样适用于派生类继承自父类中的同名成员数据的处理。

代码第 48 行调用 Line 类对象的 show() 方法,尽管 Line() 类中有两个 show() 方法,但这两个方法的访问属性不同：继承自父类的 show() 方法为 private,在类外不能访问,而派生类自身的 show() 方法为 public,所以这里调用 show() 方法时会清晰地调用 Line 类新增加的 show() 方法,不会调用 Line 类继承自 Point 类的 show() 方法。

11.1.4 析构函数

与构造函数一样,派生类不能直接继承基类的析构函数,一般而言,从基类继承下来的成员数据由基类析构函数负责清理,而派生类增加的成员数据由派生类析构函数负责清理,系统将会在调用派生类析构函数之前首先自动调用基类的析构函数。

【例 11.4】 派生类析构函数调用示例。

程序代码：

```
01  #include <iostream>
02  #include <cstring>
03  using namespace std;
04
05  class Human
06  {
07  protected:
08      char name[20];
09  public:
10      Human(const char * name)
11      {
12          strcpy(this->name, name);
13          cout <<"Constructor Human:"<< name << endl;
14      }
15      ~Human()
16      {
17          cout <<"Destructor Human:"<< name << endl;
18      }
19  };
20
21  class Student:protected Human
```

```cpp
22  {
23  private:
24      Human helper;
25      double score;
26  public:
27      Student(const char * name,const char * helpername,double score)
28          :Human(name),helper(helpername)
29      {
30          this->score=score;
31          cout<<"Constructor Student:"<<name<<endl;
32      }
33      ~Student()
34      {
35          cout<<"Destructor Student:"<<name<<endl;
36      }
37  };
38
39  int main()
40  {
41      Student s1("zhang1","zhang2",100);
42      Student * ps2=new Student("li1","li2",90);
43      delete ps2;
44      return 0;
45  }
```

运行结果：

```
Constructor Human:zhang1
Constructor Human:zhang2
Constructor Student:zhang1
Constructor Human:li1
Constructor Human:li2
Constructor Student:li1
Destructor Student:li1
Destructor Human:li2
Destructor Human:li1
Destructor Student:zhang1
Destructor Human:zhang2
Destructor Human:zhang1
```

代码分析：

代码第 41 行定义了一个派生类对象 s1，从输出可以看出**其构造函数顺序为：先调用基类构造函数，再调用子对象构造函数，最后调用派生类构造函数**。当退出 main() 函数时，先执行派生类的析构函数，再调用子对象析构函数，最后调用基类析构函数。对于代码第 42 行创建的派生类对象指针 ps2，在析构的时候，也按照同样的顺序执行。所以，**析构函数的执行顺序刚好和构造函数顺序相反**。

11.2 多继承

单继承是派生类从一个基类中继承，类似地，派生类也可以从多个基类中继承，这样派生类中就可以同时具有多个基类的成员数据和成员函数。

11.2.1 基础

与单继承类似,多继承中声明派生类的语法形式如下。

class 派生类名:[继承方式]基类 1 名,[继承方式]基类 2,…
{
    派生类中的成员
};

冒号后面依次为基类的列表,可以从多个基类派生,派生类从每个基类中获得的成员的访问属性由基类成员的相应访问属性和继承方式两者决定,这和其余的基类没有关系。

【例 11.5】 飞行汽车类示例。

程序代码:

```
01  #include <iostream>
02  #include <cstring>
03  using namespace std;
04
05  #define N 80
06  class Car
07  {
08  protected:
09      char name[N];
10  public:
11      Car(const char * name)
12      {
13          strcpy(this->name,name);
14          strcat(this->name,"-car");
15          cout<<"Constructor "<<this->name<<endl;
16      }
17      void run()
18      {
19          cout<<name<<" can run"<<endl;
20      }
21      ~Car()
22      {
23          cout<<"Destructor "<<name<<endl;
24      }
25  };
26
27  class Plane
28  {
29  protected:
30      char name[N];
31  public:
32      Plane(const char * name)
33      {
34          strcpy(this->name,name);
35          strcat(this->name,"-plane");
36          cout<<"Constructor "<<this->name<<endl;
37      }
```

```cpp
38        void fly()
39        {
40            cout << name <<" can fly"<< endl;
41        }
42        ~Plane()
43        {
44            cout <<"Destructor "<< name << endl;
45        }
46  };
47
48  class CarPlane:public Car,public Plane
49  {
50  private:
51        char name[N];
52  public:
53        CarPlane(const char * name):Car(name),Plane(name)
54        {
55            strcpy(this-> name,name);
56            strcat(this-> name,"-carplane");
57            cout <<"Constructor "<< this-> name << endl;
58        }
59        void shift()
60        {
61            cout << Car::name << endl;
62            cout << Plane::name << endl;
63            cout << name <<" can shift"<< endl;
64        }
65        ~CarPlane()
66        {
67            cout <<"Destructor "<< name << endl;
68        }
69  };
70
71  int main()
72  {
73        CarPlane cp("robot");
74        cp.run();
75        cp.shift();
76        cp.fly();
77        return 0;
78  }
```

运行结果：

```
Constructor robot-car
Constructor robot-plane
Constructor robot-carplane
robot-car can run
robot-car
robot-plane
robot-carplane can shift
robot-plane can fly
```

```
Destructor robot-carplane
Destructor robot-plane
Destructor robot-car
```

代码分析：

（1）**多继承派生类的构造函数**。由于派生类不能默认直接使用有参构造函数初始化继承下来的成员，所以若需要调用基类的有参构造函数，可以在派生类的构造函数中利用参数初始化表的方法来实现。代码第 53 行定义了派生类的构造函数 CarPlane(const char * name):Car(name),Plane(name)，可以看出在定义构造函数的头部，依次调用了 2 个基类的有参构造函数，这在观察运行结果的前 3 行也可以看出其执行顺序。

（2）**多继承派生类析构函数**。派生类的析构函数的执行顺序和构造函数的执行顺序相反：先执行派生类的析构函数，然后执行基类的析构函数。

（3）**多继承派生类中的同名成员**。代码第 61～63 行分别输出了基类 Car，基类 Plane 和派生类中的 name 成员。由于 name 这个成员数据在 2 个基类以及派生类中均进行了定义，所以如果不加任何限制地输出（见第 63 行），则将输出派生类的成员，基类的同名成员 name 就被隐藏了，这个特性对于同名的成员函数也是适用的。而若是要输出具体的从某个基类派生下来的成员数据，则需要使用**类名::** 的方法进行修饰，表示特指某个基类派生下来的成员。

本程序中的派生类 CarPlane 以及基类 Car 和 Plane 的成员如图 11.2 所示。可以看出派生类 CarPlane 中包含了基类 Car 和 Plane 的所有成员，并额外增加了定义的一些成员。

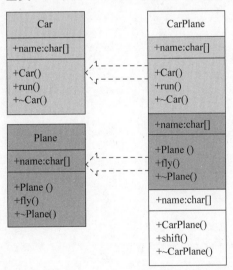

图 11.2　父类 Car 和 Plane 及派生类 CarPlane 成员

11.2.2　二义性

多继承可以使得派生类具有多个基类的属性，但当多个基类中具有同名成员时，在派生类中就具有了多个同名的成员，在使用时就需要使用类名::的方法显式指明该成员（见 11.2.1 节），若这些基类的同名成员是从某个共同基类派生时，在最终派生类中将会出现多个同名且无法用父类名来区分的成员,这会导致访问最终派生类时出现二义性(ambiguous)的错误,也就是系统不知道访问对象的哪一个成员。这种继承现象称为"菱形继承"。

【例 11.6】 二义性示例。

程序代码:

```
01   #include <iostream>
02   #include <cstring>
03   using namespace std;
04
05   #define N 80
06   class Vehicle
07   {
08   public:
09       char name[N];
10   public:
11       Vehicle(const char* name)
12       {
13           strcpy(this->name, name);
14       }
15   };
16
17   class Car:public Vehicle
18   {
19   public:
20       Car(const char* name):Vehicle(name)
21       {
22           strcpy(this->name, name);
23           strcat(this->name, "-car");
24       }
25   };
26
27   class Plane:public Vehicle
28   {
29   public:
30       Plane(const char* name):Vehicle(name)
31       {
32           strcpy(this->name, name);
33           strcat(this->name, "-plane");
34       }
35   };
36
37   class CarPlane:public Car, public Plane
38   {
39   public:
40       CarPlane(const char* name):Car(name), Plane(name)
41       {
42       }
43   };
44
45   int main()
46   {
47       CarPlane cp("robot");
```

```
48      //cout << cp.name << endl;           //报错
49      cout << cp.Plane::name << endl;
50      cout << cp.Car::name << endl;
51      //cout << cp.Vehicle::name << endl;   //报错
52      return 0;
53  }
```

运行结果：

robot-plane
robot-car

代码分析：

（1）**类的继承关系**。首先定义了一个类 Vehicle，然后定义了 Vehicle 的公共派生类 Car，再定义了 Vehicle 的公共派生类 Plane，最后定义了 CarPlane 类从 Car 类和 Plane 类公共派生。

在 Vehicle 类中定义了 public 成员 name，可以看出该 name 成员将会出现在 Car 类、Plane 类、CarPlane 类中，而在 CarPlane 类中会出现 2 个 name 成员，分别从其两个基类中派生一个。

对每一个类的构造函数定义时会同时调用其直接基类的构造函数。

（2）**访问对象的成员**。代码第 49 行、第 50 行输出了 CarPlane 对象的 2 个 name 成员，这里可以看出，使用了**类名::成员**的方式指明该 name 是从哪一个基类继承下来的 name。

若采用类似于第 48 行或第 51 行的代码形式，系统将会报二义性（ambiguous）的错误（见图 11.3），因为系统无法判断该行代码所指的 name 究竟是对象内存中的哪一个 name。

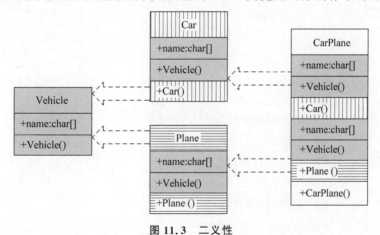

图 11.3 二义性

11.2.3 虚继承及虚基类

为了消除二义性错误，C++提供了虚基类的技术来保证最终派生类中只保留间接基类的唯一成员，比如 11.2.2 节中所举的例子，如果最终 CarPlane 类中只保留唯一一份从 Vehicle 类继承下来的 name，那么二义性的问题自然消除。

消除二义性的技术方法主要是通过定义派生类时，在继承方式前面加上 virtual 来将该继承的基类定义成虚基类来实现的,注意这种定义的方式仅作用于这一条派生路径,对于基类来说,若在其他地方被派生时,没有用 virtual 修饰,则在其他派生路径上无效,也就是不能称为虚基类。

只要是多个派生类均从一个虚基类派生,那么最终从这些派生类再次通过多继承的方式派生的类只会存在一份虚基类的成员,而不像二义性那样会存在多份基类的成员。

【例 11.7】 虚基类使用示例。

程序代码:

```
01  #include <iostream>
02  #include <cstring>
03  using namespace std;
04
05  #define N 80
06  class Vehicle
07  {
08  public:
09      char name[N];
10  public:
11      Vehicle(const char* name)
12      {
13          strcpy(this->name, name);
14      }
15  };
16  //Vehicle 为虚基类
17  class Car: virtual public Vehicle
18  {
19  public:
20      Car(const char* name): Vehicle(name)
21      {
22          strcpy(this->name, name);
23          strcat(this->name, "-car");
24      }
25  };
26  //Vehicle 为虚基类
27  class Plane: virtual public Vehicle
28  {
29  public:
30      Plane(const char* name): Vehicle(name)
31      {
32          strcpy(this->name, name);
33          strcat(this->name, "-plane");
34      }
35  };
36
37  class CarPlane: public Car, public Plane
38  {
39  public:
40      //Vehicle 虚基类构造函数首先调用
41      CarPlane(const char* name): Vehicle(name), Car(name), Plane(name)
42      {
43      }
```

```
44    };
45
46    int main()
47    {
48        CarPlane cp("robot");
49        cout << cp.name << endl;
50        cout << cp.Plane::name << endl;
51        cout << cp.Car::name << endl;
52        cout << cp.Vehicle::name << endl;
53        return 0;
54    }
```

运行结果：

```
robot-plane
robot-plane
robot-plane
robot-plane
```

代码分析：

（1）**虚基类的定义**。虚基类定义的语法形式如下。

```
class 派生类名:virtual [继承方式] 基类名
{
    派生类成员
}
```

在继承方式之前加上 virtual，则相应的基类被定义成了虚基类。在本示例中，Car 类和 Plane 类均是将 Vehicle 类定义成虚基类。

注意：虚基类不是在定义基类的时候实现的，而是在定义派生类的时候将该基类定义成虚基类的，基类仍然可以在被其派生类继承时作为一般的基类来使用。

（2）**派生类构造函数**。代码第 41 行在派生类构造函数中，需要使用参数列表方法调用虚基类（间接基类）的构造函数，再调用直接基类的构造函数。

（3）**派生类对象成员访问**。代码第 49～52 行均访问了 CarPlane 对象的成员 name，根据输出结果可以看出所有输出结果均相同。从代码及运行结果可以知道，在 CarPlane 对象的内存空间中，只有一个 name 成员的空间，所以二义性的问题就不存在了。

11.3 本章小结

本章主要介绍了单继承和多继承，继承提供了复用现有代码资源的一种技术方法。根据派生的基类数量分类，可以分成单继承和多继承两类。单继承是从一个基类派生，基类成员在派生类中的主要特征包括三点：所有基类声明的成员均在派生类中存在；基类的私有成员在派生类中均不可直接（用 this 指针）访问；基类的非私有成员在派生类中的访问权限是由其在基类中的访问权限以及派生方式两者中较严格的一个来确定的。多继承从多个基类派生，其每一个基类中的成员在派生类中的特征均相当于一个单继承。由于多个基类可能存在同名的情况（二义性），所以可以通过派生类定义重名成员、类作用域限定符或虚继承及虚基类等三种方式来消除。

熟练使用继承可以提高程序开发的效率，犹如在文化上我们传承传统，科学上站在前人肩膀上，这对于更好地继承与发展建设我们的科学和文化也有启迪意义。

习题 11

1. 简述基类中成员在派生类中的访问属性。
2. 简述派生类(派生类中具有子对象和构造函数)中构造函数和析构函数的执行顺序。
3. 简述多继承中的二义性如何消除。
4. 定义一个 Animal 类，满足如下条件：
(1) 拥有两个私有成员：编号 id 和名字 name。
(2) 2 个参数的构造函数 Animal(int id,char name[20])，可以初始化编号和名字。
(3) 输出函数 showAnimal()，可以输出编号和名字。

再定义一个从 Animal 类继承的 Dog 类，满足如下条件：
(1) 拥有两个私有成员：品种 kind 和年龄 age。
(2) 4 个参数的构造函数 Dog(int id,char name[20],int age,char kind[20])，可以初始化品种和年龄。
(3) 输出函数 showDog()，可以输出品种和年龄。

最终编写一个 main()函数，可以创建 Dog 对象，读入编号、名字、年龄、品种，并能输出这些信息。

5. 定义一个 Rectangle 类，满足如下条件：
(1) 拥有两个私有成员：长 length 和宽 width。
(2) 2 个参数的构造函数 Rectangle(ing length,int width)，可以初始化长和宽。
(3) 计算面积函数 area()。

再定义一个从 Rectangle 类继承的 Cube 类，满足如下条件：
(1) 拥有一个私有成员：高 height。
(2) 3 个参数的构造函数 Cube(int length,int width,int height)，可以初始化长、宽、高。
(3) 计算体积函数 volume()。

最终编写一个 main()函数，可以创建 Cube 对象，读入长、宽、高，并能输出底面积和体积。

6. 定义一个 Point 类，满足如下条件：
(1) 拥有两个私有成员：横坐标 x 和纵坐标 y。
(2) 2 个参数的构造函数 Point(int x,int y)。

再定义一个从 Point 继承的 Line 类，满足如下条件：
(1) 拥有一个私有成员 Point 对象。
(2) 构造函数 Line(x1,y1,x2,y2)：使用 4 个参数的构造函数初始化继承下来的(x,y)以及私有成员 Point 对象的内部成员。
(3) 计算长度的函数 length()，计算其继承下来的(x,y)和私有成员 Point 对象之间的距离。

最终编写一个 main() 函数,根据输入的 4 个整数构造 Line 对象,输出长度。

7. 定义一个 Person 类,编写一个从 Person 派生的 Teacher 类,一个从 Person 派生的 Student 类,一个从 Teacher 和 Student 派生的 Assistant 类。具体要求如下:

(1) Person 类需要满足的条件:①拥有两个私有成员:编号 id 和姓名 name。②构造函数 Person(int id,char name[20])。③输出函数 show():输出 id 和 name。

(2) Teacher 类需要满足的条件:①拥有私有成员:任教科目 subject。②构造函数 Teacher(int id,char name[20],char subject[20])。③输出函数 showsubject():输出 subject。

(3) Student 类需要满足的条件:①拥有私有成员:年龄 age。②构造函数 Student(int id,char name[20],int age)。③输出函数 showage():输出 age。

(4) Assistant 类需要满足的条件:构造函数 Assistant(int id,char name[20],char subject[20],int age)。

最终编写一个 main 函数,读入编号、姓名、科目、年龄,初始化一个 Assistant 对象,然后调用对象的各显示方法,输出编号、姓名、科目、年龄。

第12章 多态

CHAPTER 12

多态(polymorphism)是指同一个事物具有多种形态。对于C++程序来说,多态是指向不同的对象发送同一个消息(调用不同对象的同名的成员函数),不同的对象会产生不同的行为。

多态分成两大类:静态多态和动态多态。静态多态是程序在编译阶段可以确定函数具体是调用定义的哪一个函数,技术上是通过函数重载来实现的。动态多态不是在编译时候确定具体调用哪一个函数,而是在运行过程中才确定,技术上是通过虚函数来实现的。

12.1 基类派生类对象赋值

不同类型的数据之间可以隐含实现自动转换和赋值,这种现象称为类型的赋值兼容(见2.3.7节)。对于基类和派生类两者之间,也存在从派生类对象向基类对象的自动转换。不过这需要满足一定的前提条件:公共继承。

从继承方式可以看出,只有公共(public)继承时,基类的所有成员可以在派生类中保持访问属性不变。而当派生类对象赋值给基类对象时,相当于创建了一个拥有完整派生类成员数据子集的完整基类对象。而若将基类对象直接赋给派生类对象是行不通的,因为派生类对象中还有许多额外增加的成员数据,这些数据的值并不能在赋值时确定。

这种转换或赋值可以发生在以下情形下:
(1) 派生类对象可以赋给基类对象。
(2) 派生类对象可以初始化基类对象引用。
(3) 派生类对象地址可以赋给基类对象指针。
(4) 参数为基类对象时,均可以按照(1)、(2)、(3)的原则用派生类对象传入。

【例12.1】 基类派生类对象赋值兼容示例。
程序代码:

```
01  #include<iostream>
02  using namespace std;
03
04  class Point
05  {
06  private:
07      int x;
08      int y;
09  public:
10      Point(int x,int y)
11      {
12          this->x=x;
13          this->y=y;
14      }
15      void show()
16      {
17          cout<<"Point:("<<x<<","<<y<<")"<<endl;
18      }
19  };
20
21  class Circle:public Point
22  {
23  private:
24      int r;
25  public:
26      Circle(int x,int y,int r):Point(x,y)
27      {
28          this->r=r;
29      }
```

```
30      Circle(Circle& c):Point(c)
31      {
32          r=c.r;
33      }
34      void show()
35      {
36          cout<<"Circle:"<< r << endl;
37      }
38  };
39
40  int main()
41  {
42      Circle c1(2,3,10);
43      c1.show();
44      Circle c2(c1);
45      c2.show();
46      Point p(0,0);
47      p=c1;
48      p.show();
49      Point * pp=&c1;
50      pp->show();
51      Point &rp=c1;
52      rp.show();
53      return 0;
54  }
```

运行结果:

```
Circle:10
Circle:10
Point:(2,3)
Point:(2,3)
Point:(2,3)
```

代码分析:

(1) **派生类对象赋给基类对象相关**。首先要确保继承方式为public(代码第21行表明Circle类从Point类public派生)。

代码第47行将派生类对象赋值给基类对象;代码第49行将派生类对象地址赋值给基类对象指针;代码第51行用派生类对象初始化基类对象引用。

赋值成功之后,代码第48行、50行、52行调用的show()函数为基类中的成员函数,并不是派生类中的成员函数,尽管pp和rp实际上指向一个派生类对象,但它不能访问派生类对象中的成员,只能访问基类中的成员。

(2) **使用派生类对象传入参数**。代码第30行定义了派生类Circle的构造函数,其中,直接用派生类对象初始化基类复制构造函数(默认)的参数,由于基类复制构造函数的参数为基类对象引用,这里用派生类对象也是可行的。

12.2 虚函数

虚函数技术是C++中用于实现动态多态的技术。在基类的成员函数定义之前加上

virtual 关键字，则该函数就成为了一个虚函数。当定义了一个虚函数后，在派生类中可以重定义此函数(定义一个和此函数同名、同参、同返回值的成员函数)，程序运行过程中，可以通过基类的指针或引用来指向某个派生类对象，在运行时，系统将会自动调用相应派生类的成员函数，这就实现了运行时候的多态。

【例 12.2】 虚函数使用示例。

程序代码：

```
01   #include <iostream>
02   using namespace std;
03
04   class Shape
05   {
06   public:
07       void show()
08       {
09           cout<<"Shape"<<endl;
10       }
11       virtual void area()
12       {
13           cout<<"area=0"<<endl;
14       }
15   };
16
17   class Circle:public Shape
18   {
19   private:
20       const double PI=3.14159;
21       int r;
22   public:
23       Circle(int r)
24       {
25           this->r=r;
26       }
27       void show()
28       {
29           cout<<"Circle"<<endl;
30       }
31       void area()
32       {
33           cout<<"area="<<PI*r*r<<endl;
34       }
35   };
36
37   class Square:public Shape
38   {
39   private:
40       int length;
41   public:
42       Square(int length)
43       {
44           this->length=length;
```

```cpp
45        }
46        void show()
47        {
48            cout<<"Square"<<endl;
49        }
50        void area()
51        {
52            cout<<"area="<<length*length<<endl;
53        }
54    };
55
56    int main()
57    {
58        Circle c(5);
59        Square s(10);
60        //派生类对象方法调用
61        c.show();
62        c.area();
63        s.show();
64        s.area();
65        //将派生类对象赋给基类对象
66        Shape obj=c;
67        obj.show();
68        obj.area();
69        obj=s;
70        obj.show();
71        obj.area();
72        //将派生类对象地址赋给基类对象指针
73        Shape *pobj=&c;
74        pobj->show();
75        pobj->area();
76        pobj=&s;
77        pobj->show();
78        pobj->area();
79        //将派生类对象初始化基类对象引用
80        Shape &rc=c;
81        rc.show();
82        rc.area();
83        Shape &rs=s;
84        rs.show();
85        rs.area();
86        return 0;
87    }
```

运行结果：

```
Circle
area=78.5397
Square
area=100
Shape
area=0
```

```
Shape
area=0
Shape
area=78.5397
Shape
area=100
Shape
area=78.5397
Shape
area=100
```

代码分析：

（1）**基类及虚函数的定义**。第 4~15 行定义了类 Shape，以及 2 个成员函数：一个函数为一般成员函数 show()，另一个函数为虚函数 area()。

（2）**派生类及与虚函数同名函数的定义**。定义了 2 个从 Shape 类派生的类 Circle 和 Square，其中各自重新定义了与基类中同名的两个成员函数 show() 和 area()。

（3）**派生类对象赋值给基类对象**。在 main() 函数中，分别定义了 2 个派生类对象，并将该派生类对象赋值给基类对象（见代码第 66 行、第 69 行），然后调用该基类对象的 show() 和 area() 函数，根据输出结果可以看出，调用的分别为基类中的两个成员函数，并没有表现出任何的多态性。

（4）**多态性**。若定义基类对象指针及引用，将派生类对象的地址赋给基类对象的指针，或者用派生类对象初始化基类对象的引用，则通过基类对象的指针或者引用调用两个成员函数 show() 和 area() 的时候，可以发现调用 show() 函数，调用的仍然是基类的 show() 函数，而调用 area() 函数时，则调用了派生类对象的 area() 函数，这就表明，当在基类成员函数之前加上 virtual 修饰时，则该函数为虚函数，在派生类中重定义该同名函数时，通过基类指针或引用调用该虚函数会表现出多态特性。

12.3 纯虚函数

为了实现多态，基类中的虚函数实际上并不会被调用，调用的是派生类中的同名函数。同时，不能创建基类的对象，并将派生类对象赋给基类的对象，如果这样操作的话，也不能实现多态。

C++提供了一种进一步强化虚函数的纯虚函数技术，具体语法形式如下：

virtual 函数类型 函数名（参数列表）[const]＝0；

这是一个声明纯虚函数的语句，末尾有分号，没有函数体，直接写上"＝0"，这里只是形式上的限制，并不是函数返回 0。const 为可选项。

至少包含一个纯虚函数的类称为抽象类，这种类不能直接创建对象。基于该类进行派生时，必须强制重新定义纯虚函数，如果没有定义，则派生类中该成员函数仍为纯虚函数，因而派生类对象仍然不能创建对象。

可以看出，抽象类的作用就是为实现多态性而实现的，在应用中只可以定义基类的指针或引用，进而调用相关纯虚函数在派生类中的实现从而实现多态。

【例 12.3】 抽象类示例。

程序代码：

```
01  #include <iostream>
02  using namespace std;
03
04  class Shape
05  {
06  public:
07      void show()
08      {
09          cout<<"Shape"<<endl;
10      }
11      virtual void area()const =0;
12  };
13
14  class Circle:public Shape
15  {
16  private:
17      const double PI=3.14159;
18      int r;
19  public:
20      Circle(int r)
21      {
22          this->r=r;
23      }
24      void show()
25      {
26          cout<<"Circle"<<endl;
27      }
28      void area() const
29      {
30          cout<<"area="<<PI*r*r<<endl;
31      }
32  };
33
34  class Square:public Shape
35  {
36  private:
37      int length;
38  public:
39      Square(int length)
40      {
41          this->length=length;
42      }
43      void show()
44      {
45          cout<<"Square"<<endl;
46      }
47      void area() const
48      {
49          cout<<"area="<<length*length<<endl;
50      }
```

```
51      };
52
53      int main()
54      {
55          Circle c(5);
56          Square s(10);
57          //将派生类对象地址赋给基类对象指针
58          Shape * pobj=&c;
59          pobj->show();
60          pobj->area();
61          pobj=&s;
62          pobj->show();
63          pobj->area();
64          //将派生类对象初始化基类对象引用
65          Shape &rc=c;
66          rc.show();
67          rc.area();
68          Shape &rs=s;
69          rs.show();
70          rs.area();
71          return 0;
72      }
```

运行结果：

Shape
area=78.5397
Shape
area=100
Shape
area=78.5397
Shape
area=100

代码分析：

在基类 Shape 中将 area() 函数定义成纯虚函数，show() 函数仍然为一般函数，在 main() 函数中分别定义 Shape 的对象指针或对象引用，指向派生类对象，可以看出在调用 area() 函数时表现出多态的特性，而调用 show() 函数时并没有表现出多态性。

如果在 main() 函数中直接创建 Shape 对象，则编译时会报错。

12.4 虚析构函数

析构函数可以在对象被从内存释放之前做一些必要的辅助工作。派生类对象在被释放时会首先调用自身的构造函数，然后再调用基类的析构函数，这和构造函数调用的顺序相反。

派生类对象如果使用 new 来创建，用 delete 来释放，则一般情况下也会按照同样的规则，但当派生类对象用 new 创建之后直接赋值给基类对象指针后，再用 delete 删除基类对象指针时，系统将自动调用基类的析构函数，而不会调用派生类的构造函数，这会造成派生类对象中可能的内存泄漏(比如在派生类中用 new 创建了某些成员数据,并在析构函数中用 delete 释放了内存)。

先前的虚函数技术提供了一种让基类对象指针或引用调用派生类函数的方法,所以可以将基类的析构函数定义成虚拟(virtual)类型,这样在使用 delete 释放基类对象指针所指向内存空间(实际上指向派生类对象)时,可以同时调用派生类析构函数和基类析构函数,这样可以避免内存泄漏。

【例 12.4】 虚析构函数示例。

程序代码：

```
01    #include <iostream>
02    using namespace std;
03
04    class Shape
05    {
06    public:
07        ~Shape()
08        {
09            cout<<"Destructor Shape"<<endl;
10        }
11    };
12
13    class Circle:public Shape
14    {
15    public:
16        ~Circle()
17        {
18            cout<<"Destructor Circle"<<endl;
19        }
20
21    };
22
23    class Point
24    {
25    public:
26        virtual ~Point()
27        {
28            cout<<"Destructor Point"<<endl;
29        };
30    };
31
32    class Line:public Point
33    {
34    public:
35        ~Line()
36        {
37            cout<<"Destructor Line"<<endl;
38        }
39    };
40
41    int main()
```

```
42  {
43      //创建派生类对象赋值给派生类对象指针
44      Circle  * pc=new Circle;
45      delete pc;
46      //创建派生类对象赋值给基类(不含虚析构函数)对象指针
47      Shape  * ps=new Circle;
48      delete ps;
49      //创建派生类对象赋值给基类(含虚析构函数)对象指针
50      Point  * pp=new Line;
51      delete pp;
52      return 0;
53  }
```

运行结果：

```
Destructor Circle
Destructor Shape
Destructor Shape
Destructor Line
Destructor Point
```

代码分析：

（1）**包含普通析构函数的基类及其派生类**。定义了 Shape 基类及 Circle 派生类，其中 Shape 类中包含了普通析构函数，Circle 类中也为普通析构函数。

（2）**包含虚析构函数的基类及其派生类**。定义了 Point 基类及 Line 派生类，其中 Point 类中包含虚析构函数，Line 类中为普通析构函数。

（3）**各指针的动态创建及释放**。main()函数中第 44 行创建了创建派生类 Circle 对象赋值给派生类 Circle 对象指针，第 45 行释放了该对象，可以看到对象释放时，先后调用派生类析构函数及基类的析构函数。

第 47 行创建了创建派生类 Circle 对象赋值给基类 Shape 对象指针，第 48 行释放了该对象，可以看到只调用了基类的析构函数，并没有调用派生类的析构函数。

第 50 行创建了创建派生类 Line 对象赋值给基类 Point 对象指针，第 51 行释放了该对象，可以看到，在调用时既调用了派生类析构函数，也调用了基类的析构函数，这就保证了对象内存空间完整正确地被释放了。

因此，由于设计的类将来可能会被用于作为某些派生类的基类，为了防止发生内存泄漏等问题，在实际程序设计过程中，一般将析构函数声明为虚析构函数(但不能为纯虚函数)。

12.5 本章小结

本章介绍了面向对象技术中的多态技术，多态可以通过三个步骤来实现：首先定义基类中的虚函数，其次在派生类中重定义该虚函数，最后在使用时创建基类对象的指针或引用来调用虚函数。此时调用的函数即为派生类中的同名虚函数。为了更有效地使用多态技术，将基类中的虚函数定义为纯虚函数，此时可以在编译阶段确保派生类中必须重定义虚函数，在调用函数时必须使用基类指针或引用，从而避免使用多态技术中的误用。为避免派生类对象动态创建与释放中的内存泄漏问题,需要将基类的析构函数定义为虚函数。

多态技术体现了程序设计中的一致性和多样性的有机统一,类似于我国实行的统一战线的工作思想:在充分尊重多样性的基础上,一致性程度越高,统一战线团结的基础越牢;在不断巩固一致性的基础上,多样性范围越宽,统一战线团结的力量越大。

习题 12

1. 简述多态性包括哪些技术。
2. 简述虚函数的作用和实现步骤。
3. 简述使用纯虚函数的作用。
4. 简述虚析构函数的作用。
5. 编写一个 Point 抽象类,满足如下要求:

(1) 两个私有成员,整型横坐标 x 和纵坐标 y。
(2) 构造函数:两个参数。
(3) 包含一个纯虚函数 getArea()。

编写一个从 Point 派生的 Rectangle 类,满足如下要求:

(1) 两个私有成员,长度 length,宽度 width。
(2) 构造函数,4 个参数,用于初始化内部参数。
(3) 输出面积函数 getArea()。

编写一个从 Point 派生的 Circle 类,满足如下要求:

(1) 两个私有成员,半径 radius。
(2) 构造函数,三个参数,用于初始化内部参数。
(3) 输出面积 getArea()。

main() 函数中创建不同的派生类对象,将其赋给基类对象指针,实现对 getArea() 的多态调用。圆周率 pi 取 3.14。

6. 编写一个抽象基类 Shape,由它派生出 2 个派生类:Square(正方形)、Triangle(三角形)。用虚函数 Area() 分别计算几种图形面积。写一个函数 double totalarea(shape * s[], int n)。main() 函数中读入 2 行数据,依次为 1 个正方形和 1 个三角形的参数,调用完 totalarea() 函数后,输出结果。圆周率 pi 取 3.14。

7. 编写一个 Animal 抽象类,其中有纯虚函数 speak() 方法。在此基础上,派生出 Cat 类、Dog 类、Mouse 类。speak() 函数来输出动物的叫声,例如,小猫叫声是"miao, maio…",小狗的叫声是"wang, wang…",老鼠的叫声是"zhi, zhi…"。编写一个测试程序,依次输出叫声(使用 new 动态创建 Cat 对象 cat,Dog 对象 dog,Mouse 对象 mouse,并赋值给基类对象 Animal 指针来实现)。

第13章

运算符重载

CHAPTER *13*

　　函数重载可以对一个已有的同名函数重新定义,从而使得一个函数名可以适应不同类型的参数,从而具有了多种功能。

　　运算符重载也是一种函数重载,它是对运算符进行重新定义,使得现有的运算符可以适用于用户自定义的类。使用运算符重载的技术,可以拓展自定义类的功能,能更直观、更便捷地使用类和对象。

13.1 实现基础

对运算符重载主要有以下两种方式实现。

（1）**利用成员函数形式实现运算符重载**。例如，函数调用运算符"()"、赋值运算符"="、下标访问运算符"[]"、成员访问运算符"->"等必须使用成员函数实现运算符重载。

（2）**利用友元函数形式实现运算符重载**。例如，流的插入运算符"<<"和流的提取运算符">>"必须用友元函数实现运算符重载。

其他运算符使用这两种方式重载皆可，一般情况下将双目运算符设计成用友元函数实现，单目运算符用成员函数实现，这样实现代码比较直观。

13.1.1 示例：成员函数实现

通常情况下，用户自定义的类要实现某种功能则需要定义某个成员函数，例如，一个表示二维空间的向量类 Vector，现在定义有两个向量对象 v1(x1,y1) 和 v2(x2,y2)，若需要求两者的和，则可以在向量类 Vector 中定义一个 add() 成员函数，在使用时可以用 v1.add(v2) 实现这一功能。然而若在设计时，让 Vector 类可以支持算术运算符"+"的功能，则程序中可以用 v1+v2 实现向量加，这会使程序更加直观。

【例 13.1】 成员函数实现向量加法运算符重载。

程序代码：

```
01  #include <iostream>
02  using namespace std;
03
04  class Vector
05  {
06  private:
07      int x;
08      int y;
09  public:
10      Vector(int x=0, int y=0)
11      {
12          this->x=x;
13          this->y=y;
14      }
15      //使用普通成员函数实现向量加法
16      Vector add(Vector& v)
17      {
18          Vector rv;
19          rv.x=x+v.x;
20          rv.y=y+v.y;
21          return rv;
22      }
23      //使用加法运算符重载函数实现向量加法
24      Vector operator+(Vector& v)
25      {
26          Vector rv;
27          rv.x=x+v.x;
```

```
28              rv.y=y+v.y;
29              return rv;
30          }
31          void show()
32          {
33              cout<<'('<<x<<','<<y<<')'<<endl;
34          }
35      };
36      int main()
37      {
38          Vector v1(1,2),v2(3,4),v3,v4;
39          v3=v1.add(v2);
40          v4=v1+v2;
41          v3.show();
42          v4.show();
43          return 0;
44      }
```

运行结果：

(4,6)
(4,6)

代码分析：

(1) 使用普通成员函数实现向量加。代码第 15～22 行定义了类的成员函数 Vector add(Vector& v)，其中函数类型为 Vector，函数名为 add，函数的参数为 Vector 的引用(这里也可以不用引用,但那样会增加参数传递的代价)。第 39 行在 main()函数中调用了 add()函数，根据输出结果可以看出最终实现了两个向量的加。

(2) 使用运算符重载函数实现向量加。代码第 23～30 行定义了类的一个成员函数 Vector operator+(Vector& v)，其中函数类型和函数参数和先前的 add()函数相同，只是函数名为"operator+"，这是一个加法"+"运算符的重载，在 C++中,运算符重载的函数命名为"**operator 运算符**"，其他包括函数类型和函数参数与一般函数一样，在第 40 行 main()函数中使用 v1+v2 实现了和 add()函数相同的功能,可以看到使用这种形式书写代码更加直观。

13.1.2 示例：友元函数实现

同样实现上例中的功能，这里用友元函数形式进行实现。

【例 13.2】 友元函数实现向量加法运算符重载。
程序代码：

```
01  #include<iostream>
02  using namespace std;
03
04  class Vector
05  {
06  private:
07      int x;
08      int y;
```

```
09    public:
10        Vector(int x=0,int y=0)
11        {
12            this->x=x;
13            this->y=y;
14        }
15        void show()
16        {
17            cout<<'('<<x<<','<<y<<')'<<endl;
18        }
19        //友元形式,加法运算符重载函数实现向量加法
20        friend Vector operator+(Vector& v1,Vector& v2);
21    };
22
23    Vector operator+(Vector& v1,Vector& v2)
24    {
25        Vector rv;
26        rv.x=v1.x+v2.x;
27        rv.y=v1.y+v2.y;
28        return rv;
29    }
30
31    int main()
32    {
33        Vector v1(1,2),v2(3,4),v3;
34        v3=v1+v2;
35        v3.show();
36        return 0;
37    }
```

运行结果:

(4,6)

代码分析:

(1) **运算符重载函数的定义及使用**。代码第 23～29 行定义了一个全局函数 Vector operator+(Vector& v1,Vector& v2),在代码第 20 行将该函数声明为 Vector 类的友元函数。在代码第 34 行使用该函数实现了两个 Vector 对象的相加。

(2) **与成员函数实现运算符重载的区别**。成员函数实现运算符重载时,其内部可以用 this 指针访问当前类的成员,因此在实现时可以少写一个参数,比如例 13.1 中使用函数 Vector operator+(Vector& v)实现向量加,这里使用 Vector operator+(Vector& v1,Vector& v2)实现向量加。

成员函数实现 v3=v1+v2 时,编译器将表达式翻译成:v3=v1.operator+(v2);用友元函数实现 v3=v1+v2 时,编译器将表达式翻译成 v3=operator+(v1,v2)。当然,在一个程序中不能同时用这两种方式实现同样的运算符重载,否则在 main()函数中使用时会出现二义性错误。

因此,用友元函数实现运算符重载功能,需要的操作数比使用成员函数实现同样的功能要多一个参数。

不过，使用友元函数实现运算符重载时比用成员函数时对第一个参数的要求会更灵活，它不要求第一个参数为用户定义的类，可以是任意的类型，这也就是为何实现流插入"<<"及流提取">>"运算符重载时必须用友元函数实现的原因。

13.2 双目运算符重载

对于算术双目运算符，包括算术运算符（加"+"，减"-"，乘"*"，除"/"，求余"%"）的重载均可以参考前一节中的示例来实现。由于其中的两个操作数均为同一类型的对象，则可以只用一个运算符重载函数实现运算功能，自身也满足交换律的要求，而若其中的两个操作数不是同一种类型时，当需要满足交换律的时候，就需要用两个重载函数实现同一个算术运算。

对于其他双目运算符，比如逻辑运算中的（&&，||）或者位运算中的（&，|）等均可以采取类似的思路来实现。

【例 13.3】 加法运算符"+"重载示例。
程序代码：

```
01  #include <iostream>
02  using namespace std;
03
04  class Vector
05  {
06  private:
07      int x;
08      int y;
09  public:
10      Vector(int x=0,int y=0)
11      {
12          this->x=x;
13          this->y=y;
14      }
15      void show()
16      {
17          cout<<'('<<x<<','<<y<<')'<<endl;
18      }
19      //当前对象与一个整数的算术加法运算
20      Vector operator+(int n)
21      {
22          Vector rv;
23          rv.x=x+n;
24          rv.y=y;
25          return rv;
26      }
27      //一个整数与向量对象的加法运算
28      friend Vector operator+(int n,Vector& v);
29  };
30
31  Vector operator+(int n,Vector& v)
```

```
32    {
33        Vector rv;
34        rv.x=v.x;
35        rv.y=v.y+n;
36        return rv;
37    }
38
39    int main()
40    {
41        Vector v1(1,2),v2;
42        v2=v1+10;
43        v2.show();
44        v2=100+v1;
45        v2.show();
46        return 0;
47    }
```

运行结果：

```
(11,2)
(1,102)
```

代码分析：

（1）向量与整数的加。第 42 行 v2=v1+10，将调用向量与整数的加法运算，也就是第 20 行重载的加法运算符函数，该函数用成员函数实现。随后显示 v2 的值（见运行结果第 1 行）。

（2）整数与向量的加。第 44 行 v2=100+v1，将调用整数与向量的加法运算，也就是第 28 行重载的加法运算符函数，该函数用友元函数实现。随后显示 v2 的值（见运行结果第 2 行）。

13.3 关系运算符重载

C++支持各种关系运算符，包括＜、＞、＜=、＞=、==、!=等，它们可用于比较 C++内置的数据类型。可以用成员函数或友元函数重载这些关系运算符，重载后的关系运算符可用于比较类的对象。

【例 13.4】 小于运算符"＜"示例。

程序代码：

```
01    #include <iostream>
02    using namespace std;
03
04    class Vector
05    {
06    private:
07        int x;
08        int y;
```

```
09   public:
10       Vector(int x=0,int y=0)
11       {
12           this->x=x;
13           this->y=y;
14       }
15       //对象比较
16       bool operator<(Vector& v)
17       {
18         if(x<v.x&&y<v.y)
19         {
20             return true;
21         }
22         return false;
23       }
24   };
25
26   int main()
27   {
28       Vector v1(1,2),v2(3,4);
29       if(v1<v2)
30       {
31           cout<<"v1 is less than v2"<<endl;
32       }
33       else
34       {
35           cout<<"v1 is not less than v2"<<endl;
36       }
37       return 0;
38   }
```

运行结果:

```
v1 is less than v2
```

代码分析:

代码第 16~23 行定义了对象之间小于(<)的关系运算符重载函数,其返回值为布尔类型。在 main()函数中第 29 行对两个对象进行了比较 v1<v2 的判断,编译器将其翻译成 v1.operator<(v2),则顺利调用先前定义的(<)关系运算符重载函数。

13.4 单目运算符重载

单目运算符包括自增(++),自减(--),负号(-),逻辑非(!)运算符几种,其中自增和自减运算符还包括运算符的前置和后置两种情况。

前置自增(++),前置自减(--),负号(-),以及逻辑非(!)的运算符重载类似,而后置自增(++)以及后置自减(--)情况稍有不同。

【例 13.5】 单目运算符重载示例。

程序代码：

```cpp
01  #include <iostream>
02  using namespace std;
03
04  class Vector
05  {
06  private:
07      int x;
08      int y;
09  public:
10      Vector(int x=0,int y=0)
11      {
12          this->x=x;
13          this->y=y;
14      }
15      void show()
16      {
17          cout<<"("<<x<<","<<y<<")"<<endl;
18      }
19      //前置++运算
20      Vector& operator++()
21      {
22          x++;
23          y++;
24          return *this;
25      }
26      //后置++运算
27      Vector operator++(int)
28      {
29          Vector v(*this);
30          x++;
31          y++;
32          return v;
33      }
34      //前置-运算
35      Vector& operator-()
36      {
37          x=-x;
38          y=-y;
39          return (*this);
40      }
41      //前置!运算
42      Vector& operator!()
43      {
44          x=-x;
45          return (*this);
46      }
47  };
48
49  int main()
50  {
51      Vector v1(1,2),v2;
52      cout<<"v1=";
53      v1.show();
```

```
54      cout<<"v2=++v1"<<endl;
55      v2=++v1;                //调用前置++运算
56      cout<<"v1=";
57      v1.show();
58      cout<<"v2=";
59      v2.show();
60      cout<<"v2=v1++"<<endl;
61      v2=v1++;                //调用后置++运算
62      cout<<"v1=";
63      v1.show();
64      cout<<"v2=";
65      v2.show();
66      cout<<"v2=-v1"<<endl;
67      v2=-v1;                 //调用前置-运算
68      cout<<"v1=";
69      v1.show();
70      cout<<"v2=";
71      v2.show();
72      cout<<"v2=!v1"<<endl;
73      v2=!v1;                 //调用前置!运算
74      cout<<"v1=";
75      v1.show();
76      cout<<"v2=";
77      v2.show();
78      return 0;
79  }
```

运行结果：

```
v1=(1,2)
v2=++v1
v1=(2,3)
v2=(2,3)
v2=v1++
v1=(3,4)
v2=(2,3)
v2=-v1
v1=(-3,-4)
v2=(-3,-4)
v2=!v1
v1=(3,-4)
v2=(3,-4)
```

代码分析：

（1）**单目运算符前置运算符重载**。代码第55行、第67行、第63行调用了几种单目运算符重载的函数，第20行、第35行、第42行定义了单目运算符前置运算符重载函数，形式为：

  类名& operator 运算符();

之所以使用对象的引用作为返回值，是为了实现类似于＋＋(＋＋v1)这种形式的连续运算。

（2）**自增后置运算符重载**。代码第61行调用了自增运算符的后置运算，第27行定义的 Vector operator++(int)运算符重载函数实现了自增运算符的后置运算。其中的参数 int 只是用于与前置运算符重载进行区分,并不需要在使用的时候传入参数。

13.5 赋值运算符重载

类在建立后,会有默认的赋值运算函数,也就是进行同类对象之间的赋值,但这种赋值只是对应数据成员之间的浅复制,对于涉及指针指向的更多被分配的内存(使用 new 运算符分配的堆区内存),并不能自动进行动态分配内存后复制,这个问题和默认的复制构造函数类似。赋值运算符=可以被重载,可以拓展对象被赋值的范围,或者修改默认赋值运算中的浅复制带来的问题,比如内存重复释放(见 10.5 节)。

【例 13.6】 赋值运算符重载示例。
程序代码:

```
01  #include <iostream>
02  using namespace std;
03
04  class myString
05  {
06  private:
07      int len;
08      char * pstr;
09      void copyString(const char * srcString)
10      {
11          pstr=new char[len];
12          char * mypc=pstr;
13          for(int i=0;srcString[i]!='\0';i++,mypc++)
14          {
15              * mypc=srcString[i];
16          }
17          * mypc='\0';
18      }
19  public:
20      myString()
21      {
22          len=0;
23          pstr=NULL;
24      }
25      void showString()
26      {
27          cout << pstr << endl;
28      }
29      void operator=(const char * srcString)
30      {
31          cout <<"overloaded function (1)"<< endl;
32          len=0;
33          for(int i=0;srcString[i]!='\0';i++,len++);
34          copyString(srcString);
35      }
36      void operator=(const myString& obj)
```

```cpp
37          {
38              cout <<"overloaded function (2)"<< endl;
39              len=obj.len;
40              copyString(obj.pstr);
41          }
42          ~myString()
43          {
44              delete[] pstr;
45          }
46      };
47
48      int main() {
49          myString obj1,obj2;
50          obj1="I love C++";            //调用重载函数(1)
51          obj1.showString();
52          obj2=obj1;                    //调用重载函数(2)
53          obj2.showString();
54          return 0;
55      }
```

运行结果：

```
overloaded function (1)
I love C++
overloaded function (2)
I love C++
```

代码分析：

（1）重载 1：将字符串赋值给对象。代码第 29～35 行定义了将字符串赋值给对象的运算符重载。第 50 行代码调用了该重载函数。在该函数中，需要对 myString 对象的 len 数据成员进行赋值，然后将所有字符串的值复制到对象内部分配的内存空间中。

（2）重载 2：对象赋值给对象。代码第 36～41 行定义了对象之间赋值的运算符重载。第 52 行代码调用了该重载函数。在该函数中，对右值的指针变量所指向的内存空间的字符进行遍历并保存到左值新建的内存空间中。这样两个对象的内部指针变量所指向的内存空间是分离的。如果没有对赋值运算符进行这样的重载运算，则两个对象的指针将指向同一段内存，最后在对象析构时将会出现重复释放同一段内存的错误。

13.6　new 与 delete 运算符重载

在 C++ 中动态内存申请使用 new 运算符，动态内存释放使用 delete 运算符。在使用 new 运算符时，系统首先需要分配合适的内存，然后调用类的构造函数。使用 delete 运算符时，系统首先调用类的析构函数，然后释放对象所占用的内存。

new 和 delete 运算符可以被重载为全局函数，这样可以适用于程序中任何的变量和对象的动态创建。还可以被重载为类的成员函数，也就是只对重载函数所在的类生效。

【例 13.7】　new 和 delete 运算符重载。

程序代码:

```cpp
01  #include <iostream>
02  using namespace std;
03
04  //全局 new 函数重载
05  void* operator new(size_t len)
06  {
07      cout<<"global new"<<endl;
08      void *ptr=malloc(len);
09      return ptr;
10  }
11  //全局 delete 函数重载
12  void operator delete(void* ptr)
13  {
14      cout<<"global delete"<<endl;
15      if(ptr!=NULL)
16      {
17          free(ptr);
18      }
19  }
20  class myString
21  {
22  public:
23      int len;
24      myString(int l)
25      {
26          len=l;
27      }
28      //类内 new 函数重载
29      void* operator new(size_t l)
30      {
31          cout<<"class new"<<endl;
32          void *ptr=malloc(l);
33          return ptr;
34      }
35      //类内 delete 函数重载
36      void operator delete(void* ptr)
37      {
38          cout<<"class delete"<<endl;
39          if(ptr!=NULL)
40          {
41              free(ptr);
42          }
43      }
44      void show()
45      {
46          cout<<"myString len:"<<len<<endl;
47      }
48      ~myString()
49      {
50          cout<<"Destruction"<<endl;
51      }
```

```
52      };
53      int main() {
54          //调用全局 new 和 delete 函数
55          int *  pi=new int(100);
56          cout <<"int:"<< * pi << endl;
57          delete pi;
58          //调用类内 new 和 delete 函数
59          myString *  pobj=new myString(200);
60          pobj—> show();
61          delete pobj;
62          return 0;
63      }
```

运行结果:

```
global new
int:100
global delete
class new
myString len:200
Destruction
class delete
```

代码分析:

(1) **全局 new 和 delete 重载**。代码第 5~10 行定义了全局 new 函数的重载, 第 12~19 行定义了全局 delete 函数的重载。第 55~57 行调用了这两个重载后的函数。

可以看出在重载全局 new 函数时, 需要将函数头部声明为: void * operator new(size_t len), 这里形参 size_t 是系统内置的 unsigned long long 类型, 表示要分配的内存的长度; 返回值类型为 void *, 因为函数内部使用 malloc 系统函数分配长度为 len 的堆上内存, 该内存的存储类型没有确定。第 55 行调用该函数时, 系统将根据 int 类型自动计算出长度并调用该函数, 在分配完内存之后, 使用 100 初始化分配好的内存。

在重载全局 delete 函数时, 需要将函数头部声明为: void operator delete(void * ptr), 其中形参 ptr 指向需要释放的内存, 该内存可以为任意形式, 函数中使用系统函数 free 释放相应内存。第 57 行调用该函数时, 将系统之前分配的内存作为参数传递给形参。

(2) **类内 new 和 delete 重载**。第 29~34 行定义了类内的 new 函数重载, 第 36~43 行定义了类内的 delete 函数重载, 第 59~61 行调用了类内重载这两个函数。

重载内类的 new 函数时, 同样需要将函数头部声明为: void * operator new(size_t len), 其参数及返回类型与全局 new 函数重载类似。第 59 行调用该函数时, 系统将根据类的数据成员计算出需要分配的内存长度并传递给该类内的 new 函数, 执行完该函数后, 系统自动调用构造函数完成初始化。

重载内类的 delete 函数时, 同样需要将函数头部声明为: void operator delete(void * ptr), 其参数及返回值与全局 delete 函数重载类似。第 61 行调用该函数时, 系统首先运行析构函数, 然后将对象指针传递进该函数释放先前分配给该指针指向的内存。

若在本程序中不重载类内的 new 和 delete 函数, 则对对象的内存进行动态申请和释放时将使用重载的全局 new 和 delete 函数。

13.7 特殊运算符重载

C++中还存在一些可以进行运算符重载的特殊运算符,如"()"、"->"、逗号","、"[]"等。

13.7.1 函数调用运算符重载

函数调用运算符()可以被重载成可以调用多种参数的函数调用。这种形式可以将对象以函数的形式进行使用,有时也称函数对象或仿函数。

【例 13.8】 函数调用运算符"()"重载示例。

程序代码:

```cpp
01  #include <iostream>
02  using namespace std;
03
04  class Screen
05  {
06  private:
07      int x;
08      int y;
09  public:
10      Screen(int x,int y)
11      {
12          this->x=x;
13          this->y=y;
14      }
15      //无参的()重载函数
16      void operator()()
17      {
18          cout<<"x="<<x<<",y="<<y<<endl;
19      }
20      //有参的()重载函数
21      void operator()(int z)
22      {
23          cout<<"x="<<x+z/2<<",y="<<y+z/2<<endl;
24      }
25
26  };
27  int main() {
28      Screen obj(1080,900);
29      obj();               //调用无参的()重载函数
30      obj(1000);           //调用有参的()重载函数
31      return 0;
32  }
```

运行结果:

```
x=1080,y=900
x=1580,y=1400
```

13.7.2 成员访问运算符重载

成员访问运算符->可以作为类的成员函数被重载,重载后,类在形式上具有了指针的功能,该函数内部需要返回一个指针。

【例 13.9】 成员访问运算符"→"重载示例。

程序代码:

```
01   #include <iostream>
02   using namespace std;
03
04   struct Pixel
05   {
06       int x;
07       int y;
08   };
09
10   class Screen
11   {
12   private:
13       Pixel * origin;
14   public:
15       Screen(int x, int y)
16       {
17           origin = new Pixel;
18           origin -> x = x;
19           origin -> y = y;
20       }
21       //->运算符重载
22       Pixel * operator ->()
23       {
24           return origin;
25       }
26       ~Screen()
27       {
28           delete origin;
29           cout << "Destruction" << endl;
30       }
31   };
32   int main() {
33       Screen obj(1000, 2000);
34       cout << "x=" << obj -> x << ", y=" << obj -> y << endl;
35       return 0;
36   }
```

运行结果:

x=1000, y=2000
Destruction

代码分析:

第 22～25 行在 Screen 类的内部重载了->运算符,在该函数内部返回了一个指针变量。

第 34 行代码使用 Screen 类对象 obj-> x，该函数在编译器内部解析成：(obj->())-> x。

13.7.3 下标访问运算符重载

下标访问运算符(也可称为索引运算符)[ ]的重载可以访问类内数组中的元素，使用该运算符重载可以克服 C++ 中一般数组下标访问可能会越界的问题，通过对该运算符的重载，可以为自定义的数据提供安全的数组访问。

【例 13.10】 下标访问运算符"[ ]"重载示例。

程序代码：

```
01    #include <iostream>
02    using namespace std;
03
04    class myString
05    {
06    private:
07        int len;
08        char * pstr;
09    public:
10        myString(const char * str)
11        {
12            for(len=0;str[len]!='\0';len++);
13            pstr=new char[len];
14            for(int i=0;i<len;i++)
15            {
16                pstr[i]=str[i];
17            }
18            pstr[len]='\0';
19        }
20        //下标访问运算符[]的重载
21        char operator[](int index)
22        {
23            if(index>len||index<0)
24            {
25                return pstr[0];
26            }
27            return pstr[index];
28        }
29        void show()
30        {
31            cout<<pstr<<endl;
32        }
33        ~myString()
34        {
35            if(len)
36            {
37                delete[] pstr;
38            }
39        }
40    };
41
```

```
42   int main()
43   {
44       myString obj("I love C++");
45       obj.show();
46       cout << obj[-100]<<'\t'<< obj[3]<<'\t'<< obj[100]<< endl;
47       return 0;
48   }
```

运行结果：

```
I love C++
I    o    I
```

代码分析：

在重载的函数 char operator[](int index)中，通过对 index 的检查，当该范围不在内部数组的合法下标范围内时，就返回该数组下标 0 位置上的字符。

13.8 类类型转换

用户自定义类时，有时需要向其他类型转换，或者将其他类型转换为用户自定义的类，这就需要使用两种方法，一种是其他类型向当前类转换的转换构造函数，另一种是当前类向其他类型转换的类型转换运算符重载。

13.8.1 转换构造函数：其他类型向类转换

通过转换构造函数，可以将基础数据类型或其他类类型转换为当前类类型，从而实现其他类型向当前类的转换，这种功能的实现依赖于只有一个参数的构造函数。

【例 13.11】 转换构造函数示例。

程序代码：

```
01   #include <iostream>
02   using namespace std;
03
04   class Vector
05   {
06   private:
07       int x;
08       int y;
09   public:
10       Vector()
11       {
12           x=y=-1;
13       }
14       //显式转换
15       explicit Vector(int i)
16       {
17           x=i;
18           y=0;
```

```cpp
19      }
20      //隐式转换
21      Vector(char c)
22      {
23          x=y=c;
24      }
25      void show()
26      {
27          cout<<"("<<x<<","<<y<<")"<<endl;
28      }
29  };
30
31  int main()
32  {
33      Vector v;
34      v.show();
35      v=static_cast<Vector>(3);      //必须显式转换
36      v.show();
37      v='z';                          //支持隐式转换
38      v.show();
39      return 0;
40  }
```

运行结果:

(-1,-1)
(3,0)
(122,122)

代码分析:

(1) 隐式转换。构造函数 Vector(char c)支持隐式转换,在 main()函数中将字符赋值给 Vector 对象时,系统将隐式调用该构造函数,相当于实现了 v=Vector(char)。

(2) 显式转换。构造函数 Vector(int i)的前面加上 explicit 修饰符,main()函数中若直接将整数赋值给 Vector 对象,比如 v=3,系统将不会隐式调用该构造函数,需要显式指明调用该函数,显式强制类型转换的方法是使用 static_cast 运算符实现。

13.8.2 类型转换函数:类向其他类型转换

类型转换函数可以将当前类转换为其他类类型,一般是转换为基础数据类型,此时可以定义一个类型重载函数,语法形式如下。

```
operator 类型名() const
{
    转换功能;
    return 类型值;
}
```

该函数无须返回值类型定义,直接返回对应类型的值即可。

【例 13.12】 类型转换运算符重载示例。

程序代码:

```cpp
01  #include <iostream>
02  using namespace std;
03
04  class Vector
05  {
06  private:
07      int x;
08      int y;
09  public:
10      Vector()
11      {
12          x=y=-1;
13      }
14      //将当前类类型转换为 int 类型
15      operator int() const
16      {
17          return x;
18      }
19  };
20
21  int main()
22  {
23      Vector v;
24      int i=3+v;
25      cout << i << endl;
26      return 0;
27  }
```

运行结果:

2

代码分析:

在 main() 函数中计算 3+v 的时候,需要将 Vector 对象转换为整数,此时调用 operator int() const 类型转换函数。同样地,若想限制隐式调用类型转换函数,可以在该函数之前加上 explicit。

13.9 输入输出运算符重载

一般类型数据 x 的输入输出可以使用 cin >> x 进行输入,使用 cout << x 进行输出,而对于用户自定义的类对象,也可以重载流的提取运算符>>和流的插入运算符<<从而支持 cin 和 cout 对其的输入和输出。

对于自定义类的对象 obj,在使用时会用 cin >> obj 或者 cout << obj 的形式来调用,编译器将其翻译成 cin.operator >>(obj) 及 cout.operator <<(obj)的形式,cin 和 cout 是系统内置对象,因此不能将>>和<<运算符重载成自定义类的成员函数,而必须重载成类的友元

函数。

又因为>>和<<运算符支持对多个对象的连续输入或输出,类似于 cin >> obj1 >> obj2 >>…或者 cout << obj1 << obj2 <<…这种形式,因此,每一次调用>>操作之后返回值必须仍然为 cin,每一次调用<<操作之后返回值必须仍然为 cout。

>>运算符的重载形式为

istream& operator >>(istream& is,类名& 对象名)
{
    实现输入功能;
    return is;
}

<<运算符的重载形式为

ostream& operator <<(ostream& os,类名& 对象名)
{
    实现输出功能;
    return os;
}

【例 13.13】 输入输出运算符重载示例。

程序代码:

```
01  #include <iostream>
02  using namespace std;
03
04  class myString
05  {
06  private:
07      int len;
08      char * pstr;
09  public:
10      myString()
11      {
12          len=0;
13          pstr=NULL;
14      }
15      //重载=运算符
16      void operator=(const char * str)
17      {
18          if(len)
19              {
20              delete[] pstr;
21              }
22          for(len=0;str[len]!='\0';len++);
23          pstr=new char[len];
24          for(int i=0;i<len;i++)
25          {
26              pstr[i]=str[i];
27          }
28          pstr[len]='\0';
29      }
30      ~myString()
31      {
32          if(len)
```

```cpp
33              {
34                  delete[] pstr;
35              }
36          }
37          //重载>>运算符
38          friend istream& operator >>(istream& is, myString& obj);
39          //重载<<运算符
40          friend ostream& operator <<(ostream& os, myString& obj);
41      };
42
43      istream& operator >>(istream& is, myString& obj)
44      {
45          char temp[80];
46          cin.getline(temp, 80);
47          obj = temp;
48          return is;
49      }
50
51      ostream& operator <<(ostream& os, myString& obj)
52      {
53          os << obj.pstr << endl;
54          return os;
55      }
56
57      int main()
58      {
59          myString obj1, obj2;
60          cin >> obj1 >> obj2;
61          cout << "Your input:" << endl;
62          cout << obj1 << obj2;
63          return 0;
64      }
```

运行结果:

```
the first input string ↵
the second input string ↵
Your input:
the first input string
the second input string
```

代码分析:

myString 中重载了赋值运算符,用于将一个字符串赋值给当前类对象,该函数用于类中流的提取运算符>>重载函数中,当输入流对象 is 获得了输入字符串后,将该字符串赋值给当前类对象。

13.10 本章小结

本章介绍了运算符重载技术。运算符重载可以将现有的各类运算符作用到自定义的类中,从而增强类的功能及提高使用类的便捷性。在实现运算符重载时,可以使用成员函数或者友元函数两种方式实现,大部分运算符重载均可以使用这两种方式实现,但有部分运算符只能使用某一种方式实现。在使用友元函数实现运算符重载功能时需要的操作数比使用成员函数实现同样的功能要多一个参数。不过,使用友元函数实现运算符重载时对第一个参数的要求会更灵活,它不要求第一个参数必须为用户定义的类,因此在重载实现流插入"<<"及流提取">>"运算符时必须用友元函数来实现。

运算符重载可以使得用户自定义类能够以更加友好的方式被广泛使用,这对于设计以人为本的软件理念很有借鉴意义。

习题 13

1. 简述运算符重载的作用。
2. 简述运算符重载的友元函数实现、成员函数实现这两种方式的区别。
3. 定义一个复数类 Complex,要求满足如下条件:
(1) 两个私有浮点成员,分别表示实部和虚部。
(2) 利用成员函数重载实现"+"运算。
试编写一个测试程序。
4. 定义一个复数类 Complex,要求满足如下条件:
(1) 两个私有浮点成员,分别表示实部和虚部。
(2) 利用友元函数重载实现"-"运算。
(3) 重载实现流插入"<<"运算。
试编写一个测试程序。
5. 实现一个日期类 Date,要求满足如下条件:
(1) 三个私有整型成员,分别表示年、月、日。
(2) 实现后置"++"运算符,返回后一天。
(3) 实现和整数的"+"运算,比如对于 Date 对象 d 和表示天数的整数 n 可以实现 d+n,n+d 等的运算。
(4) 实现转换构造函数,支持用表示年份的整数初始化一个 Date 对象。
(5) 实现类型转换函数,支持使用 cout << d 的形式直接输出对象 d 中的年份。并编写一个测试程序。
6. 实现一个集合类 Set(不相同整数的集合),要求满足如下条件:
(1) 构造函数,实现基于一个整型数组构造集合。
(2) 支持对象的"="运算,比如对于 Set 对象 s 和整数 n,可以实现 s+=n,将整数合并到集合中。
(3) 支持流插入"<<"运算。
试编写一个测试程序。
7. 实现一个 String 类,要求满足如下条件:
(1) 构造函数,根据字符串常量构造对象。
(2) 支持"="运算,直接将字符串赋值给 String 对象。
(3) 支持"+"运算,实现两个 String 对象的连接。
(4) 重载实现流插入"<<"运算。
试编写一个测试程序。

第 14 章

文 件

CHAPTER 14

文件是保存在外部存储设备(简称外存)上的数据集合。外部存储包括磁盘、硬盘、U 盘、光盘等各类介质,与内存不同,外存可以在断电之后长久保存数据。

从程序设计的角度来看,可以将文件分成文本文件和二进制文件两大类,C++中文件进行读写操作时是基于文件为输入输出对象的文件流来进行的。合计有以下三个类。

(1) **ifstream** 类,输入文件流类,用于从文件输入数据到内存。

(2) **ofstream** 类,输出文件流类,用于从内存输出数据到文件。

(3) **fstream** 类,输入输出文件流类,具备上述两个类的功能。

在使用上述类时,头文件需要包含 fstream。

对某个文件的操作总体上可以分为以下 4 个步骤。

步骤 1:建立文件流对象。可以基于前述的三个类(ifstream,ofstream,fstream)定义相应的文件流对象。

步骤 2:打开文件并和文件流对象关联,步骤 1 的步骤 2 可以合并。利用文件流类中定义的文件打开函数打开文件,文件打开函数 open 的语法形式为

　　void open(文件名,打开方式);

其中,打开方式可以选择或组合表 14.1 中的值。

表 14.1　文件打开方式

打开方式	含　义
ios::in	以输入方式打开文件
ios::out	以输出方式打开文件
ios::binary	以二进制方式打开文件,无此方式则默认以文本文件方式打开
ios::app	以输出方式打开文件,并将初始输出位置设置在末尾
ios::ate	打开文件,并指向文件末尾
ios::trunc	打开文件,若文件不存在,创建新文件;若文件存在,文件内容清空

打开方式可以通过位或"|"运算符组合表中的打开方式,如

ios::in|ios::binary 表示以二进制输入方式打开文件,ios::out|ios::binary 表示以二进制输出方式打开文件等。

打开操作之后可以用 is_open() 函数判断是否成功打开文件,若为 0 则表示打开失败,此时后续的对文件的操作都无法正常进行。

步骤 3:读写文件。对于文本文件可以采取类似于 cin 和 cout 中读写数据的方式进行,例如流的插入运算符"<<",流的提取运算符">>",put,get,getline 等均可以使用。

对于二进制文件可以使用文件流中的 read() 和 write() 函数进行。

文件读写时,系统中会设置一个表示当前文件读写的位置标识,每一次读写相应长度的数据时,该位置会自动向后移动。在文件随机访问(见 14.3 节)时,也可以调整该位置标识从而可以更灵活地检索数据。当文件位置标识移动到文件末尾(文件结束符占有 1 字节,值为 -1)时,文件流对象的成员函数 eof 为非 0,表示文件结束。

步骤 4:关闭文件。文件操作结束后,必须要使用文件流对象的 close 函数关闭文件,否则可能有一些操作由于缓冲的缘故并不能在文件中永久存储。

关闭文件后,先前定义的文件流对象可用于打开其他文件。

14.1 文本文件

文本文件又称 ASCII 文件或字符文件,文件中每一字节表示一个 ASCII 码,各类文本编辑器(如 Windows 系统中的记事本软件、Vim、Emacs 等)编辑保存的文件,C++ 源代码(.cpp)等均是文本文件。文本文件一般可以直接用各类文本编辑器直接打开查看。

14.1.1 写文本文件

当以输出文本形式打开文本文件时,可以使用流的插入运算符"<<"或 put()函数对输出文件流进行写操作。

【例 14.1】 文本文件输出。

程序代码:

```
01  #include <iostream>
02  #include <fstream>
03  using namespace std;
04
05  int main()
06  {
07      const int N=5;
08      ofstream outputfile;
09      outputfile.open("e:\\test.txt",ios::out);
10      //判断文件是否成功打开
11      if(!outputfile.is_open())
12      {
13          cout<<"open file error"<<endl;
14          return 1;
15      }
16      //利用流插入运算符输出整数
17      for(int i=0;i<=N;i++)
18      {
19          outputfile<<i*100<<'\t';
20      }
21      outputfile<<endl;
22      //利用 put()函数输出字符
23      for(int i=0;i<=N;i++)
24      {
25          outputfile.put('a'+i);
26          outputfile.put('\t');
27      }
28      outputfile.close();
29      return 0;
30  }
```

运行结果:

程序运行后,控制台没有输出,需要用文本编辑软件(比如 Windows 中的记事本)打开 e:\test.txt 文件。其中可以看到:

```
0 100 200 300 400 500
a b c d e f
```

代码分析：

(1) 定义文件流对象。

代码第 2 行首先包含 fstream 头文件 #include < fstream >，代码第 8 行定义了文件流对象 outputfile。

(2) 打开文件。 代码第 9 行用 open()函数以输出文本文件方式打开输出文件,第一个参数为文件路径,可以用相对路径,则文件将在本程序生成的可执行文件目录下生成,注意这里文件的路径表示,需要两个"\",表示转义符,这样才能表示正确的路径。第二个参数为打开文件方式。

代码第 11 行用文件流对象的 is_open()函数判断打开文件是否成功。

(3) 输出数据。 第 16～20 行使用文件流对象的流插入运算符"<<"输出数字,这里使用的时候类似于 cout 中使用"<<"的方法。第 22～27 行使用文件流对象的 put()函数输出字符。

(4) 关闭文件。 第 28 行使用 close()函数关闭文件。

14.1.2 读文本文件

当以输入文本形式打开文本文件时,可以使用流的提取运算符">>"或 get()、getline()函数对输入文件流进行读操作。

【例 14.2】 文本文件输入示例：读取上一个程序生成的 test.txt 文件。

程序代码：

```
01  #include < iostream >
02  #include < fstream >
03  using namespace std;
04
05  int main()
06  {
07      const int N=5;
08      ifstream inputfile;
09      inputfile.open("e:\\test.txt",ios::in);
10      //判断文件是否成功打开
11      if(!inputfile.is_open())
12      {
13          cout <<"open file error"<< endl;
14          return 1;
15      }
16      //利用流提取运算符读取整数
17      int tmp;
18      for(int i=0;i<=N;i++)
19      {
20          inputfile >> tmp;
21          cout << tmp <<'\t';
22      }
```

```
23          //利用 get()函数输入字符
24          char c;
25          for(int i=0;i<=N+7;i++)
26          {
27              inputfile.get(c);
28              cout << c;
29          }
30          inputfile.close();
31          return 0;
32      }
```

运行结果：

0	100	200	300	400	500
a	b	c	d	e	f

代码分析：

（1）**定义文件流对象**。代码第 2 行首先包含 fstream 头文件 #include < fstream >，代码第 8 行定义了文件流对象 inputfile。

（2）**打开文件**。代码第 9 行用 open()函数以输出文本文件方式打开输出文件，第一个参数为文件路径。第二个参数为打开文件方式。

代码第 11 行用文件流对象的 is_open()函数判断打开文件是否成功。

（3）**输入数据**。代码第 16～22 行基于文件流对象利用流提取运算符">>"读取整数，这里的使用方法类似于 cin 中使用">>"方法。

代码第 24 行使用文件流对象的 get()函数读取剩余的每一个字符。注意：这里读取的时候需要了解文件的结构，因为 test.txt 中在第一行数字 500 后面到第二行最后字符 f 结束实际上有 13 个字符，所以代码第 25 行循环变量 i 从 0 开始变化到 12。

如果不关心其中的每一项数据，只是为了将文本文件的内容按行输出，由于原始文件合计两行，可以将第 16～29 行代码替换为：

```
char c[80];
inputfile.getline(c,80);
cout << c << endl;
inputfile.getline(c,80);
cout << c << endl;
```

也就是连读两次读取整行数据（每一行不超过 80 个字符）输出，最后运行出来的效果是一致的。

（4）**关闭文件**。代码第 30 行关闭文件。

14.2 二进制文件

二进制文件是将数据按照内存中的存储格式直接输出到外部存储设备中，一般不能直接用文本编辑器打开查看数据的文件，比如 C++的目标文件(.obj)或可执行文件(.exe)等均为二进制文件。二进制文件一般需要能解析其内部具体结构的软件来打开查看，比如

视频讲解

Windows 系统下的图像文件(后缀为 bmp)可以用画图软件来打开。

14.2.1 写二进制文件

二进制数据输出到文件可以用输出文件流对象的 write()函数实现：

ofstream& write(const char * buffer, int n);

第一个参数表示将要输出的二进制数据在内存中的起始位置，该位置需要转化为字符指针表示，这里的参数用 const 修饰，也就是在输出过程中不会修改内存的数据。第二个参数表示输出的二进制数据的长度(字节数)。

【例 14.3】 二进制文件输出示例。

程序代码：

```
01  #include <iostream>
02  #include <fstream>
03  using namespace std;
04
05  struct Student
06  {
07      char name[10];
08      int age;
09      float score;
10  };
11
12  int main()
13  {
14      Student stu1={"Zhang",20,90.5};
15      Student stu2={"Li",19,95.5};
16      //定义文件流对象
17      ofstream outputfile;
18      outputfile.open("e:\\test.dat",ios::out|ios::binary);
19      //判断文件是否成功打开
20      if(!outputfile.is_open())
21      {
22          cout<<"open file error"<<endl;
23          return 1;
24      }
25      //利用 write()方法输出结构体
26      outputfile.write((char *)&stu1,sizeof(stu1));
27      outputfile.write((char *)&stu2,sizeof(stu2));
28      //关闭文件
29      outputfile.close();
30      return 0;
31  }
```

运行结果：

运行后在 e 盘上生成了 test.dat 文件，该文件不能直接打开查看，需要用下一节的程序打开查看结果。

代码分析：

（1）定义输出文件流对象。代码第 17 行定义了输出文件流对象 ofstream outputfile，在定义之前也需要首先在文件头部包含 fstream 头文件。

（2）**打开文件**。第 18 行代码以二进制格式打开输出文件 open("e:\\test.dat",ios::out|ios::binary)，这里的第一个参数为文件路径，可以用相对路径，第二个参数为二进制形式的输出文件。

（3）**输出结构体**。代码第 26 行、27 行输出 2 个结构体，在使用输出文件流对象的 write() 方法时，第一个参数用（char *）&stu 形式，也就是将结构体变量在内存中的地址转化为（char *）形式，第二个参数用 sizeof() 函数获得结构体变量在内存中的字节数，这样即可以将内存中对应的结构体变量完整地输出到文件中。

（4）**关闭文件**。第 29 行关闭文件，文件操作后需要使用 close() 函数来关闭文件，否则容易丢失数据。

14.2.2 读二进制文件

二进制文件输入数据可以用输入文件流对象的 read 函数实现：

ofstream& read(char * buffer,int n);

第一个参数表示将要从二进制文件读取的数据存放在内存中的起始位置，该位置需要转换为字符指针表示。第二个参数表示读取的二进制数据的长度（字节数）。

【例 14.4】 二进制文件读取示例。
程序代码：

```
01   #include <iostream>
02   #include <fstream>
03   using namespace std;
04
05   struct Student
06   {
07       char name[10];
08       int age;
09       float score;
10   };
11
12   int main()
13   {
14       Student stu;
15       //定义文件流对象
16       ifstream inputfile;
17       inputfile.open("e:\\test.dat",ios::in|ios::binary);
18       //判断文件是否成功打开
19       if(!inputfile.is_open())
20       {
21           cout <<"open file error"<< endl;
22           return 1;
23       }
24       //利用read()方法读取结构体
25       inputfile.read((char *)&stu,sizeof(stu));
26       cout << stu.name <<'\t'<< stu.age <<'\t'<< stu.score << endl;
27       inputfile.read((char *)&stu,sizeof(stu));
```

```
28         cout << stu.name <<'\t'<< stu.age <<'\t'<< stu.score << endl;
29         //关闭文件
30         inputfile.close();
31         return 0;
32     }
```

运行结果：

```
Zhang    20    90.5
Li       19    95.5
```

代码分析：

（1）**定义输入文件流对象**。第 16 行定义一个输入文件流对象 ifstream inputfile，为了能使用输入文件流类 ifstream，需要在头文件中包含 fstream。

（2）**打开文件**。第 17 行打开一个二进制文件 inputfile.open("e:\\test.dat",ios::in|ios::binary)，这里第一个参数为二进制文件路径，若该路径不存在，则文件打开不成功。第二个参数为 ios::in|ios::binary，表示打开方式为二进制输入文件。

（3）**读取二进制数据**。代码第 25 行、第 27 行读取二进制数据 inputfile.read((char*)&stu, sizeof(stu))，其中第一个参数为结构体变量在内存中的位置，用(char*)转换，第二个参数为该结构体变量在内存中的长度，read 函数可以读取外部二进制文件中数据到内存中对应的空间。

（4）**关闭文件**。第 30 行关闭该文件。

14.3 文件随机访问

文件读写时，系统中会设置一个表示当前文件读写的位置（数值）。先前的文件读写均是从文件头部开始按顺序进行的，每读写长度 n 的单元，则该文件读写位置将向前移动 n，例如读写一个字符 c，则文件读写位置向前移动 1，读写一个结构体变量 x，则文件读写位置向前移动 sizeof(x)。

如果需要对文件中的某些特定位置的数据进行读写操作，则需要定位到文件中的具体位置。我们可以使用相关的文件随机（不固定位置的操作）访问函数对文件读写位置进行设置来达到对文件的随机操作，如表 14.2 所示。

表 14.2 文件随机访问函数

成员函数	功　　能
tellg()	对于输入文件，获得当前文件的读位置
seekg(pos)	对于输入文件，设置读位置到 pos 位置
seekg(offset,dir)	对于输入文件，设置读位置。 参数 dir 为以下三者之一。 ios::beg　文件开始 ios::cur　当前位置 ios::end　文件末尾 参数 offset 为偏移量（以 dir 为参考位置）

续表

成员函数	功　　能
tellp()	对于输出文件,获得当前文件写位置
seekp(pos)	对于输出文件,设置写位置到 pos 位置
seekp(offset,dir)	对于输出文件,设置写位置。参数参考先前的 seekg(offset,dir)的参数说明

14.3.1　随机访问文本文件

随机访问文本文件的读写位置以字符(字节)为单位自动移动,在写操作时,如果用流的插入运算符"<<",则向前移动右操作数的字节数,用 put()函数操作则向前移动一个字节数。读操作时,如果用流的提取运算符">>",则向前移动右操作数的字节数,用 get()函数操作则向前移动一个字节数。

【例 14.5】　随机访问文本文件示例。

程序代码:

```
01    #include <iostream>
02    #include <fstream>
03    using namespace std;
04
05    int main()
06    {
07        //生成一个包含 hello world 字符串的文本文件
08        ofstream outputfile;
09        outputfile.open("e:\\test.txt",ios::out);
10        if(!outputfile.is_open())
11        {
12            cout <<"open file error"<< endl;
13            return 1;
14        }
15        outputfile <<"hello world"<< endl;
16        outputfile.close();
17        //以随机方式访问并读入文本文件
18        ifstream inputfile;
19        inputfile.open("e:\\test.txt",ios::in);
20        if(!inputfile.is_open())
21        {
22            cout <<"open file error"<< endl;
23            return 1;
24        }
25        cout << inputfile.tellg()<< endl;
26        char c[80];
27        inputfile.seekg(6,ios::beg);          //读入距离文件开始偏移 6 个字符的位置
28        cout << inputfile.tellg()<< endl;
29        inputfile >> c;
30        cout << inputfile.tellg()<< endl;
31        cout << c << endl;
32        inputfile.close();
33        return 0;
34    }
```

运行结果：

```
0
6
12
world
```

代码分析：

（1）生成一个文本文件。第 7～16 行生成了一个文本文件，文件内容为"hello world"。

（2）随机读入文本文件。第 17～32 行为随机读取该文本文件，文件刚打开时，输出此时的文件读写位置（第 25 行），结果为 0；然后使用 seekg(6,ios::beg)设置文件读写位置（第 27 行），再输出读写位置（第 28 行），结果为 6；当读取了一个字符串时，接着再输出读写位置（第 30 行），结果为 12；可以看出随着对输入文件读操作的进行，文件读写位置在系统中自动移动读写的字节数。

14.3.2 随机访问二进制文件

随机访问二进制文件的读写位置以 read 或 write 中第二个参数（字节数）自动移动。

【例 14.6】 随机访问二进制文件示例。

程序代码：

```
01  #include <iostream>
02  #include <fstream>
03  using namespace std;
04
05  struct Student
06  {
07      char name[10];
08      int age;
09      float score;
10  };
11
12  int main()
13  {
14      //写入文件
15      Student stu1={"Zhang",20,90.5};
16      Student stu2={"Li",19,95.5};
17      ofstream outputfile;
18      outputfile.open("e:\\test.dat",ios::out|ios::binary);
19      if(!outputfile.is_open())
20      {
21          cout<<"open file error"<<endl;
22          return 1;
23      }
24      outputfile.write((char *)&stu1,sizeof(stu1));
25      outputfile.write((char *)&stu2,sizeof(stu2));
26      outputfile.close();
27      //以随机方式读入文件
28      Student stu;
29      ifstream inputfile;
```

```
30        inputfile.open("e:\\test.dat",ios::in|ios::binary);
31        if(!inputfile.is_open())
32        {
33            cout <<"open file error"<< endl;
34            return 1;
35        }
36        cout << inputfile.tellg()<< endl;
37        inputfile.seekg(sizeof(stu),ios::cur);
38        cout << inputfile.tellg()<< endl;
39        inputfile.read((char * )&stu,sizeof(stu));
40        cout << inputfile.tellg()<< endl;
41        cout << stu.name <<'\t'<< stu.age <<'\t'<< stu.score << endl;
42        inputfile.close();
43        return 0;
44    }
```

运行结果:

```
0
20
40
Li    19    95.5
```

代码分析:

(1) 生成二进制文件。第 15~26 行生成了一个包含 2 条 Student 结构体数据的二进制文件。

(2) 随机读二进制文件。第 36 行输出刚打开文件时的文件读写位置,输出为 0;第 37 行使用 seekg(sizeof(stu),ios::cur)设置文件读写指针,也就是从当前位置向前移动一个 Student 结构体变量的长度,第 38 行输出此时文件读写位置,输出为 20;接着读入一个结构体变量的数据,第 40 行输出文件读写位置,输出为 40,并输出所读出的结构体变量内容,可以看出二进制文件中的读写指针随着读操作自动移动所读写的字节数。

14.4 应用

【例 14.7】 将一个文本文件中的字符转化为大写输出到另外一个文本文件。
程序代码:

```
01    #include<iostream>
02    #include<fstream>
03    using namespace std;
04
05    int main()
06    {
07        //打开输入文件
08        ifstream inputfile;
09        inputfile.open("e:\\test.txt",ios::in);
10        if(!inputfile.is_open())
```

```
11      {
12          cout<<"open file error"<<endl;
13          return 1;
14      }
15      //打开输出文件
16      ofstream outputfile;
17      outputfile.open("e:\\test1.txt",ios::out);
18      if(!outputfile.is_open())
19      {
20          cout<<"open file error"<<endl;
21          return 1;
22      }
23      //从输入文件依次读取字符转换后输出
24      char ch;
25      while(!inputfile.eof())
26      {
27          inputfile.get(ch);
28          if(ch>='a'&&ch<='z')
29          {
30              ch=ch-'a'+'A';
31          }
32          outputfile.put(ch);
33      }
34      //关闭两个文件
35      inputfile.close();
36      outputfile.close();
37      return 0;
38  }
```

运行结果:

用文本编辑软件(记事本)编辑保存 test.txt 文件,文件内容:

hello
This is a test file.

程序运行后,生成 test1.txt 文件,文件内容:

HELLO
THIS IS A TEST FILE..

代码分析:

第 25 行开始的代码根据文件是否结束来进行逐个字符的读取和转换,只要 eof 不为 true,则继续读取字符并转换。

【例 14.8】 将一个二进制的学生文件冒泡排序后输出到另外一个二进制文件。

程序代码:

```
01  #include<iostream>
02  #include<fstream>
03  using namespace std;
04
05  struct Student
06  {
07      char name[10];
```

```
08        int age;
09        float score;
10    };
11    //生成初始文件
12    void generateFile()
13    {
14        const int N=5;
15        Student stu[N]={{"Zhao",20,90.5}
16                       ,{"Qian",19,95.5}
17                       ,{"Sun",21,76}
18                       ,{"Li",22,80}
19                       ,{"Zhou",20,78}};
20        ofstream outputfile;
21        outputfile.open("e:\\test.dat",ios::out|ios::binary);
22        if(!outputfile.is_open())
23        {
24            cout<<"open file error"<<endl;
25            return;
26        }
27        outputfile.write((char *)&N,sizeof(N));
28        outputfile.write((char *)stu,sizeof(stu));
29        outputfile.close();
30    }
31    //读取所有数据并按照分数排序
32    Student * generateList(int &n)
33    {
34        ifstream inputfile;
35        inputfile.open("e:\\test.dat",ios::in|ios::binary);
36        if(!inputfile.is_open())
37        {
38            cout<<"open file error"<<endl;
39            return NULL;
40        }
41        int i=0;
42        inputfile.read((char *)&n,sizeof(n));
43        Student * pstu=new Student[n];
44        inputfile.read((char *)pstu,n*sizeof(*pstu));
45        inputfile.close();
46        //冒泡排序
47        Student tmp;
48        for(int round=1;round<n;round++)
49        {
50            for(i=0;i<n-round;i++)
51            {
52                if(pstu[i].score>pstu[i+1].score)
53                {
54                    tmp=pstu[i];
55                    pstu[i]=pstu[i+1];
56                    pstu[i+1]=tmp;
57                }
58            }
59        }
60        return pstu;
```

```cpp
61      }
62      //生成最终文件
63      void generateLastFile(Student stu[],int n)
64      {
65          ofstream outputfile;
66          outputfile.open("e:\\test1.dat",ios::out|ios::binary);
67          if(!outputfile.is_open())
68          {
69              cout<<"open file error"<<endl;
70              return;
71          }
72          outputfile.write((char *)&n,sizeof(n));
73          outputfile.write((char *)stu,n * sizeof(Student));
74          outputfile.close();
75      }
76      //显示最终文件
77      void showLastFile()
78      {
79          ifstream inputfile;
80          inputfile.open("e:\\test1.dat",ios::in|ios::binary);
81          if(!inputfile.is_open())
82          {
83              cout<<"open file error"<<endl;
84              return;
85          }
86          int i=0;
87          int n;
88          inputfile.read((char *)&n,sizeof(n));
89          Student * pstu=new Student[n];
90          inputfile.read((char *)pstu,n * sizeof(* pstu));
91          inputfile.close();
92          for(i=0;i<n;i++)
93          {
94              cout<<pstu[i].name<<'\t'
95                  <<pstu[i].age<<'\t'
96                  <<pstu[i].score<<endl;
97          }
98      }
99
100     int main()
101     {
102         generateFile();
103         int n;
104         Student * pstu=generateList(n);
105         generateLastFile(pstu,n);
106         showLastFile();
107         delete[] pstu;
108         return 0;
109     }
```

运行结果：

Sun	21	76
Zhou	20	78

Li	22	80
Zhao	20	90.5
Qian	19	95.5

代码分析：

（1）**文件结构**。文件 test.dat 以及 test1.dat 头部首先保存其中存储的学生结构体的数量，然后再存储具体的结构体的完整数据。

（2）**处理顺序**。从第 100 页开始的 main()函数中程序运行，首先调用 generateFile()函数生成初始的无序学生记录文件 test.dat，接着调用 generateList(n)读取无序学生记录文件 test.dat 并进行冒泡排序后返回动态数组指针，接着调用 generateLastFile(pstu,n)函数将该动态数组数据输出到 test1.dat 数据，最后调用 showLastFile()函数读取排好序的文件 test1.dat 显示到屏幕上。

【例 14.9】 将一个二进制的学生文件中分数低于 60 的学生分数提高到 60 分。

程序代码：

```
01    #include <iostream>
02    #include <fstream>
03    using namespace std;
04
05    struct Student
06    {
07        char name[10];
08        int age;
09        float score;
10    };
11    //生成初始文件
12    void generateFile()
13    {
14        const int N=5;
15        Student stu[N]={{"Zhao",20,90.5}
16                       ,{"Qian",19,50}
17                       ,{"Sun",20,61}
18                       ,{"Li",21,30}
19                       ,{"Zhou",22,88}};
20        ofstream outputfile;
21        outputfile.open("e:\\test.dat",ios::out|ios::binary);
22        if(!outputfile.is_open())
23        {
24            cout<<"open file error"<<endl;
25            return;
26        }
27        outputfile.write((char*)&N,sizeof(N));
28        outputfile.write((char*)stu,sizeof(stu));
29        outputfile.close();
30    }
31    //读取并修改所有数据
32    void processFile()
33    {
34        fstream inoutfile;
```

```cpp
35      inoutfile.open("e:\\test.dat",ios::in|ios::out|ios::binary);
36      if(!inoutfile.is_open())
37      {
38          cout<<"open file error"<<endl;
39          return;
40      }
41      Student stu;
42      int n;
43      inoutfile.read((char*)&n,sizeof(n));
44      for(int i=0;i<n;i++)
45      {
46          inoutfile.read((char*)&stu,sizeof(stu));
47          if(stu.score<60)
48          {
49              stu.score=60;
50              /*(1)
51              int pos=(int)inoutfile.tellg()-sizeof(stu);
52              inoutfile.seekp(pos);
53              */
54              /*(2)
55              inoutfile.seekp(i*sizeof(stu)+sizeof(n));
56              */
57              //(3)
58              inoutfile.seekp(-sizeof(stu),ios::cur);
59              inoutfile.write((char*)&stu,sizeof(stu));
60          }
61      }
62      inoutfile.close();
63  }
64
65  //显示最终文件
66  void showLastFile()
67  {
68      ifstream inputfile;
69      inputfile.open("e:\\test.dat",ios::in|ios::binary);
70      if(!inputfile.is_open())
71      {
72          cout<<"open file error"<<endl;
73          return;
74      }
75      int i=0;
76      int n;
77      inputfile.read((char*)&n,sizeof(n));
78      Student *pstu=new Student[n];
79      inputfile.read((char*)pstu,n*sizeof(*pstu));
80      inputfile.close();
81      for(i=0;i<n;i++)
82      {
83          cout<<pstu[i].name<<'\t'
84              <<pstu[i].age<<'\t'
85              <<pstu[i].score<<endl;
86      }
87  }
```

```
88
89   int main()
90   {
91       generateFile();
92       processFile();
93       showLastFile();
94       return 0;
95   }
```

运行结果：

```
Zhao    20    90.5
Qian    19    60
Sun     20    61
Li      21    60
Zhou    22    88
```

代码分析：

（1）**文件结构**。文件 test.dat 头部首先保存其中存储的学生结构体的数量，然后再存储具体的结构体的完整数据。

（2）**处理顺序**。参见第 89 行开始的 main() 函数，首先调用 generateFile() 函数生成原始文件，其中的学生记录中的分数有部分小于 60 分。然后调用 processFile() 函数读取并处理该文件，将其中分数低于 60 分的学生记录中的分数改到 60 分。最后调用 showLastFile() 函数显示最终生成的文件。

（3）**读写位置定位**。在第 31 行开始的 processFile() 函数中定义了 fstream 对象 inoutfile，该文件流对象支持对文件同时进行输入输出，其中读写位置对应着输入和输出操作。在处理文件中学生记录开始的数据时，首先通过 inoutfile.read((char *)&stu, sizeof(stu)) 函数读取学生记录，然后根据学生记录中的分数判断是否要进行修改，若需要修改，则需要首先调整好预备输出的学生结构体的开始位置。代码第 50~58 行书写了 3 种等价的定位修改位置的方法：

方法 1：

```
int pos=(int)inoutfile.tellg()-sizeof(stu);
inoutfile.seekp(pos);
```

方法 2：

```
inoutfile.seekp(i * sizeof(stu)+sizeof(n));
```

方法 3：

```
inoutfile.seekp(-sizeof(stu),ios::cur);
```

方法 1 使用绝对定位的方法设置好预备输出的位置，当前读写位置向后退 sizeof(stu)；方法 2 同样使用绝对定位，但使用从文件开始的偏移（考虑到文件头部存储了一个表示结构体数量的整数）；方法 3 使用相对偏移，从当前位置向后偏移 sizeof(stu)，原理同方法 1。

当设置好写的位置之后,再使用 inoutfile.write((char *)&stu,sizeof(stu))就可以将需要修改的学生记录重新输出到文件中。

14.5 本章小结

本章主要介绍了 C++ 中对文件的处理方法。C++ 中将文件分成文本文件和二进制文件两大类。文本文件又称 ASCII 文件或字符文件,文件中每一字节表示一个 ASCII 码,可以直接用文本编辑器打开查看;二进制文件是将数据按照内存中的存储格式直接输出到外部存储设备中,一般不能直接用文本编辑器打开查看。C++ 中文件的操作总体上可以分成 4 步:①定义文件流对象;②打开文件;③读写文件;④关闭文件。除了可以按顺序读写文件之外,C++ 中还提供了可以进行随机定位并读写文件的方法。

文件对于资料的永久保存很有价值。例如,中华文明经久不衰,很大程度上是源于中华民族善于保存历史资料和学习传承优秀历史文化。

习题 14

1. 简述 C++ 中对文件的分类。
2. 简述 C++ 中对文件的读写步骤。
3. 简述文件随机访问的概念。
4. 编写一个程序,随机生成 n 个值为 1~100 的整数值,并保存到文本文件中。
5. 编写一个程序,统计一个保存若干个整数值为 1~100 数值的文本文件中的最大值、最小值、平均值。
6. 编写一个程序,将 n 个产品的信息(编号,名称,价格)保存到二进制文件中,并将该文件中某一名称的产品过滤出来并将价格上浮 10%。
7. 编写一个程序,将 n 个学生的信息(学号,姓名,成绩)按顺序保存到二进制文件中,然后将该文件中奇数位置的学生信息提取出来保存到另一文件(使用随机访问技术)中。

第 15 章 C++进阶

CHAPTER 15

　　C++提供了一些高级功能,可以进一步提高程序设计的质量或拓宽其应用范围。这些功能包括异常处理、命名空间、预处理、匿名函数、String 类以及正则表达式等。异常处理可以提高程序设计的质量,命名空间可以更高效地管理代码,预处理可以提高程序的编译质量,匿名函数将函数设计成可类似于对象一样使用。为了进一步提高字符串处理的效率,可以使用字符串 String 类以及正则表达式。

15.1 异常处理

程序设计中常见两种类型的错误：编译错误和运行错误。编译错误是编译器在程序编译阶段发现所编写的代码不符合C++语法的要求报告的错误(比如变量未定义,语句末尾缺少分号等),一旦出现这种错误,编译器将不会将代码进一步翻译成目标代码。运行错误是代码能够正常编译并运行,但是运行过程中出现了各类异常结果的错误。

异常处理是针对程序运行过程中的差错或例外情况进行的处理。这种处理可以用if语句对各种例外情况进行检测并处理,这样会使得程序设计的工作量过于烦琐。

C++提供的异常处理机制使得程序设计时不需要在每一个细节上处理各种异常,可以通过在底层将异常抛出(throw)和在高层汇总捕捉(catch)异常的思路来集中处理各类异常,这种汇总处理异常的思想可以减少程序编码的复杂度,提高程序的可读性和编码效率。

15.1.1 处理框架

C++处理使用三个关键字 try、catch、throw 来完成整个异常处理的流程。throw 负责抛出异常,try 负责监控可能抛出异常的代码块,catch 负责捕捉异常。其语法形式如下:

```
try
{
    被监控的程序语句；        //其中包含可能会抛出异常的函数调用
}
catch(异常类 1 [变量名])
{
    异常处理语句；
}
catch(异常类 2 [变量名])
{
    异常处理语句；
}
```

在 try 语句后面的花括号中监控其中所有运行的语句,若其中抛出了某个异常,则会被 catch 捕捉,此时该异常需要和 catch 中的各类异常类进行匹配,异常只被某个类型相符合的 catch 分支处理(有点类似于 case 处理的形式,不过这里是按类型匹配,case 中是按值匹配),若没有一个 catch 分支能处理,则该 try 中捕捉到的异常会抛(throw)到上一层。

【例 15.1】 除数为 0 的异常处理示例。

程序代码：

```
01  #include <iostream>
02  #include <cmath>
03  using namespace std;
04
05  double divide(double a, double b)
06  {
07      double e=1e-6;
08      if(fabs(b)<e)
```

```cpp
09      {
10          throw "divide by zero";
11      }
12      return a/b;
13  }
14
15  double compare(double a, double b)
16  {
17      if(b > a)
18      {
19          throw 0.0;
20      }
21      return 1.0;
22  }
23  int main()
24  {
25      try
26      {
27          double a,b;
28          cin >> a >> b;
29          compare(a,b);
30          divide(a,b);
31      }
32      catch(const char * strexception)
33      {
34          cout << strexception;
35      }
36      catch(double i)
37      {
38          cout << i << endl;
39      }
40      return 0;
41  }
```

运行结果：

第一次运行：

1↙ 0↙
divide by zero

第二次运行：

0↙ 1↙
0

代码分析：

（1）**throw** 部分。第 10 行出现了第一个 throw，此时抛出一个异常，类型为常量字符串。第 19 行出现了第二个 throw，此时抛出一个 double 型异常。

（2）**try…catch** 部分。第 25 行开始定义了 try 部分，try 部分所包含的代码中调用了 2 个函数，两个函数中均在某种情况下抛出异常。第 32 行、36 行分别使用了 2 个 catch。分别对这两种异常进行捕捉并处理。

运行的时候,当输入 1 0 时,则 compare()函数顺利运行,不会抛出异常,而 divide()函数会抛出异常,此时第 32 行的 catch 捕捉到了该异常。当输入 0 1 时,则 compare()函数抛出异常,此时第 36 行的 catch 捕捉到了异常。

补充说明:

(1)一旦程序遇到 throw,则该函数立即抛出异常,该函数后续的代码不会再执行。

(2)需要监控的代码必须放在 try 语句内。

(3)try{…}catch 为一个整体,try 右花括号和 catch 之间不能有其余代码。

(4)try 后的花括号为必需项,类似于 do{…}while 中的花括号不能省略。

(5)try 后面可以配套多个 catch,但 try 只能有一个。

(6)catch()括号中指出类型,也可以用删节号…表示任意类型。一般将 catch(…)放在其余指明类型的 catch 语句之后,这样所有和之前类型不匹配的异常都会被该 catch(…)捕捉处理。

(7)throw 语句可以和 try..catch 在同一个函数中,此时 catch 直接进行捕捉处理,若无法处理,则提交上一层调用该函数的主调函数来处理,以此类推,若提交到最高层的 main()函数仍未处理,则程序结束运行。

15.1.2 标准异常类

C++提供了一系列标准异常,方便开发时候使用,其组织结构如图 15.1 所示。

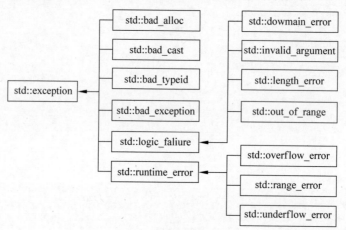

图 15.1 异常类组织结构

这些异常类的功能介绍如表 15.1 所示。

表 15.1 标准异常类

异　　常	描　　述
std::exception	该异常是所有标准 C++异常的父类
std::bad_alloc	该异常可以通过 new 抛出
std::bad_cast	该异常可以通过 dynamic_cast 抛出
std::bad_typeid	该异常可以通过 typeid 抛出
std::bad_exception	这在处理 C++程序中无法预期的异常时非常有用

续表

异 常	描 述
std::logic_error	理论上可以通过读取代码来检测到的异常
std::domain_error	当使用了一个无效的数学域时,会抛出该异常
std::invalid_argument	当使用了无效的参数时,会抛出该异常
std::length_error	当创建了太长的 std::string 时,会抛出该异常
std::out_of_range	该异常可以通过方法抛出,例如 std::vector 和 std::bitset<>::operator[]()
std::runtime_error	理论上不可以通过读取代码来检测到的异常
std::overflow_error	当发生数学上溢时,会抛出该异常
std::range_error	当尝试存储超出范围的值时,会抛出该异常
std::underflow_error	当发生数学下溢时,会抛出该异常

【例 15.2】 标准异常类的使用示例。

程序代码:

```
01  #include <iostream>
02  #include <climits>
03  using namespace std;
04
05  int isflow(int a)
06  {
07      if(a > INT_MAX/2)
08      {
09          throw overflow_error("over flow");
10      }
11      if(a < INT_MIN/2)
12      {
13          throw underflow_error("under flow");
14      }
15      return a;
16  }
17
18  int main()
19  {
20      try
21      {
22          int i;
23          cin >> i;
24          switch(i)
25          {
26          case 1:
27              isflow(INT_MAX);
28              break;
29          case 2:
30              isflow(INT_MIN);
31              break;
32          case 3:
33              throw invalid_argument("my invalid argument");
34          }
35      }
```

```
36        catch(overflow_error& e)
37        {
38            cout << e.what() << endl;
39        }
40        catch(underflow_error& e)
41        {
42            cout << e.what() << endl;
43        }
44        catch(invalid_argument& e)
45        {
46            cout << e.what() << endl;
47        }
48    }
```

运行结果：
第一次运行：

1↙
over flow

第二次运行：

2↙
under flow

第三次运行：

3↙
my invalid argument

代码分析：

（1）**异常类对象的构造**。构造各标准异常类的对象的模式一般为调用相应异常类的构造函数：**异常类名(字符串)**，其中参数的字符串可以为自定义的异常描述。代码第 9 行、第 13 行、第 33 行分别使用 overflow_error("over flow")、underflow_error("under flow")、invalid_argument("my invalid argument")定义了相关的标准异常类对象。

（2）**异常捕捉**。在 try…catch 结构中的 catch 部分可以针对各异常类进行捕捉并分别处理，在 catch 到具体的某一个异常对象 e 之后，使用异常对象的 what()方法返回异常的描述，该方法为 C++异常类 exception 中定义的虚函数，其他所有异常类均从该 exception 类中继承。

15.1.3　自定义异常类

自定义异常类可用于处理各种特定的错误情况，例如文件未找到、无效的用户输入等。使用自定义异常类可以使代码更具可读性和可维护性，并且可以更好地处理特定的错误情况。自定义异常类可以用以下两种方法定义。

（1）定义任意的普通类作为异常类。

（2）从 C++的标准异常类 exception 或者其他已经从 exception 类中派生的其他异常类进一步派生出新的异常类。

【例 15.3】 自定义异常类示例。
程序代码：

```
01  #include <iostream>
02  using namespace std;
03
04  class Aexception:public exception
05  {
06  private:
07      string msg;
08  public:
09      Aexception(const char* error)
10      {
11          msg=error;
12      }
13      const char* what()
14      {
15          return msg.c_str();
16      }
17  };
18  class Bexception:public bad_exception
19  {
20  private:
21      string msg;
22  public:
23      Bexception(const char* error)
24      {
25          msg=error;
26      }
27      const char* what()
28      {
29          return msg.c_str();
30      }
31  };
32
33  int main()
34  {
35      try
36      {
37          int i;
38          cin>>i;
39          if(i>0)
40              throw Aexception("A exception is found!");
41          else
42              throw Bexception("B exception is found!");
43      }
44      catch(Aexception& e)
45      {
46          cout << e.what() << endl;
47      }
48      catch(Bexception& e)
49      {
50          cout << e.what() << endl;
51      }
52      return 0;
53  }
```

运行结果：

第一次运行：

1↙
A exception is found!

第二次运行：

-1↙
B exception is found!

代码分析：

（1）**异常类定义**。第 4~17 行定义了从 exception 类派生的 Aexception 类，其中定义了私有数据成员 msg，类型为 string，在构造函数中对 msg 成员进行初始化。并对继承自 exception 类的 what() 函数重写，直接返回 msg 中的内容，这里使用了 string 类的 c_str() 方法，该方法返回 string 对象内部的字符数组的首地址，并且是不可修改的，因此该方法返回回类型为 const char *。

第 18~31 行定义了从 bad_exception 类派生的 Bexception 类，内部结构类似于 Aexcetpion 类的定义形式。

（2）**异常类捕捉**。在 catch 部分，分别捕捉 Aexeption 和 Bexception 异常。在 catch 内部，调用异常对象的 what() 方法返回异常描述，输出异常信息。

15.2 命名空间

在同一个作用域范围内不能出现同名的各种实体（变量、函数、结构体、类等），例如同名的变量，函数不能在同一个作用域出现。例如在一个文件内，不能有同名的全局变量；在一个函数内，不能有同名的局部变量，等等。在使用过程中，可能还会存在另外一种情况：多个不同的头文件中可能有同名的实体，在单独使用时并不会出现问题，但有时候可能会同时包含这些头文件，那么这些同名的实体此时就会出现冲突。

为了解决全局实体冲突的问题，C++ 提供了命名空间（namespace）技术，通过命名空间，可以将实体放到不同的命名空间下，在使用的时候通过命名空间和作用域限定符来引用具体的实体，就可以解决名字冲突的问题。

命名空间的系统可以形象地理解成是一个可以跨文件范围的抽象的目录系统，每一个命名空间就是一个目录，各种带有名称的实体类似于目录下的文件，只要在同一个命名空间下，就不能有同名的实体，但在不同的命名空间下，可以有同名的实体，在使用的时候，对于不同空间下的同名实体，只要通过命名空间和限定符构成的完整限制，就可以区分不同命名空间层次下的同名实体了。

15.2.1 单文件单命名空间

可以在一个文件中命名一个命名空间，使用的语法形式如下。

namespace 命名空间名

```
{
    各种全局实体的声明;
}
```

命名空间名就是命名空间的名字,取名遵从标识符的规则。全局实体的声明可以包括常量、变量、函数、结构体、类、模板等,通过这种形式的声明后,这些实体在组织上就从属于相应的命名空间,因此,在使用的时候需要指明这些实体所属的命名空间。

【例 15.4】 单文件单命名空间示例。

程序代码:

```
01   #include <iostream>
02   using namespace std;
03
04   namespace ns1
05   {
06       int number;
07       class Student
08       {
09       private:
10           int num;
11       public:
12           Student(int n):num(n)
13           {
14           }
15           void show()
16           {
17               cout<<"student num is "<< num << endl;
18           }
19       };
20   }
21
22   using namespace ns1;
23   int main()
24   {
25       Student stu(5);
26       stu.show();
27       number=100;
28       cout<<"number is "<< number << endl;
29       return 0;
30   }
```

运行结果:

```
student num is 5
number is 100
```

代码分析:

(1) 命名空间的定义。第 4~20 行定义了命名空间 ns1,其中包含了一个变量 number 和一个类 Student。这里实体定义的方法和不使用命名空间的形式一致。

(2) 使用命名空间中的实体。第 22 行首先声明后续的代码将会使用到命名空间 ns1,通用语法形式为:

using namespace 命名空间名；

第 25 行使用到了类 Student，第 27 行使用到了变量 number，如果在此之前不声明命名空间 ns1，则编译器将编译报错。

实际上，除了这种先声明命名空间，后直接使用实体的形式外，在程序中使用命名空间中的实体还可以用以下几种方法。

方法 1：使用**命名空间名**::**实体名**进行引用。比如程序中用 ns1::Student 或者 ns1::number 直接引用对应的实体（ns1::number＝100）。

方法 2：使用 **namespace 别名＝命名空间名**；的方式对命名空间名进行缩略，然后使用**别名**::**实体名**的形式进行应用，这适合原始命名空间名称较长的情况。

方法 3：使用 **using 命名空间名**::**实体名**；进行声明，后续可以直接使用对应的实体名进行引用。

可以看出，当程序中较频繁地使用某个命名空间中的实体时，推荐使用本示例中的使用方法，这也是本教材中使用命名空间 std 的方法。

15.2.2 单文件多命名空间

在一个文件中可以包含多个命名空间，这些命名空间可以是同层次的，也可以是分级的，这种组织关系类似于操作系统中的多个目录层次的管理模式。在使用某个命名空间中的实体时，可以参照前一节中使用命名空间的方法来使用多个命名空间下的实体。其本质就是要让编译器知道程序中要使用的实体到哪里去寻找。

【例 15.5】 单文件多命名空间示例。

程序代码：

```
01    #include <iostream>
02    using namespace std;
03
04    namespace ns1
05    {
06        int number;
07        class Student
08        {
09        private:
10            int num;
11        public:
12            Student(int n):num(n)
13            {
14            }
15            void show()
16            {
17                cout<<"student num is "<< num << endl;
18            }
19        };
20    }
21    namespace ns2
22    {
23        int number;
```

```cpp
24          namespace ns21        //ns21 为 ns2 的下一级命名
25          {
26              int age;
27              class Teacher
28              {
29              private:
30                  int num;
31              public:
32                  Teacher(int n):num(n)
33                  {
34                  }
35                  void show()
36                  {
37                      cout <<"teacher num is "<< num << endl;
38                  }
39              };
40
41          }
42      }
43  using namespace ns1;
44  using namespace ns2::ns21;
45  int main()
46  {
47      Student stu(5);
48      stu.show();
49      Teacher teacher(20);
50      teacher.show();
51      age=46;
52      cout <<"age is "<< age << endl;
53          return 0;
54  }
```

运行结果：

```
student num is 5
teacher num is 20
age is 46
```

代码分析：

（1）**多个命名空间的定义**。可以在同一个层次上定义多个命名空间，如第 4 行定义了命名空间 ns1，第 21 行定义了命名空间 ns2。在命名空间 ns2 内部又定义了命名空间 ns21。

（2）**使用多个命名空间**。代码第 43 行使用 using namespace ns1；语句声明了命名空间 ns1，这样在代码的第 47 行使用类 Student 的时候，就不需要加上命名空间的限定了。代码第 44 行使用 using namespace ns2::ns21；声明了使用命名空间 ns2 层次下的 ns21 命名空间，注意这里并没有声明使用命名空间 ns2，所以 ns2 下的 number 是不能使用的。

同时 ns2 下的 number 和 ns1 下的 number 这两者在本程序中声明的形式下不会发生冲突，因为它们从属于不同的命名空间。若程序当中同时声明了使用命名空间 ns1 以及命名空间 ns2，则代码中不能直接对 number 进行引用，那样会发生二义性的编译错误。

15.2.3 多文件单命名空间

多个文件中可以声明同名的命名空间,在逻辑上所有这些同名的命名空间构成了一个整体。在使用的时候只要包含了这些文件,声明使用了该名字的命名空间,就可以引用该名字命名空间下的所有实体。比如标准命名空间 std 就在 C++ 多个标准库的头文件中进行了声明。

【例 15.6】多文件单命名空间示例。

程序代码:

该程序合计三个文件 one.h,two.h,main.cpp。

one.h

```
01  namespace ns1
02  {
03      int number;
04  }
```

two.h

```
01  #include <iostream>
02  namespace ns1
03  {
04      class Student
05      {
06      private:
07          int num;
08      public:
09          Student(int n):num(n)
10          {
11          }
12          void show()
13          {
14              std::cout<<"student num is "<<num<<std::endl;
15          }
16      };
17  }
```

main.cpp

```
01  #include <iostream>
02  #include "one.h"
03  #include "two.h"
04
05  using namespace std;
06  using namespace ns1;
07
08  int main()
09  {
10      number=100;
11      cout<<"number="<<number<<endl;
```

```
12        Student stu(200);
13        stu.show();
14        return 0;
15    }
```

运行结果：

```
number=100
student num is 200
```

代码分析：

(1) 命名空间的定义。在两个头文件 one.h 和 two.h 中均定义了同名的命名空间 ns1。在 one.h 的 ns1 命名空间中定义了变量 number，在 two.h 的命名空间 ns1 中定义了类 Student。

(2) 命名空间的使用。在 main.cpp 文件中，通过 #include "one.h" 和 #include "two.h" 包含了这两个头文件，然后使用 using namespace ns1; 声明将要使用命名空间 ns1，在代码第 10 行使用了变量 number，第 12 行使用了类 Student。

多个文件下的同名的命名空间下，尽量不要出现同名的实体，以免在使用的时候发生二义性错误(尽管定义的时候不会出错)。

15.2.4 多文件多命名空间

与单文件多命名空间的使用类似，多个文件下也可以像单个文件下一样，定义多个命名空间：既可以定义同层次的多个命名空间，也可以命名不同层次下的多个命名空间。只要在使用的时候包含了这些文件，并声明了相应层次的命名空间，就可以顺利地使用相应命名空间下的实体。

【例 15.7】 多文件多命名空间示例。

程序代码：

该程序合计三个文件 one.h，two.h，main.cpp。

one.h

```
01    namespace ns1
02    {
03        namespace ns11
04        {
05            class Student
06            {
07            private:
08                int num;
09            public:
10                Student(int n):num(n)
11                {
12                }
13                void show()
14                {
15                    std::cout<<"student num is "<< num << std::endl;
```

```
16          }
17        };
18      }
19  }
```

two.h

```
01  #include <iostream>
02  namespace ns1
03  {
04      void sayhello()
05      {
06          std::cout<<"hello"<<std::endl;
07      }
08  }
09
10  namespace ns2
11  {
12      int number;
13  }
```

main.cpp

```
01  #include <iostream>
02  #include "one.h"
03  #include "two.h"
04
05  using namespace std;
06  using namespace ns1::ns11;
07
08  int main()
09  {
10      ns2::number=100;
11      cout<<"number="<<ns2::number<<endl;
12      ns1::sayhello();
13      Student stu(200);
14      stu.show();
15      return 0;
16  }
```

运行结果：

```
number=100
hello
student num is 200
```

代码分析：

（1）命名空间的定义。在 one.h 和 two.h 文件中均定义了命名空间 ns1，另外，在 one.h 的命名空间 ns1 下定义了命名空间 ns11，在 two.h 中定义了和 ns1 同层次的命名空间 ns2。

（2）命名空间的使用。在 main.cpp 中第 10、11 行使用了命名空间 ns2 下的 number 变量，第 12 行使用了命名空间 ns1 下的 sayhello()函数，使用这两个实体的时候，并没有提前声明命名空间,而是使用了命名空间加限定符的形式来使用实体。

第 13 行代码使用了 Student 类,该类在 ns11 命名空间下定义了,因此在使用的时候提前在第 6 行使用 using namespace ns1::ns11;进行了提前声明,这样就不需要使用命名空间加限定符的形式来使用了。

15.3 预处理器

一个源程序经过编译生成可执行程序需要经过预处理、编译、汇编、连接等步骤,其中在预处理阶段,C++提供了一些指令,指示编译器在编译之前需要完成的工作,这些指令称为预处理器。

预处理器指令均是以井号(♯)开始,并且它们不是 C++ 的程序语句,所以不需要以分号(;)结尾。先前程序中广泛使用的 ♯include <iostream> 预处理指令就是指示编译器将 iostream 头文件包含进来,这个操作指示编译器将 iostream 文件的源码复制到当前源码中进行后续的编译处理。

15.3.1 预处理器指令

预处理器指令(如 ♯define 和 ♯ifdef)通常用于简化源程序在不同的执行环境中的更改和编译。源文件中的指令告知预处理器采取特定操作。例如,预处理器 ♯define 可以替换文本中的标记,将其他文件的内容插入源文件,或通过 ♯ifdef 移除几个部分的文本来取消一部分文件的编译等。预处理器可识别下列指令:♯define、♯elif、♯else、♯endif、♯error、♯if、♯ifdef、♯ifndef、♯import、♯include、♯line、♯pragma、♯undef、♯using。

数字符号(♯)必须是包含指令的行上的第一个非空格字符。空格字符可以出现在数字符号和指令的第一个字母之间。某些指令包含参数或值。所有跟在指令后面(指令包含的自变量或值除外)的文本的前面必须有单行注释分隔符(//)或者必须括在注释分隔符(/* */)中。包含预处理器指令的行可以通过紧靠在行尾标记前放置反斜杠(\)继续。

预处理器指令可以出现在源文件中的任何位置,但是它们在出现后,仅应用于源文件的其余部分。

(1) 文件包含 ♯include。♯include 指令主要用于将指定的文件的内容完全复制到当前位置。在使用的时候,可以将常数、宏定义、函数声明、类声明等放在某一个头文件中,然后用 ♯include 指令包含进来,从而可以方便地重用这些元素。

♯include 合计有两种形式,它们搜索文件的顺序不同:

① ♯include <文件路径>。
② ♯include "文件路径"。

使用这两种形式包含文件时,系统搜索相应文件的顺序不同,具体见表 15.2。

表 15.2 不同文件包含形式的路径搜索顺序

路径形式	搜索顺序
<文件路径>	(1) 跟随每个 /I 编译器选项指定的路径 (2) 通过命令行进行编译时,跟随 INCLUDE 环境变量指定的路径

续表

路径形式	搜索顺序
"文件路径"	（1）在包含 #include 语句的文件所在的同一目录中 （2）在当前打开的包含文件的目录中，采用与打开它们的顺序相反的顺序。搜索从父包含文件的目录中开始进行，然后继续向上到任何祖父包含文件的目录 （3）跟随每个 /I 编译器选项指定的路径 （4）跟随 INCLUDE 环境变量指定的路径

尖括号指示的路径，编译器将只是从系统设置的路径下寻找，而双引号指示的路径，编译器将首先从用户目录下寻找，在找不到的情况下，到系统设置的路径下寻找。在一般情况下，使用尖括号的形式指示包含标准头文件，而使用双引号的形式包含用户自定义的头文件。

（2）**宏定义 #define**。#define 预处理指令用于创建符号常量，该符号常量通常称为宏。宏有两种定义形式，一种是无参数的宏，一种是有参数的宏，具体如下。

① **无参数的宏**。一般的语法形式如下：

#define 宏名 替换文本

当程序中使用了某个宏的时候，编译器将对应的宏直接替换为先前定义的替换文本。例如：

#define PI 3.14159
#define E 2.71828

替换文本也可以不写，相当于虽然创建了符号常量，但并没有需要替换的文本，这种情况一般是用于判断程序是否定义了某个宏，比如用于条件编译时候的判断等。

② **有参数的宏**。#define 还可以代入参数，形成一种带有参数的宏，形式上类似于函数的定义。

#define 宏名(参数列表) 宏体

对于定义的宏，程序中可以用 #undef 预处理器指令取消其定义。

【例 15.8】 #define 使用示例。

程序代码：

```
01  #include <iostream>
02  using namespace std;
03
04  #define PI           3.14159
05  #define AREA(r)      (PI*(r)*(r))
06  #define CIRCLE(r)    PI*r*r
07
08  int main()
09  {
10      cout << AREA(3+4) << endl;
11      cout << CIRCLE(3+4) << endl;
12      return 0;
13  }
```

运行结果:

```
153.938
25.4248
```

代码分析:

(1) 第 10 行 main() 函数中 AREA(3+4)将会使用宏 PI 和 AREA(r)进行替换展开,最终替换成(3.14159*(3+4)*(3+4)),所以结果为 153.938。

(2) 第 11 行 CIRCLE(3+4)部分将会使用宏 PI 和 CIRCLE(r)进行替换展开,最终替换成 3.14159*3+4*3+4,所以最终结果为 25.4248。

可以看出,在使用宏的时候要注意其可能会改变优先级。在传递的各参数上加上括号,并且在全部宏体上也加上括号是一种可行的解决方法。

关于带有参数的宏的一些其他要点如下。

① 带有参数的宏,看起来类似于函数,但其不会检查参数类型,而函数会检查类型。
② 宏没有返回值,函数可以有返回值。
③ 宏是在预编译阶段替换,运行时无调用,而函数是在运行时有调用操作。
④ 宏不可以调试,函数可以调试。
⑤ 宏不支持递归,函数可以递归。
⑥ 宏最后不需要加分号。

(3) **条件编译 ♯if、♯ifdef、♯ifndef**。条件编译预处理指令的结构与 if 选择结构比较相像,其主要用于有选择地对部分程序源代码进行编译。其主要包括♯if,♯ifdef,♯ifndef 等几类,当然其也有类似于 else 的分支,比如♯else,以及结束条件编译的指令♯endif,其还包括条件编译的嵌套,比如♯elif,♯elifdef,♯elifndef 等。

条件编译选中参与编译的程序代码将最终被编译成可执行代码,而未被选中的编译的程序代码会被忽略。

【例 15.9】 条件编译指令示例。
程序代码:

```
01    # include <iostream>
02    using namespace std;
03
04    # define DEBUG
05
06    int main()
07    {
08        # ifndef __cplusplus
09            # error C++compiler required.
10        # endif
11
12        # if 1
13            cout <<"# if 1 test"<< endl;
14        # else
15            cout <<"# if 0 test"<< endl;
16        # endif
17
```

```
18      #ifdef DEBUG
19          cout <<"this is the first Debug message"<< endl;
20      #else
21          cout <<"this is the first Release message"<< endl;
22      #endif // DEBUG
23
24      #undef DEBUG
25
26      #ifndef DEBUG
27          cout <<"this is the second Release message"<< endl;
28      #else
29          cout <<"this is the second Debug message"<< endl;
30      #endif // DEBUG
31      return 0;
32  }
```

运行结果：

```
#if 1 test
this is the first Debug message
this is the second Release message
```

代码分析：

(1) 第 8~10 行检测 __cplusplus 宏没有被定义时编译。若该宏没有被定义，则该程序将在编译阶段输出信息 C++ compiler required. ，并停止编译。

(2) 第 12 行的 #if 1 指令表明，cout <<"#if 1 test"<< endl; 这一条语句将被编译。

(3) 第 18 行的 #ifdef DEBUG 指令表明只要先前定义过 DEBUG，则 cout <<"this is the first Debug message"<< endl; 这条语句将被编译。

(4) 第 26 行的 #ifndef DEBUG 指令表明若先前未定义过 DEBUG，则 cout <<"this is the second Release message"<< endl; 这条语句将被编译，由于之前使用 #undef DEBUG 这条指令将之前的 DEBUG 的宏定义取消，所以 #ifndef 判断 DEBUG 未定义。

15.3.2 预处理运算符 # 和

在 #define 指令的上下文中使用了两个预处理器特定运算符。字符串化运算符(#)，使对应的实参用双引号引起来；标记粘贴运算符(##)，允许将用作实参的令牌连接起来形成其他令牌。

【例 15.10】 # 和 ## 示例。

程序代码：

```
01  #include <iostream>
02  using namespace std;
03
04  #define STR(s)      #s
05  #define CONN(s1,s2) s1##s2
06  int main()
07  {
```

```
08      int onek=1024;
09      cout << STR(I love China!)<< endl;
10      cout << CONN(12,34)<< endl;
11      cout << CONN(one,k)<< endl;
12      return 0;
13  }
```

运行结果：

```
I love China!
1234
1024
```

代码分析：

(1) 第 9 行的 STR(I love China!)将被编译为："I love China!"。

(2) 第 10 行的 CONN(12,34)将被编译为：1234。

(3) 第 11 行的 CONN(one,k)将被编译为：onek,这是程序中之前定义的变量,所以输出该变量的值 1024。

15.3.3 预定义的预处理器宏

预处理器宏有两种类型。"类似于对象"的宏不采用任何自变量。"类似于函数"的宏可以定义为接收自变量,以便其外观和行为类似于函数调用。由于宏不生成实际函数调用,可以将函数调用替换为宏以使程序更快地运行。

一旦使用♯define 定义了宏,就无法在未先移除原始定义的情况下将其重定义为不同的值。但是,可以使用完全相同的定义来重定义宏。因此,相同的定义可能会在一个程序中出现多次。♯undef 指令将移除宏的定义。一旦移除了定义,就可以将宏重定义为不同的值。

编译器通常支持如下预定义的预处理器宏。

(1) __func__：封闭函数的未限定、未修饰名称。

(2) __cplusplus：当翻译单元编译为 C++时,定义为整数文本值。其他情况下则不定义。可用于判断当前编译器环境是否为 C++环境。

(3) __FILE__：当前源文件的名称。__FILE__ 展开为字符型字符串文本。

(4) __LINE__：定义为当前源文件中的整数行号。可使用 ♯line 指令来更改 __LINE__ 宏的值。__LINE__ 值的整型类型因上下文而异。

(5) __DATE__：当前源文件的编译日期。日期是 Mmm dd yyyy 格式的恒定长度字符串文本。月份名 Mmm 与 C 运行时库（CRT）asctime 函数生成的缩写月份名相同。如果值小于 10,则日期 dd 的第一个字符为空格。

(6) __TIME__：预处理翻译单元的翻译时间。时间是 hh:mm:ss 格式的字符型字符串文本,与 CRT asctime 函数返回的时间相同。

【例 15.11】 预定义宏示例。

程序代码：

```
01  ♯include <iostream>
02  using namespace std;
```

```
03
04   int main()
05   {
06       cout <<__func__<< endl;
07       cout <<__cplusplus << endl;
08       cout <<__FILE__<< endl;
09       cout <<__LINE__<< endl;
10       cout <<__DATE__<< endl;
11       cout <<__TIME__<< endl;
12       return 0;
13   }
```

运行结果:

```
main
201103
E:\C++\test\test001\main.cpp
9
Nov 17 2023
17:32:55
```

15.4 匿名函数

匿名函数也称为 Lamda 函数、Lamda 表达式,是一种特殊的函数,可以理解成是在一个现有函数的内部定义的局部函数(这一点打破了 C++ 函数不能嵌套定义的规定),并在现有函数内部调用了该匿名局部函数。最大的作用是不需要额外编写一个函数或函数对象,避免了代码膨胀,可以让开发人员更加集中在当前需要解决的问题上,提高程序设计效率。

15.4.1 基础使用

视频讲解

匿名函数的语法形式如下。

[捕捉列表](参数列表)mutable—>函数类型{函数体}

(1) **捕捉列表**。[]是匿名函数的独特标识,使用其引出匿名函数,其中的捕捉列表包含零个(不捕捉外部参数)、一个或多个捕捉项,中间以逗号隔开。所谓捕捉,就是在匿名函数获得其父作用域(定义所处的外部作用域)中的变量。捕捉列表的形式及其含义见表 15.3。

表 15.3 捕捉列表的形式及含义

形 式	含 义
[var]	按值传递方式捕捉变量 var
[=]	按值传递方式捕捉所有父作用域的变量,包括 this 指针
[&var]	按引用方式捕捉变量 var
[&]	按引用方式捕捉所有父作用域的变量,包括 this 指针
[this]	按值传递方式捕捉当前的 this 指针
[=,&a,&b]	按引用传递的方式捕捉变量 a,b,按值传递方式捕捉其他变量
[&,a,this]	按值传递方式捕捉 a,this,按引用捕捉其他变量

说明：这里的父作用域指的是匿名函数所处的语句块；捕捉列表中不允许变量重复传递，若重复捕捉，则编译报错；捕捉 this 指针的目的是当父作用域为类时，可以在匿名函数内部使用类的所有成员数据及成员函数。

(2) **参数列表**。与一般函数的参数列表一致，如果不需要传递参数，可以省略。

(3) **mutable**。默认情况下，匿名函数为一个 const 函数，mutable 可以取消这一特性。

(4) **->函数类型**。函数的返回类型。

(5) **{函数体}**。与一般函数的函数体一致，由程序语句构成，其中可以和一般函数一样，使用参数列表的参数，同时还可以使用捕捉到的父作用域中的变量。

尽管匿名函数本身没有名字，但在使用时，有时也将其赋值给一个 auto 类型的变量，以便在局部作用域中重复使用该函数。

【例 15.12】 匿名函数一般使用示例。

程序代码：

```
01  #include<iostream>
02  using namespace std;
03
04  int main()
05  {
06      int a=111,b=555;
07      //不返回值的匿名函数
08      auto add_1=[]()->void{
09          cout<<"add1"<<endl;
10      };
11      add_1();
12      //自动判断返回值类型的匿名函数
13      auto add_2=[](){
14          return 123.45f;
15      };
16      cout<<"add_2:"<<add_2()<<endl;
17      //有参数传递,无捕捉,内部无法访问 a,b
18      auto add_3=[](int x,int y)->int{
19          return x+y;
20      };
21      cout<<"add_3:"<<add_3(a,b)<<endl;
22      //无参数传递,按值捕捉外部变量,不能修改外部变量
23      auto add_4=[=]()->int{
24          return a+b;
25      };
26      cout<<"add_4:"<<add_4()<<endl;
27      //无参数传递,按引用捕捉外部变量,可以修改外部变量
28      auto add_5=[&]()->int{
29          a=222;
30          b=444;
31          return a+b;
32      };
33      cout<<"add_5:"<<add_5()<<endl;
34      cout<<"a="<<a<<" b="<<b<<endl;
35      //有参数传递,按值捕捉
36      auto add_6=[=](int x,int y)->int{
```

```
37              return a+b+x+y;
38          };
39          cout<<"add_6:"<< add_6(2,3)<< endl;
40          //有参数传递,按引用捕捉
41          auto add_7=[&](int x,int y)-> int{
42              a=100;
43              b=500;
44              return a+b+x+y;
45          };
46          cout<<"add_7:"<< add_7(2,3)<< endl;
47          cout<<"a="<< a <<" b="<< b << endl;
48          //有引用参数传递,按值及引用捕捉
49          auto add_8=[a,&b](int x,int &y)-> int{
50              b=400;
51              y=300;
52              return a+b+x+y;
53          };
54          int c=10;
55          cout<<"add_8:"<< add_8(2,c)<< endl;
56          cout<<"a="<< a <<" b="<< b <<" c="<< c << endl;
57          //有指针参数传递,按值及引用捕捉
58          auto add_9=[a,&b](int x,int *y)-> int{
59              b=500;
60              *y=200;
61              return a+b+x+ *y;
62          };
63          int d=10
64          cout<<"add_9:"<< add_9(2,&d)<< endl;
65          cout<<"a="<< a <<" b="<< b <<" d="<< d << endl;
66          return 0;
67      }
```

运行结果：

```
add1
add_2:123.45
add_3:666
add_4:666
add_5:666
a=222 b=444
add_6:671
add_7:605
a=100 b=500
add_8:802
a=100 b=400 c=300
add_9:802
a=100 b=500 d=200
```

代码分析：

(1) **匿名函数返回值**。匿名函数可以不写返回值类型,也就是声明上省略"->函数类型",C++将根据函数体中的返回结果自动推断,第13行推断其返回值类型为float。

(2) **捕捉列表**。当[]中为空,也就是不捕捉变量时,匿名函数内部不能对父作用域中的

变量进行读写。当按值捕捉对应变量时,函数内部可以读取父作用域中对应的变量,但不能修改,当按引用捕捉对应变量时,函数内部可以对父作用域中对应的变量进行读写操作。

(3) **参数类型**。()中的参数可以为值、引用或指针,当为引用时,可以直接修改传入的变量,当为指针时,可以通过间接访问修改传入的变量。

15.4.2 mutable 特性

当在应用程序中需要在函数内部对捕捉进来的变量进行修改,而这种修改又不能影响父作用域时,可以考虑使用 mutable 特性。

注意,使用 mutable 修饰时,捕捉变量在函数内部修改的值会一直作用在每一次匿名函数调用过程中。

【例 15.13】 匿名函数中使用 mutable 的示例。

程序代码:

```
01  #include <iostream>
02  using namespace std;
03
04  int main()
05  {
06      int a=100;
07      //按引用捕捉
08      auto funa=[&]()-> void{
09          a++;
10          cout <<"fun a="<< a << endl;
11      };
12      funa();
13      cout <<"main a="<< a << endl;
14      funa();
15      cout <<"main a="<< a << endl;
16      //按值捕捉,mutable 下可修改捕捉变量
17      int b=100;
18      auto funb=[=]()mutable-> void{
19          b++;
20          cout <<"fun b="<< b << endl;
21      };
22      funb();
23      cout <<"main b="<< b << endl;
24      funb();
25      cout <<"main b="<< b << endl;
26      return 0;
27  }
```

运行结果:

```
fun a=101
main a=101
fun a=102
main a=102
fun b=101
```

```
main b=100
fun b=102
main b=100
```

代码分析：

（1）**mutable 的特性**。当按值捕捉父作用域中的变量时，匿名函数内部无法修改相关变量，而当按引用捕捉父作用域中的变量时，匿名函数内部对父作用域中的变量的修改同步体现到父作用域中。

而当按值捕捉父作用域变量并加上 mutable 特性时，这会将相关变量的不可修改特性消除掉，在匿名函数内部可以修改这些变量，并且可以保持这种修改到下一次调用，但这种修改不能作用到父作用域中。

（2）**匿名函数及捕捉变量的再认识**。匿名函数在 C++ 内部会编译成一个函数对象类，在定义捕捉变量时，系统已经将捕捉变量保存到该对象内部，可以理解成捕捉变量已经成为内部的成员数据。对该函数的多次调用，都是对该对象的多次运行，参数重新传递，而捕捉变量不再重复获取。

15.5 字符串 string 类

C++ 中处理字符串可以使用字符数组，同时为了方便处理带结束符 '\0' 的字符串，在 cstring 头文件中提供了诸多的函数，例如 strcpy()、strcat()、strcmp() 等，但在使用的时候仍然存在一些不方便和不够直观的缺点，C++ 提供了 string 类，该类封装了字符串操作的许多底层函数，使用上更加直观便捷。

程序中使用 string 类时，需要声明包含 string 头文件。

string 类具有如下一些常用的成员函数，包括元素访问、迭代器、容量、修改、查找、操作作、比较、数值转换等。

（1）**元素访问相关函数**，见表 15.4。

表 15.4 string 类元素访问函数

成员函数	功能介绍
at(n)	返回下标 n 处的元素，若 n 超出 string 的范围，则抛出 out_of_range 异常
operator[]	直接根据下标位置返回 string 中的元素
front()	返回第一个元素
back()	返回最后一个元素
data()	返回 string 中存储的字符数组，不一定带有 '\0' 结尾
c_str()	返回 string 中存储的字符数组，带有 '\0' 结尾

【例 15.14】string 类元素访问相关函数示例。

程序代码：

```
01  #include <iostream>
02  #include <string>
03  using namespace std;
04
05  int main()
```

```cpp
06    {
07        string str1;                     //""
08        string str2(5,'+');              //"+++++"
09        string str3="I love C++";        //"I love C++"
10        string str4(str3,7,3);           //"C++"
11        string str5(str3,2);             //"love C++"
12        string str6("I love\0C++");      //"I love"
13        string str7(str6);               //"I love"
14        string str8=str7+" "+str4;       //"I love C++"
15        string str9({'C','+','+'});      //"C++"
16        cout <<"str1:"<< str1 << endl
17            <<"str2:"<< str2 << endl
18            <<"str3:"<< str3 << endl
19            <<"str4:"<< str4 << endl
20            <<"str5:"<< str5 << endl
21            <<"str6:"<< str6 << endl
22            <<"str7:"<< str7 << endl
23            <<"str8:"<< str8 << endl
24            <<"str9:"<< str9 << endl;
25        cout <<"at(3):"<< str8.at(3)<< endl;
26        cout <<"[3]:"<< str8[3]<< endl;
27        char &f=str8.front();
28        f='Y';
29        cout <<"front:"<< str8 << endl;
30        char &b=str8.back();
31        b='-';
32        cout <<"back:"<< str8 << endl;
33        const char * p1=str8.data();
34        cout <<"data():"<< p1 << endl;
35        const char * p2=str8.c_str();
36        cout <<"c_str()"<< p2 << endl;
37        return 0;
38    }
```

运行结果：

```
str1:
str2:+++++
str3:I love C++
str4:C++
str5:love C++
str6:I love
str7:I love
str8:I love C++
str9:C++
at(3):o
[3]:o
front:Y love C++
back:Y love C+-
data():Y love C+-
c_str()Y love C+-
```

代码分析:

① **string 的构造函数**。第 8 行的 string(int count,char c)构造了 count 个 c 字符形成的 string 字符串。

第 10 行的 string(string other,int pos,int count)根据现有的字符串 other,从下标位置 pos(字符串 string 的开始下标位置为 0)开始的 count 个字符构造一个新的 string 字符串。

第 11 行的 string(string other,int pos)根据现有的字符串 other,从下标位置 pos 开始的剩下的所有字符构造一个新的 string 字符串。

第 12 行的构造函数参数为一个 C 语言风格的字符串,将该字符串从开始位置到以'\0'结尾部分的字符构造成一个新的 string 字符串。

第 14 行可以将两个现有的 string 对象利用"+"连接形成一个新的字符串。

第 15 行根据字符列表来构造字符串。

② **at()和[]的区别**。at()和[]均可以根据下标获得对应的字符,at()可以在下标越界时抛出异常。

③ **front()和 back()**。front()和 back()可以分别获得字符串的首尾字符的引用,此时可以直接通过对该字符引用的赋值来修改字符串。

④ **data()和 c_str()的区别**。data()和 c_str()均可以获得 string 对象内部存储的 C 语言风格的字符指针,一般用于需要以 const char * 作为参数传递的场所。

(2) **迭代器相关函数**。迭代器(iterator)是程序设计的一种技术,它是在容器上建立了一个可以遍历容器元素的接口,用户可以通过这种接口访问或修改容器中的元素,而无须了解容器底层实现元素存储的细节。

具体到 string 上来说,可以通过迭代器方便地对 string 中的字符进行读写操作,相关可行的操作见表 15.5。

表 15.5 string 类迭代器函数

成员函数	功能介绍
begin()	返回指向 string 中第一个字符的随机迭代器
end()	返回指向 string 中最后一个字符之后一个位置的随机迭代器
rbegin()	返回指向 string 中最后一个字符的随机迭代器,也就是反向的 begin()
rend()	返回指向 string 中第一个字符之前一个位置的随机迭代器,也就是反向的 end()
cbegin()	与 begin()类似,但是前面加上了 c(onst)常量限制,不能利用迭代器修改 string 中的字符
cend()	与 end()类似,但是前面加上了 c(onst)常量限制,不能利用迭代器修改 string 中的字符
crbegin()	与 rbegin()类似,但是前面加上了 c(onst)常量限制,不能利用迭代器修改 string 中的字符
crend()	与 rend()类似,但是前面加上了 c(onst)常量限制,不能利用迭代器修改 string 中的字符

【例 15.15】 迭代器示例。

程序代码:

```
01   #include <iostream>
02   #include <string>
03   using namespace std;
04
05   int main()
06   {
```

```
07      string str="I love C++";
08      cout << str << endl;
09      for(auto i=str.begin();i!=str.end();i++)
10      {
11          *i=*i+1;
12      }
13      for(auto i=str.cbegin();i!=str.cend();i++)
14      {
15          cout << *i;
16      }
17      cout << endl;
18      for(auto i=str.rbegin();i!=str.rend();i++)
19      {
20          *i=*i-1;
21      }
22      for(auto i=str.crbegin();i!=str.crend();i++)
23      {
24          cout << *i;
25      }
26      return 0;
27  }
```

运行结果：

```
I love C++
J!mpwf!D,,
++C evol I
```

代码分析：

① **begin()和end()以及cbegin()和cend()**。第9～12行，通过从begin()到end()的遍历，可以对每一个位置的字符进行读或者写的操作，这里将每个字符的ASCII码值增加1。

第13～16行，利用cbegin()和cend()对字符串进行遍历，此时获得迭代器不可以修改底层的字符，这里直接输出。

② **rbegin()和rend()以及crbegin()和rcend()**。第18～21行，通过从rbegin()到rend()的遍历，对字符串进行反向遍历操作，可以对每个位置的字符进行读写操作，这里将每个字符的ASCII码值减小1。

第22～25行，通过从crbegin()到crend()的遍历，对字符串进行反向遍历操作，此时迭代器不可修改，这里直接输出。

（3）**容量相关函数**。见表15.6。

表15.6 容量相关函数

成员函数	功能介绍
empty()	判断字符串是否为空
size()	获得字符串中字符的个数
length()	同 size()
max_size()	字符串可以容纳的最大字符数
capacity()	当前阶段分配的内存可以容纳的字符数
shrink_to_fit()	将当前阶段分配的未使用的内存去除

【例 15.16】 string 容量相关函数示例。

程序代码：

```cpp
01  #include <iostream>
02  #include <string>
03  using namespace std;
04
05  int main()
06  {
07      string str1;
08      string str2="";
09      string str3="I love C++";
10      cout <<"empty:"<<'\t'
11          << str1.empty()<<'\t'
12          << str2.empty()<<'\t'
13          << str3.empty()<< endl;
14      cout <<"size:"<<'\t'
15          << str1.size()<<'\t'
16          << str2.size()<<'\t'
17          << str3.size()<< endl;
18      cout <<"max_size:"<<'\t'
19          << str1.max_size()<<'\t'
20          << str3.max_size()<< endl;
21      cout <<"capacity:"<<'\t'
22          << str1.capacity()<<'\t'
23          << str2.capacity()<<'\t'
24          << str3.capacity()<< endl;
25      for(int i=0;i<100;i++)
26      {
27          str3=str3+'a';
28      }
29      cout <<"str3 size and capacity:"<< endl
30          << str3.size()<<'\t'<< str3.capacity()<< endl;
31      str3.shrink_to_fit();
32      cout <<"after shrink_to_fit"<< endl
33          << str3.size()<<'\t'<< str3.capacity()<< endl;
34      return 0;
35  }
```

运行结果：

```
empty:   1       1       0
size:    0       0       10
max_size:        9223372036854775807     9223372036854775807
capacity:        15      15      15
str3 size and capacity:
110      218
after shrink_to_fit
110      110
```

代码分析：

① **empty()**。empty()函数用于判断字符串是否为空，当 string 对象中没有任何字符时，则为空。

② **size()**。size()用于获取 string 对象中现有字符的个数。

③ **max_size()**。max_size()可以获得当前字符串对象最多可以容纳的字符个数。

④ **capacity()**。capacity()用于获得当前分配的内存可以容纳的字符个数。string 对象会随着字符个数的增加进行内存的再分配,每一次分配后的总容量 capacity 往往会超过现有的字符个数 size,这可以减少 string 对象动态增加时内存分配的次数。

⑤ **shrink_to_fit()**。将 string 对象进行收缩 shrink 操作,将没有用来存储字符的内存释放,释放后的 capacity 会和字符个数 size 相当。

(4) 修改类函数。见表 15.7。

表 15.7 修改类函数

成员函数	功能介绍
clear()	删除字符串中的所有字符
insert()	插入字符
erase()	删除指定的字符
push_back()	在末尾增加一个字符
pop_back()	去掉末尾的字符
append()	在末尾增加(多个)字符
operator+=	在末尾增加(多个)字符
replace()	替换字符串中的部分字符
copy()	复制部分字符串
resize()	调整字符串长度
swap()	交换字符串内容

【例 15.17】 string 中修改类函数示例。

程序代码:

```
01  #include <iostream>
02  #include <string>
03  using namespace std;
04
05  int main()
06  {
07      string str1=" love C++";
08      string str2="Hello China";
09      str1.insert(0,1,'I');
10      cout <<"1)"<< str1 << endl;
11      str1.insert(0,"You and ");
12      cout <<"2)"<< str1 << endl;
13      str1.erase(0,8);
14      cout <<"3)"<< str1 << endl;
15      str2.push_back('!');
16      cout <<"4)"<< str2 << endl;
17      str2.pop_back();
18      cout <<"5)"<< str2 << endl;
19      str1.append(str2);
20      cout <<"6)"<< str1 << endl;
21      str1+=str2;
22      cout <<"7)"<< str1 << endl;
```

```
23        str1.replace(0,1,"You");
24        cout <<"8)"<< str1 << endl;
25        char c[6]{};
26        str2.copy(c,5,0);
27        cout <<"9)"<< c << endl;
28        str1.resize(12);
29        cout <<"10)"<< str1 << endl;
30        str1.swap(str2);
31        cout <<"11)"<< str1 << endl
32             <<"12)"<< str2 << endl;
33        return 0;
34    }
```

运行结果：

```
1)I love C++
2)You and I love C++
3)I love C++
4)Hello China!
5)Hello China
6)I love C++Hello China
7)I love C++Hello ChinaHello China
8)You love C++Hello ChinaHello China
9)Hello
10)You love C++
11)Hello China
12)You love C++
```

代码分析：

① **insert()** 函数。第 9 行和第 11 行使用了 insert() 函数向已有的字符串插入字符或字符串。第 9 行使用 insert(int index, int count, char c) 函数对 string 对象 index 位置插入 count 个字符 c, 第 11 行使用的 insert(int index, string s) 函数对 string 对象 index 位置插入一个 string 对象 s。

② **erase()** 函数。第 13 行使用了 erase(int index, int count) 函数将 string 对象 string 从 index 开始的 count 个字符删除。

(5) 查找类函数。见表 15.8。

表 15.8　查找类函数

成员函数	功能介绍
find()	查找到给定字符串的第一次出现位置
rfind()	查找到给定字符串的最后一次出现位置
find_first_of	查找到多个字符中的第一个出现位置
find_first_not_of	查找到多个字符中的第一个缺席位置
find_last_of	查找到多个字符的最后一个出现位置
find_last_not_of	查找到多个字符的最后一个缺席位置

【例 15.18】　string 查找类函数示例。

程序代码：

```
01  #include <iostream>
02  #include <string>
03  using namespace std;
04
05  int main()
06  {
07      string str1="This is a test string.It is true!";
08      string str2="is";
09      int n=str1.find(str2);
10      cout<<"1)"<<n<<endl;
11      n=str1.find(str2,4);
12      cout<<"2)"<<n<<endl;
13      n=str1.rfind(str2);
14      cout<<"3)"<<n<<endl;
15      string str3="xt";
16      n=str1.find_first_of(str3);
17      cout<<"4)"<<n<<endl;
18      n=str1.find_first_not_of(str3);
19      cout<<"5)"<<n<<endl;
20      n=str1.find_last_of(str3);
21      cout<<"6)"<<n<<endl;
22      n=str1.find_last_not_of(str3);
23      cout<<"7)"<<n<<endl;
24      return 0;
25  }
```

运行结果：

1)2
2)5
3)25
4)10
5)0
6)28
7)32

代码分析：

① **find()及rfind()函数**。第9行使用了查找函数find(string &str)用于查找字符串对象中从起点下标0位置开始与str匹配的第一个位置，若字符串对象中没有str字符串，则返回-1。第11行使用了find(string &str,int index)函数，查找的位置从index开始。

第13行使用了rfind(string &str)函数，与find()函数类似，只是查找的方向从末尾的位置向左移动。

② **find_first_of()、find_first_not_of()、find_last_of()、find_last_not_of()函数**。这些函数的参数虽然可以为字符串对象，但在查找的时候，并不像find()或rfind()函数一样是字符串的子串完整地和参数匹配，而是字符串中的一个字符和参数字符串中的一个字符匹配，则find_first_of()以及find_last_of()即匹配。第16行的find_first_of()函数将程序中的str1对象和str3："xt"进行匹配，只有在下标为10的位置上的字符't'和str3中的't'匹配，所以返回10。同理，第20行也是如此。

只有字符串某个位置上的字符和参数字符串中的所有字符均不匹配的时候，find_first_

not_of()以及 find_last_not_of()才成立。第 18 行和第 22 行使用的这两个函数分别从 str1 的左侧和右侧的第一个字符开始和 str3 中的字符匹配,结果所遇到的第一个字符均不在 str3 的字符列表中,所以返回的整数分别是 tr1 的第一个下标和最后一个下标。

（6）操作类函数。见表 15.9。

表 15.9 操作类函数

成员函数	功能介绍
compare()	按照字典序比较两个字符串
substr()	获得一个子串

【例 15.19】 string 类操作类函数示例。

程序代码：

```
01    #include <iostream>
02    #include <string>
03    using namespace std;
04
05    int main()
06    {
07        string str1="Hello,China";
08        string str2="Hello,Bye";
09        int n=str1.compare(str2);
10        cout<<"1)"<<n<<endl;
11        n=str2.compare(str1);
12        cout<<"2)"<<n<<endl;
13        string str3=str1.substr(0,5);
14        cout<<"3)"<<str3<<endl;
15        string str4=str1.substr(6);
16        cout<<"4)"<<str4<<endl;
17        return 0;
18    }
```

运行结果：

```
1)1
2)-1
3)Hello
4)China
```

代码分析：

① **compare()函数。** 代码第 9 行和第 11 行使用了 compare()函数,进行 str1"Hello,China"字符串与 str2"Hello,Bye"字符串的比较,由于两个字符串直到中间逗号位置都是相同的,所以第一个不相同的字符分别是'C'和'B',于是当用 str1 调用 compare()函数,str2 为参数时,返回值大于 0,当用 str2 调用 compare()函数,str1 为参数时,返回值小于 0,若两个字符串内容完全相同,则返回值为 0。

② **substr()函数。** 代码第 13 行使用了字符串对象的 substr(int index,int count)函数获得了字符串从 index 位置开始的 count 个字符构成的新字符串。

代码第 15 行使用了字符串对象的 substr(int index)函数获得了字符串从 index 位置开

始的所有剩下的字符构成的新字符串。

(7) 与数值的转换函数(非成员函数)。见表 15.10。

表 15.10 数值转换函数

成员函数	功能介绍
stoi(),stol(),stoll()	字符串向有符号整数转换,其中 i,l,ll 分别表示 int,long,long long
stoul(),stoull()	字符串向无符号整数转换,其中 ul,ull 分别表示 unsigned long,unsigned long long
stof(),stod(),stold()	字符串向浮点数转换,其中 f,d,ld 分别表示 float,double,long double
to_string()	整数或浮点数向字符串转换

【例 15.20】 字符串与数值的转换函数示例。

程序代码:

```
01  #include <iostream>
02  #include <string>
03  using namespace std;
04
05  int main()
06  {
07      string str1="111";
08      int n=stoi(str1);
09      cout<<"1)"<<n<<endl;
10      n=stoi(str1,nullptr,2);
11      cout<<"2)"<<n<<endl;
12      n=stoi(str1,nullptr,8);
13      cout<<"3)"<<n<<endl;
14      n=stoi(str1,nullptr,16);
15      cout<<"4)"<<n<<endl;
16      string str2="123.456";
17      float d=stof(str2);
18      cout<<"5)"<<d<<endl;
19      string str3=to_string(12345);
20      cout<<"6)"<<str3<<endl;
21      string str4=to_string(12345.6);
22      cout<<"7)"<<str4<<endl;
23      return 0;
24  }
```

运行结果:

```
1)111
2)7
3)73
4)273
5)123.456
6)12345
7)12345.600000
```

代码分析:

① stoi()以及 stof()等字符串转化为数值的函数。第 8 行使用了 stoi(string& str)函

数直接将字符串转化为十进制的整数,第 10 行、第 12 行、第 14 行分别将字符串看成对应的二进制、八进制、十六进制的整数字符串,然后转换成对应进制的整数。

第 17 行使用 stof() 函数将字符串转化为浮点数。

② **to_string()由数值向字符串转换的函数。** 该函数的参数可以是整数或浮点数类型。

15.6 正则表达式

正则表达式是一种字符串模式匹配工具,可以用来进行各种文本处理操作。包括一些常见应用,举例如下。

(1) 字符串匹配。正则表达式可以用来判断一个字符串是否匹配某种模式。例如,检查一个字符串是否是有效的邮箱地址、手机号码、日期等。

(2) 字符串搜索和提取。通过正则表达式,可以在一个大的字符串中搜索到符合特定模式的子串,并提取出来。例如从一个 HTML 页面中提取出所有的链接地址。

(3) 字符串替换。使用正则表达式可以将一个字符串中匹配某个模式的部分替换为指定的内容。例如将一个文本中的所有 URL 替换为链接标记。

(4) 数据验证。正则表达式可以用来验证用户输入的数据是否符合要求。比如验证输入的用户名是否只包含字母和数字,密码是否符合安全要求等。

(5) 数据提取和格式化。通过正则表达式可以从复杂的字符串中提取出需要的数据,并进行格式化。比如从日志文件中提取出访问统计信息。

(6) 文本处理。正则表达式可用于各种文本处理任务,比如拆分文本、合并文本、统一格式等。

C++ 正则表达式在文本处理和模式匹配方面具有非常广泛的应用,可以简化和提高处理文本的效率。

视频讲解

15.6.1 基础

在需要使用正则表达式时,首先需要包含<regex>头文件,然后构造 regex 对象,该对象可用于对目标字符串的匹配、检索或替换。

【例 15.21】 合法手机号码检测。

程序代码:

```
01  #include <iostream>
02  #include <string>
03  #include <regex>
04  using namespace std;
05
06  int main()
07  {
08      string phone1 = "33312345678";
09      string phone2 = "13612345678";
10      string phone3 = "136ab123456";
11      regex pattern = regex("136\\d{8}");
```

```
12      bool isvalid1=regex_match(phone1,pattern);
13      bool isvalid2=regex_match(phone2,pattern);
14      bool isvalid3=regex_match(phone3,pattern);
15      cout << boolalpha <<"1)"<< isvalid1
16              <<'\t'<< isvalid2
17              <<'\t'<< isvalid3;
18      return 0;
19  }
```

运行结果：

1)false   true   false

代码分析：

（1）正则表达式对象构造。代码第 11 行构造了正则表达式对象，其中使用了"136\\d{8}"字符串来作为 regex 对象的构造函数的参数，这种表示方法利用了正则表达式字符来表示，这里可以使用 ECMAScript、POSIX 等各种字符表示方法进行表示，默认为 ECMAScript 的语法形式。这里的正则表达式含义为：以 136 开始的 11 位的数字。**附录 I** 列出了使用 ECMAScript 正则表达式语法中所用到的字符。

（2）目标字符串模式匹配。代码第 12 行使用了 regex_match() 函数来对目标字符串与模式是否匹配进行判断，这里使用了函数的一种形式 regex_match(string,regex) 来进行匹配，第一个参数可以是 string、c-string 或者迭代器对 pair 表示起点或终点之间的目标字符串，第二个参数为正则表达式。

从匹配结果可以看出，phone1 及 phone3 是不符合模式定义的，而 phone2 是匹配的，因为 phone1 开始的 3 个字符不是"136"，而 phone3 中间有字母，phone2 满足正则表达式定义的规则。

15.6.2 算法

正则表达式的使用中主要包含三个算法，可以直接调用函数实现，如表 15.11 所示。

表 15.11　正则表达式算法

算　　法	功能介绍
regex_match()	检测某个正则表达式是否和目标字符串匹配
regex_search()	检测某个正则表达式是否和目标字符串中的任意子串匹配
regex_replace()	检测到正则表达式和目标字符串中的某个子串匹配后，使用预置的字符串替换匹配的部分

【例 15.22】 regex_match 算法使用示例。

程序代码：

```
01  #include <iostream>
02  #include <string>
03  #include <regex>
04  using namespace std;
05
06  int main()
```

```cpp
07  {
08      string fnames[]={"abc.txt","ab.txt","movie.dat","picture.dat"};
09      regex pattern=regex("[a-z]+\\.txt");
10      cout<<"1)"<<endl;
11      for(auto fname:fnames)
12      {
13          bool ismatch=regex_match(fname,pattern);
14          cout << boolalpha << ismatch <<'\t';
15      }
16      cout << endl <<"2)"<< endl;
17      regex pattern2=regex("([a-z]+)\\.txt");
18      smatch base_match2;
19      for(auto fname:fnames)
20      {
21          if(regex_match(fname,base_match2,pattern2))
22          {
23              ssub_match base_sub_match=base_match2[1];
24              string matchstr=base_sub_match.str();
25              cout << fname <<" has sub match:"<< matchstr << endl;
26          }
27      }
28      cout <<"3)"<< endl;
29      regex pattern3=regex("([a-z]+)\\.([a-z]+)");
30      smatch base_match3;
31      for(auto fname:fnames)
32      {
33          if(regex_match(fname,base_match3,pattern3))
34          {
35              cout << fname << endl;
36              for(size_t i=0;i< base_match3.size();i++)
37              {
38                  ssub_match base_sub_match=base_match3[i];
39                  string matchstr=base_sub_match.str();
40                  cout <<"sub match "<< i <<":"<< matchstr << endl;
41              }
42          }
43      }
44      return 0;
45  }
```

运行结果：

```
1)
true    true    false   false
2)
abc.txt has sub match:abc
ab.txt has sub match:ab
3)
abc.txt
sub match 0:abc.txt
sub match 1:abc
sub match 2:txt
ab.txt
```

```
sub match 0:ab.txt
sub match 1:ab
sub match 2:txt
movie.dat
sub match 0:movie.dat
sub match 1:movie
sub match 2:dat
picture.dat
sub match 0:picture.dat
sub match 1:picture
sub match 2:dat
```

代码分析：

（1）**regex_match**。regex_match 算法可以拥有多种不同类型的参数，通常使用 regex_match(string,regex)直接返回 string 是否匹配 regex 的判断。还可以使用 regex_match(string,match_results,regex)形式来进行判断，此时整体的返回值仍然是 true 或者 false。

（2）**子匹配**。使用 regex_match(string,smatch,regex)形式来进行判断时，此时 smatch 中可以返回子匹配的结果，smatch 是特例化的 match_results，即为 match_results<string::const_iterator>，该结构内部使用序列容器来表示。子匹配是在 regex 中书写正则表达式时用圆括号"()"标注的模式子串，在整体进行匹配时，使用模式子串同时进行判断，并保存在 smatch 中。

在 smatch 中，下标为 0 的对象为整体匹配的结果，下标为 index 的对象则为第 index 个用"()"分组的模式子串的子匹配的结果。

【例 15.23】 regex_search 使用示例。

程序代码：

```
01  #include <iostream>
02  #include <string>
03  #include <regex>
04  using namespace std;
05
06  int main()
07  {
08      string flowers[]={"Roses have #ff0000 foreground color",
09                        "Violets have #ff00ff foreground color",
10                        "other flowers"};
11      regex pattern("#([a-f0-9]{2})([a-f0-9]{2})([a-f0-9]{2})");
12      cout<<"1)\n";
13      for(const auto& flower:flowers)
14      {
15          cout << flower <<":"<< boolalpha << regex_search(flower,pattern)<< endl;
16      }
17      cout<<"2)\n";
18      smatch result;
19      for(const auto& flower:flowers)
20      {
21          if(regex_search(flower,result,pattern))
22          {
23              cout<<"matches for '"<< flower <<"'"<< endl;
```

```
24            cout<<"prefix:'"<<result.prefix()<<"'"<<endl;
25            for(size_t i=0;i<result.size();i++)
26            {
27                cout<<i<<":"<<result[i]<<endl;
28            }
29            cout<<"suffix:'"<<result.suffix()<<"'"<<endl;
30        }
31    }
32    return 0;
33 }
```

运行结果：

```
1)
Roses have #ff0000 foreground color:true
Violets have #ff00ff foreground color:true
other flowers:false
2)
matches for 'Roses have #ff0000 foreground color'
prefix:'Roses have '
0:#ff0000
1:ff
2:00
3:00
suffix:' foreground color'
matches for 'Violets have #ff00ff foreground color'
prefix:'Violets have '
0:#ff00ff
1:ff
2:00
3:ff
suffix:' foreground color'
```

代码分析：

（1）**regex_search**。regex_search 用于检测目标字符串的任意子串是否与正则表达式匹配，若匹配则返回 true。"#ff0000"匹配"#([a-f0-9]{2})([a-f0-9]{2})([a-f0-9]{2})"，该正则表达式表示用#开始，然后跟着 3 个用圆括号隔开的分组，每个分组中表示：2 个字符，这两个字符可以为 0～9 或者 a～f 的字符。

（2）**匹配的前后缀**。当使用 match_results 保存返回的结果时，前缀即为目标字符串开始到完整匹配正则表达式开始位置的子串。后缀即为从完整匹配正则表达式结束位置开始到目标字符串结束之间的子串。对于"Roses have #ff0000 foreground color"字符串而言，其中"#ff0000"与正则表达式匹配，"Roses have "即为匹配结果的前缀，" foreground color"即为匹配结果的后缀。

【例 15.24】 regex_replace 使用示例。

程序代码：

```
01  #include<iostream>
02  #include<string>
03  #include<regex>
04  using namespace std;
```

```
05
06      int main()
07      {
08          string text="I like readme.txt";
09          regex pattern("(readme).([a-z]+)");
10          cout <<"1)"<< regex_replace(text,pattern," * ")<< endl;
11          cout <<"2)"<< regex_replace(text,pattern,"[$0]")<< endl;
12          cout <<"3)"<< regex_replace(text,pattern,"[$&]")<< endl;
13          cout <<"4)"<< regex_replace(text,pattern,"[$1]")<< endl;
14          cout <<"5)"<< regex_replace(text,pattern,"[$2]")<< endl;
15          cout <<"6)"<< regex_replace(text,pattern,"[$3]")<< endl;
16          cout <<"7)"<< regex_replace(text,pattern,"[$`]")<< endl;
17          cout <<"8)"<< regex_replace(text,pattern,"[$']")<< endl;
18          return 0;
19      }
```

运行结果:

```
1)I like  *
2)I like [readme.txt]
3)I like [readme.txt]
4)I like [readme]
5)I like [txt]
6)I like []
7)I like [I like ]
8)I like []
```

代码分析:

(**1**) **直接替换**。使用 regex_replace(string,regex,replace_text)算法时,可以直接将原始目标串中与 regex 正则表达式匹配的部分使用 replace_text 部分替换,见输出的 1)部分。

(**2**) **目标子串部分内容替换**。可以使用目标子串匹配正则表达式的部分内容对原始目标串内容进行替换。具体而言:

① $& 或 $0 表示与正则表达式匹配的整个字符串。所以代码第 11 行、第 12 行匹配的子串为 readme.txt 整体。

② $1,$2,…,$9 用于插入与前 9 个捕获组匹配的文本。见代码第 13、第 14 两行,因为正则表达式"(readme).([a-z]+)"中有两个分组,则 $0 表示整体匹配,$1 表示 readme,$2 表示 txt。

③ 如果捕获组的数量小于请求的数量,则将其替换为空。见代码第 15 行、输出第 6)行。

④ $`(反引号)用于插入匹配项左侧的字符串。见代码第 16 行、输出第 7)行。

⑤ $'(引号)用于插入匹配项右边的字符串。见代码第 17 行、输出第 8)行。

15.6.3 迭代器

正则表达式的使用中主要包含两个迭代器,可以直接调用函数实现,如表 15.12 所示。

表 15.12 正则表达式迭代器

迭代器	功能介绍
regex_iterator	遍历序列中所有与正则表达式匹配的项
regex_token_iterator	遍历给定字符串中所有正则表达式匹配项中的指定子表达式或不匹配的子字符串

【例 15.25】 regex_iterator 使用示例。

程序代码:

```
01  #include <iostream>
02  #include <string>
03  #include <regex>
04  using namespace std;
05
06  int main()
07  {
08      string filenames = "readme.txt movie.dat hello.txt bye.dat sit.ddd";
09      regex pattern("([a-z]+).(txt)");
10      auto filepos=sregex_iterator(filenames.cbegin(), filenames.end(), pattern);
11      auto fileend=sregex_iterator();
12      for(;filepos!=fileend;filepos++)
13      {
14          smatch m= * filepos;
15          cout << m.str()<<'\t'<< m.str(1)<<'\t'<< m.str(2)<< endl;
16      }
17      return 0;
18  }
```

运行结果:

```
readme.txt      readme  txt
hello.txt       hello   txt
```

代码分析:

(1) 正则表达式的匹配。代码第 9 行中使用([a-z]+).(txt)对第 8 行代码中声明的字符串 filenames 进行匹配,最终匹配的结果分别为 readme.txt 和 hello.txt。

(2) 迭代器遍历。第 10 行使用 sregex_iterator(BidirIt a, BidirIt b,const regex_type& re)来构造一个迭代器,这里是用正则表达式 re 来匹配[a,b]范围之内的字符串,第 11 行构造了一个指向结束位置 end 的迭代器。

第 12 行对迭代器进行遍历,其中的每一项匹配为一个 smatch 项目,其中的 str()表示完整地匹配,str(1)表示第 1 个子匹配,str(2)表示第 2 个子匹配。

【例 15.26】 regex_token_iterator 使用示例。

程序代码:

```
01  #include <iostream>
02  #include <string>
03  #include <regex>
04  #include <vector>
```

```cpp
05    using namespace std;
06
07    int main()
08    {
09        string filenames = "readme.txt movie.dat hello.txt bye.dat sit.ddd";
10        regex pattern1("([a-z]+).(txt)");
11        auto filepos=sregex_token_iterator(filenames.cbegin(),
12                                  filenames.end(),
13                                  pattern1,
14                                  {0,1,2});
15        auto fileend=sregex_token_iterator();
16        cout <<"1)"<< endl;
17        for(;filepos!=fileend;filepos++)
18        {
19            cout << filepos->str()<<'\t';
20        }
21        vector<int> v={0,1};
22        filepos=sregex_token_iterator(filenames.cbegin(),
23                                  filenames.end(),
24                                  pattern1,
25                                  v);
26        fileend=sregex_token_iterator();
27        cout <<"\n2)"<< endl;
28        for(;filepos!=fileend;filepos++)
29        {
30            cout << filepos->str()<<'\t';
31        }
32        regex pattern2("\\s+");
33        filepos=sregex_token_iterator(filenames.cbegin(),
34                                  filenames.end(),
35                                  pattern2,
36                                  -1);
37        fileend=sregex_token_iterator();
38        cout <<"\n3)"<< endl;
39        for(;filepos!=fileend;filepos++)
40        {
41            cout << *filepos << endl;
42        }
43        return 0;
44    }
```

运行结果:

```
1)
readme.txt    readme    txt      hello.txt    hello    txt
2)
readme.txt    readme    hello.txt    hello
3)
readme.txt
movie.dat
hello.txt
bye.dat
sit.ddd
```

代码分析：

（1）**regex_token_iterator 构造**。迭代器可以使用 regex_token_iterator(BidirIt a, BidirIt b, const regex_type& & re, initializer_list<int> submatches)，这里最后一个参数可以用初始化列表、向量、数组或者某一特定数值。

代码第 11~14 行最后一个参数使用了初始化列表，表示第 0,1,2 三项子匹配。代码第 22~25 行使用了向量来表示最后一个参数，表示第 0,1 两项子匹配。第 33~36 行的最后一个参数使用-1，表示与正则表达式不匹配的项，第 32 行表示与空格匹配的正则表达式，则 filenames 中所有不与空格匹配的项将构成迭代器。

（2）**迭代器遍历**。sregex_token_iterator()默认构造函数为指向 end 的迭代器，则从头到尾的遍历将列出 regex_token_iterator 中指向的所有匹配或不匹配的子项。

15.7　本章小结

本章介绍了 C++的一些常用的技术，包括异常处理、命名空间预处理技术、匿名函数、字符串类、正则表达式等。其中异常处理可以处理程序运行过程中的差错或例外，简化程序设计的工作量；命名空间可以更清晰地管理系统中所用到的各类实体；预处理器指令可以简化源程序在不同执行环境下的编译过程；匿名函数让开发人员更加容易专注在当前需要解决的问题上，从而提高程序设计的效率；字符串 string 类提供了比字符数组更简洁、更直观的处理方法；正则表达式是一种字符串模式匹配工具，可以用来高效处理文本。

俗话说"艺多不压身"，掌握 C++的更多开发技术可以进一步提高程序设计能力，更高效地进行软件开发。

习题 15

1. 编写一个程序，求解一元二次方程的解，当 $\Delta < 0$ 则抛出异常。

2. 编写一个程序，分别在两个命名空间 A 以及 B 中定义同名的 Student 类，该类的要求：

（1）包括学号、姓名。

（2）构造函数。

（3）show()方法，一个类中只是显示学号，另一个类只是显示姓名。

在 main 函数中创建这两个同名的 Student 类对象，并调用其显示方法。

3. 编写一个程序，其中定义结构体 Teacher(成员包括：工号、姓名)，在 main()函数中定义匿名函数，显示 Teacher 结构体信息。

4. 编写一个程序，使用 string 类定义一个 n 个元素的单词序列，并利用选择排序对此序列按照字典序升序排列。

5. 编写一个程序，利用正规表达式对于 C++中定义的标识符进行合法性检测(不考虑关键字)。

6. 现在有一个网站对用户输入的密码合法性进行检测，密码的具体要求：

(1) 不少于 6 个字符。

(2) 输入的字符只可以为数字、小写字母、大写字母。

编写一个程序,利用正规表达式对用户输入的密码进行合法性检测。

7. 网络爬虫程序可以根据一个网页中所包含的链接进一步采集更多的网页,从而可以完成大量网页的收集。现在要求编写一个程序,可以遍历出一个网页文件(*.html)中所有的链接。

第 *16* 章

标准模板库

CHAPTER *16*

标准模板库(Standard Template Library,STL)是 C++ 的重要组成部分,它由一组通用的模板类和函数组成,提供一些常用的数据结构和算法。STL 的设计思想是将数据结构和算法进行分离,以提高代码的复用性和可读性。STL 的主要组件包括容器、迭代器、算法、函数对象和适配器等。

由于篇幅限制,在此不再赘述,关于标准模板库的详细内容见"正文随录 1"二维码。

正文随录 1

习题 16

1. 定义一个 Student 类,满足要求:
(1) 两个私有成员:学号、姓名、分数。
(2) 构造函数。
(3) 显示方法 show(),输出学号、姓名、分数。
在 main() 函数中可以输入任意数量的学生信息,最后将学生信息按照分数从高到低排序。提示:使用 vector。

2. 编写一个程序,将两份学生名单表合并(只保留唯一的姓名)。提示:使用 set。

3. 设计一个支持英语释义的字典,用户输入某个单词,则程序给出对应单词的解释。提示:使用 map。

4. 编写一个程序,统计某一语句中各单词的数量。提示:使用 map。

5. n 个用户排成一圈,按照从 1~m 轮流报数,报数 m(m≤n) 的人离开,请输出每一次离开的人员以及剩下的人员编号。提示:使用 list。

6. 编写一个程序,将十进制整数转换为十六进制数。提示:使用 stack。

7. 自然数集合 Blah,对于以 a 为基的集合 Ba 定义如下:
(1) a 是集合 Ba 的基,且 a 是 Ba 的第一个元素;
(2) 如果 x 在集合 Ba 中,则 2x+1 和 3x+1 也都在集合 Ba 中;
(3) 没有其他元素在集合 Ba 中了。
如果将集合 Ba 中的元素按照升序排列,第 N 个元素会是多少?用户输入:两个数,分别为 Blah 集合的基 a 以及所求元素序号 n。提示:使用 set 或 queue。

第17章

项目实践

CHAPTER 17

  C++语言功能强大,可以开发多种场景下的应用软件,根据常见的应用软件开发所需的技术来分类,可以分成控制台应用、图形用户界面(GUI)应用、数据库应用、网络应用、游戏应用等。本章将针对每一种应用步骤化地讲解如何开发相应的示例程序,以方便快捷参考。

  在很多应用场景下,纯粹依靠C++的标准库还是不够的,需要一些功能更丰富的类库,比如在开发针对 Windows 平台上的应用时,开发人员可以引入微软的 MFC 类库,该库封装了大量的适用于 Windows 平台的类,对于开发人员来说非常方便,MFC 类库在微软的 Visual Studio 软件包中提供了,所以在涉及图形界面(GUI)应用时,将采用 Visual Studio 编译器开发示例(本书示例利用 Visual Studio 2010 旗舰试用版编译器设计,经实践检验更高版本的 VS 编译器也均支持)。

  由于篇幅限制,在此不再赘述,关于项目实践的详细内容见"正文随录 2"二维码。

正文随录 2

附录 A　ASCII 表

ASCII 表见表 A.1 所示。

表 A.1　ASCII 表

ASCII	缩写	多国字符名	ASCII	缩写	多国字符名	ASCII	缩写	多国字符名
0	NUL	空字符	34	"	引号(双引号)	68	D	大写字母 D
1	SOH	标题起始(Ctrl/A)	35	#	数字符号	69	E	大写字母 E
2	STX	文本起始(Ctrl/B)	36	$	美元符	70	F	大写字母 F
3	ETX	文本结束(Ctrl/C)	37	%	百分号	71	G	大写字母 G
4	EOT	传输结束(Ctrl/D)	38	&	和号	72	H	大写字母 H
5	ENQ	询问(Ctrl/E)	39	'	省略号(单引号)	73	I	大写字母 I
6	ACK	认可(Ctrl/F)	40	(	左圆括号	74	J	大写字母 J
7	BEL	铃(Ctrl/G)	41	)	右圆括号	75	K	大写字母 K
8	BS	退格(Ctrl/H)	42	*	星号	76	L	大写字母 L
9	HT	水平制表栏(Ctrl/I)	43	+	加号	77	M	大写字母 M
10	LF	换行(Ctrl/J)	44	,	逗号	78	N	大写字母 N
11	VT	垂直制表栏(Ctrl/K)	45	—	连字号或减号	79	O	大写字母 O
12	FF	换页(Ctrl/L)	46	.	句点或小数点	80	P	大写字母 P
13	CR	回车(Ctrl/M)	47	/	斜杠	81	Q	大写字母 Q
14	SO	移出(Ctrl/N)	48	0	零	82	R	大写字母 R
15	SI	移入(Ctrl/O)	49	1	1	83	S	大写字母 S
16	DLE	数据链接丢失(Ctrl/P)	50	2	2	84	T	大写字母 T
17	DC1	设备控制 1(Ctrl/Q)	51	3	3	85	U	大写字母 U
18	DC2	设备控制 2(Ctrl/R)	52	4	4	86	V	大写字母 V
19	DC3	设备控制 3(Ctrl/S)	53	5	5	87	W	大写字母 W
20	DC4	设备控制 4(Ctrl/T)	54	6	6	88	X	大写字母 X
21	NAK	否定接受(Ctrl/U)	55	7	7	89	Y	大写字母 Y
22	SYN	同步闲置符(Ctrl/V)	56	8	8	90	Z	大写字母 Z
23	ETB	传输块结束(Ctrl/W)	57	9	9	91	[	左方括号
24	CAN	取消(Ctrl/X)	58	:	冒号	92	\	反斜杠
25	EM	媒体结束(Ctrl/Y)	59	;	分号	93	]	右方括号
26	SUB	替换(Ctrl/Z)	60	<	小于	94	^	音调符号
27	ESC	换码符	61	=	等于	95	_	下画线
28	FS	文件分隔符	62	>	大于	96	`	重音符
29	GS	组分隔符	63	?	问号	97	a	小写字母 a
30	RS	记录分隔符	64	@	商业 at 符号	98	b	小写字母 b
31	US	单位分隔符	65	A	大写字母 A	99	c	小写字母 c
32	SP	空格	66	B	大写字母 B	100	d	小写字母 d
33	!	感叹号	67	C	大写字母 C	101	e	小写字母 e

续表

ASCII	缩写	多国字符名	ASCII	缩写	多国字符名	ASCII	缩写	多国字符名
102	f	小写字母 f	111	o	小写字母 o	120	x	小写字母 x
103	g	小写字母 g	112	p	小写字母 p	121	y	小写字母 y
104	h	小写字母 h	113	q	小写字母 q	122	z	小写字母 z
105	i	小写字母 i	114	r	小写字母 r	123	{	左花括号
106	j	小写字母 j	115	s	小写字母 s	124			垂直线
107	k	小写字母 k	116	t	小写字母 t	125	}	右花括号(ALTMODE)
108	l	小写字母 l	117	u	小写字母 u	126	~	代字号(ALTMODE)
109	m	小写字母 m	118	v	小写字母 v	127	DEL	擦掉(DELETE)
110	n	小写字母 n	119	w	小写字母 w			

（1）ASCII 表中的前 32 个字符是不可打印的控制代码，用于控制打印机等外围设备。

（2）代码 32～127 适用于 ASCII 表的所有不同变体，被称为可打印字符，代表字母、数字、标点符号和一些其他符号。字符 127 表示命令 DEL。

附录 B 数的进制

数的进制是指表示数值时所使用的基数或底数。常见的进制系统包括十进制、二进制、八进制和十六进制。下面是这些进制的表示规则。

(1) 十进制(Decimal)：十进制是我们日常生活中最常用的进制系统，用 0~9 的 10 个数字表示。例如，十进制下的 23 展开表示为 $23=2\times10^1+3\times10^0$。

(2) 二进制(Binary)：二进制是数字系统中最基本的进制，只用到 0 和 1 这两个数字表示。例如，二进制下的 101 展开表示为 $101=1\times2^2+0\times2^1+1\times2^0$。

(3) 八进制(Octal)：八进制是基数为 8 的进制，用到了 0~7 这 8 个数字表示。例如，八进制下的 37 展开表示为 $37=3\times8^1+7\times8^0$。

(4) 十六进制(Hexadecimal)：十六进制是基数为 16 的进制，用到了 0~9 以及字母 A~F 来表示 10 到 15 的数字。例如，十六进制下的 3A 展开表示为 $3A=3\times16^1+10\times16^0$。

在进制转换时，可以使用以下规则。

(1) 十进制转换为其他进制：通过**不断除以新的进制的基数，将余数逆序排列**即可得到对应的进制表示。例如，将十进制的 27 转换为二进制，可以进行以下步骤：27/2=13 余 1，13/2=6 余 1，6/2=3 余 0，3/2=1 余 1，1/2=0 余 1，所以 27 的二进制表示为 11011。

(2) 其他进制转换为十进制：根据进制和对应的权值将各位数相乘，然后相加得到十进制的结果。例如，将二进制下的 101 表示为十进制数，因为二进制 101 的展开表示为 $101=1\times2^2+0\times2^1+1\times2^0=5$，所以二进制的 101 即为十进制的 5。

(3) 其他进制之间的转换：可以通过先将数字转换为十进制，再将十进制转换为目标进制来完成。例如，将二进制的 11011 转换为八进制，第一步先转换为十进制得到 27，然后将 27 转换为八进制得到 33。所以二进制的 11011 转换为八进制为 33。

附录 C 转义字符表

转义字符表如表 C.1 所示。

表 C.1 转义字符表

转义字符	描述
\\	反斜杠字符
\'	单引号字符
\"	双引号字符
\?	问号字符
\a	报警字符(通常是蜂鸣声)
\b	退格(将光标向左移动一个位置)
\f	换页(将光标移动到下一页的开头)
\n	换行(将光标移动到下一行的开头)
\r	回车(将光标移动到当前行的开头)
\t	水平制表符(通常是 Tab 键,将光标向前移动到下一个制表位)
\v	垂直制表符(将光标向下移动到下一个制表位)
\0	空字符(null 字符)
\ddd	八进制数表示的字符(ddd 是 1~3 位的八进制数)
\xhh	十六进制数表示的字符(hh 是 1 或 2 位的十六进制数)

注意,ddd 和 hh 是占位符,代表具体的数字。例如\101 表示八进制数 101,对应的 ASCII 字符是 'A';\x41 表示十六进制数 41,也对应 ASCII 字符的'A'。

附录 D C++关键字

下面是 C++ 中一些常用的关键字及其含义。另外,C++ 11 及以后的版本引入了一些新的关键字。

(1) 基本数据类型。

char：声明字符类型变量或函数返回类型。
int：声明整型变量或函数返回类型。
long：声明长整型变量或函数返回类型。
short：声明短整型变量或函数返回类型。
float：声明单精度浮点类型变量或函数返回类型。
double：声明双精度浮点类型变量或函数返回类型。
void：声明无类型或函数不返回任何值。
bool：声明布尔类型变量,可以取值为 true 或 false。
wchar_t：声明宽字符类型变量或函数返回类型。

(2) 控制流。

if：用于条件判断。
else：用于 if 语句中的替代操作。
switch：用于多路选择。
case：在 switch 语句中定义一个条件。
default：在 switch 语句中指定默认操作。
while：用于 while 循环。
do：用于 do-while 循环。
for：用于 for 循环。
break：用于跳出循环或 switch 语句。
continue：在循环中跳过当前迭代。
goto：无条件跳转到标签语句。
return：从函数返回一个值。

(3) 存储类。

auto：用于自动类型推导。
extern：声明一个变量或函数在其他地方定义。
static：声明静态变量或函数。
register：(已弃用)建议编译器将变量存储在寄存器中。
mutable：在类内部声明一个可修改的常量成员。
thread_local：声明一个线程局部存储的变量。

(4) 类和对象相关。

class：声明一个类。

struct：声明一个结构体。
union：声明一个联合体。
enum：声明枚举类型。
private：在类中声明私有成员。
protected：在类中声明受保护成员。
public：在类中声明公有成员。
friend：声明一个友元函数或类。
virtual：声明一个虚函数。
inline：建议编译器内联一个函数。
explicit：防止构造函数进行隐式类型转换。

（5）异常处理。

try：用于捕获异常的代码块。
catch：用于捕获异常。
throw：抛出一个异常。

（6）类型转换。

static_cast：进行编译时类型转换。
dynamic_cast：进行动态类型转换。
reinterpret_cast：进行任意类型转换。
const_cast：进行常量类型转换。

（7）模板和泛型编程。

template：声明一个模板类或函数。
typename：在模板代码中声明类型名。

（8）其他。

namespace：声明一个命名空间。
using：引入命名空间或类型别名。
typeid：获取对象的类型信息。
nullptr：表示空指针。
constexpr：用于编译时常量表达式的计算。
decltype：根据表达式推断类型。
noexcept：指定函数不会抛出异常。
alignas：指定变量或类型的对齐要求。

附录 E 二进制编码

原码、反码和补码是三种使用二进制表示数值的方法,它们主要用于解决二进制数的加减运算问题。

(1) 原码。原码是最直接的二进制表示方法。对于正数,它的原码就是其二进制表示;对于负数,其原码的最高位(符号位)为 1,其余位表示该数的绝对值。例如,假设我们有一个 8 位的二进制数,那么:

+5 的原码是 0000 0101
−5 的原码是 1000 0101

(2) 反码。反码用于简化减法运算。正数的反码与其原码相同,而负数的反码是其原码除符号位外其他位取反。例如:

+5 的反码是 0000 0101(与原码相同)
−5 的反码是 1111 1010(除符号位外,其余位取反)

(3) 补码。补码是目前计算机系统中最常用的数值表示方法。正数的补码与其原码和反码相同,而负数的补码是其反码加 1。例如:

+5 的补码是 0000 0101(与原码和反码相同)
−5 的补码是 1111 1011(反码为 1111 1010,加 1 得到补码)

使用补码在计算机系统中表示具有很多很好的应用。

(1) **加减运算**。在计算机中,加减运算都是通过补码进行的。由于补码表示法使得减法可以通过加法实现(即 A−B=A+(−B)的补码),因此大大简化了计算机的算术逻辑单元(ALU)的设计。

(2) **内存存储**。在计算机内存中,无论是整数、浮点数还是字符,都是以二进制补码的形式存储的。这样做的原因是为了简化 CPU 的运算。

(3) **溢出检测**。在补码表示法中,当两个正数相加或两个负数相加的结果超出了能表示的最大正数或最小负数时,就会发生溢出。通过检查运算结果的最高位和次高位(符号位和溢出位)可以检测到这种溢出。

附录 F 浮点数存储格式

C++中的浮点数类型为 float(单精度)和 double(双精度),这两种类型的存储格式遵循 IEEE 754 国际标准,浮点数以科学记数法的标准化形式表示。

1. 存储格式

(1) float。对于 float 类型,IEEE 754 标准规定其需要占用 32 位(4 字节),具体存储格式如下:

① 符号位:1 位,确定数值的正负,0 表示正数,1 表示负数。
② 指数位:8 位,表示数值的范围。
③ 尾数位:23 位,表示数值的精度。

(2) double。对于 double 类型,IEEE 754 标准规定其需要占用 64 位(8 字节),具体存储格式如下:

① 符号位:1 位,同样用来表示数值的正负。
② 指数位:11 位,相比单精度有更广的表示范围。
③ 尾数位:52 位,提供了比单精度更高的精度。

2. 存储示例

符号位决定了浮点数的正负;指数位用来表示数值的大小。指数位使用的是偏移量,对于 float 类型,偏移量通常是 127,而 double 类型通常是 1023。这意味着指数的实际值需要减去偏移量;尾数位也称为小数部分或有效数字,它表示数值的精确度。在 IEEE 754 标准中,尾数部分通常有一个隐含的 1(对于非去尾数的表示),所以实际存储的尾数部分不包括这个 1。

比如,使用 float 类型 4 字节来存储 8.125,计算过程如下:

(1) 将数据转化为二进制表示的整数和小数部分:8.125=1000.001(二进制)。

(2) 对于 float 类型,将其转换为 1.xxxxxx 的形式,其中 xxxxxx 是二进制小数,并且小数点位于两个二进制位之间。同时,指数部分将反映这个转换的步数。对于 8.125,可以将其标准化为 1.000001×2^3,可以看出指数值为 3。

(3) 获得各个成分:由于 8.125 是正数,符号位为 0;指数部分的存储需要偏移量,对于 float 类型,偏移量是 127,因此将实际指数 3 加上偏移量 127,得到 130。130 的二进制表示为 10000010;尾数部分是除去隐含的 1 之后的小数部分,并且要补足 23 位。对于 8.125,我们已经将其标准化为 1 开头的形式,所以小数部分是 000001,为了补足 23 位,需要在其后面补足 18 个 0(因为 000001 已经占用了 5 位,所以还需要 23−5=18 位):00000100000000000000000。

(4) 组合:将符号位、指数部分、尾数部分组合起来,最后形成 8.125 的 float 类型表示的存储形式为:

符号位	指数	尾数
0	10000010	00000100000000000000000

3. 特殊情况

IEEE 754 标准还定义了以下几种特殊的浮点数值。

(1) 零：当指数位全为 0，尾数位也全为 0 时，表示 +0 或 -0。

(2) 无穷大：当指数位全为 1，尾数位全为 0 时，表示正无穷或负无穷，取决于符号位。

(3) NaN(非数字)：当指数位全为 1，尾数位不全为 0 时，表示一个未定义的数值。

可以看出，由于进制转化后的二进制表示位数的限制，不是所有在表示范围内的浮点数都可以无损地使用 float 或 double 类型的数据来表示。

附录G 运算符优先级

在C++中,运算符的优先级决定了表达式中操作的执行顺序。当多个运算符出现在同一个表达式中时,优先级决定了哪些操作先执行,哪些操作后执行。

以下是C++中运算符的优先级从高到低的列表:

(1) 后缀运算符(例如：func()，x.mem，x->mem)。
(2) 单目运算符(例如：++，--，!，~，+，-，*，&，sizeof)。
(3) 乘法类运算符(从左到右结合性：*，/，%)。
(4) 加法类运算符(从左到右结合性：+，-)。
(5) 移位运算符(从左到右结合性：<<，>>)。
(6) 关系运算符(从左到右结合性：<，<=，>，>=)。
(7) 相等运算符(从左到右结合性：==，!=)。
(8) 按位与运算符(从左到右结合性：&)。
(9) 按位异或运算符(从左到右结合性：^)。
(10) 按位或运算符(从左到右结合性)：|)。
(11) 逻辑与运算符(从左到右结合性：&&)。
(12) 逻辑或运算符(从左到右结合性：||)。
(13) 条件运算符(三目运算符,从右到左结合性：?:)。
(14) 赋值运算符(从右到左结合性：=，+=，-=，*=，/=，%=，<<=，>>=，&=，^=，|=)。
(15) 逗号运算符(从左到右结合性：,)。

此外,**括号()可以用来改变运算的顺序,它们具有最高的优先级**。在表达式中使用括号可以强制优先计算括号内的部分。

附录 H 常用数学函数

C++标准库中的<cmath>头文件提供了一组数学函数,常用的函数如下:
(1) 绝对值和基础算术函数。
abs(x):计算整数 x 的绝对值。
fabs(x):计算浮点数 x 的绝对值。
fmod(x,y):计算两个浮点数的余数。
remainder(x,y):计算两个浮点数的余数,与 fmod(x,y)功能类似但有区别。
fdim(x,y):计算两个浮点数差值的正数部分。若 x>y,返回 x-y;如果 x≤y,则返回 0。
(2) 幂函数。
pow(x,y):计算一个数 x 的 y 次幂。
sqrt(x):计算 x 的平方根。
cbrt(x):计算 x 的立方根。
(3) 指数函数。
exp(x):计算自然指数 e 的 x 次幂。
exp2(x):计算 2 的 x 次幂。
expm1(x):计算 exp(x)-1 的值。
(4) 对数函数。
log(x):计算 x 的自然对数。
log10(x):计算以 10 为底的 x 的对数。
log2(x):计算以 2 为底的 x 的对数。
log1p(x):计算 log(1+x) 的值。
(5) 三角函数。
sin(x):计算 x 的正弦值。
cos(x):计算 x 的余弦值。
tan(x):计算 x 的正切值。
asin(x):计算 x 的反正弦值。
acos(x):计算 x 的反余弦值。
atan(x):计算 x 的反正切值。
atan2(x,y):计算两个参数的比值(x/y)的反正切值,即计算 atan(x/y)。
(6) 双曲函数。
sinh(x):计算 x 的双曲正弦值。
cosh(x):计算 x 的双曲余弦值。
tanh(x):计算 x 的双曲正切值。
asinh(x):计算 x 的反双曲正弦值。
acosh(x):计算 x 的反双曲余弦值。

atanh(x)：计算 x 的反双曲正切值。

（7）浮点数操作。

ceil(x)：计算大于或等于给定浮点数 x 的最小整数。

floor(x)：计算小于或等于给定浮点数 x 的最大整数。

trunc(x)：计算给定浮点数 x 的整数部分。

round(x)：将给定浮点数 x 四舍五入到最近的整数。

lround(x)：将给定浮点数 x 四舍五入到最近的整数，并返回 long 类型。

llround(x)：将给定浮点数 x 四舍五入到最近的整数，并返回 long long 类型。

nearbyint(x)：将给定浮点数 x 舍入到最近的整数，但不会引发异常。

rint(x)：将给定浮点数 x 舍入到最近的整数，并返回浮点数类型。

lrint(x)：将给定浮点数 x 舍入到最近的整数，并返回 long 类型。

llrint(x)：将给定浮点数 x 舍入到最近的整数，并返回 long long 类型。

frexp(x,&y)：将浮点数 x 分解为尾数（返回值）和指数 y，这里以 2 为底。

ldexp(x,y)：计算浮点数 x 乘以 2 的 y 次指数幂，与 frexp() 函数互逆。

modf(x,&y)：将浮点数 x 分解为整数 y 部分和小数部分（返回值）。

scalbn(x,y)：计算浮点数 x 乘以 2 的 y 次整数幂，功能类似于 ldep(x,y)。

ilogb(x)：计算浮点数 x 的以 2 为底的对数的整数部分。

logb(x)：计算浮点数 x 的以 2 为底的对数。

nextafter(x,y)：计算给定浮点数 x 的下一个可表示的值，更接近第二个参数 y。

copysign(x,y)：复制第二个参数 y 的符号到第一个参数 x。

（8）误差函数和伽玛函数。

erf(x)：计算误差函数，即计算 $\frac{2}{\sqrt{\pi}}\int_{0}^{x}e^{-t^2}dt$。

erfc(x)：计算互补误差函数，相当于 1−erf(x)。

tgamma(x)：计算伽玛函数，相当于 (x−1)!。

lgamma(x)：计算伽玛函数的自然对数，相当于 log(tgamma(x))。

（9）特殊数值。

HUGE_VAL：表示无穷大的宏。

INFINITY：表示正无穷大的宏。

NAN：表示不是一个数字的宏。

附录 I　正则表达式字符

（1）**普通字符**。除了特殊字符和符号外，所有其他字符都被视为普通字符，直接匹配输入字符串中对应的字符。

（2）**元字符（Metacharacters）**。

'.'：匹配除了换行符以外的任意字符。

'\w'：匹配任何字母数字字符（包括下画线）。

'\W'：匹配任何非字母数字字符（包括下画线），与'\w'相反。

'\d'：匹配任何数字字符。

'\D'：匹配任何非数字字符，与'\d'相反。

'\s'：匹配任何空白字符（包括空格、制表符、换行符等）。

'\S'：匹配任何非空白字符（包括空格、制表符、换行符等），与'\s'相反。

'\b'：匹配单词的边界。

'^'：匹配输入字符串的开始位置。

'$'：匹配输入字符串的结束位置。

'|'：表示逻辑或操作，用于匹配多个表达式中的任意一个。

（3）**字符类（Character Classes）**。

'[abc]'：匹配 abc 中的任意一个字符。

'[^abc]'：匹配除了 abc 之外的任意字符。

'[a-z]'：匹配任意小写字母。

'[A-Z]'：匹配任意大写字母。

'[0-9]'：匹配任意数字。

（4）**量词（Quantifiers）**。

'*'：匹配前一个表达式零次或多次。

'+'：匹配前一个表达式一次或多次。

'?'：匹配前一个表达式零次或一次。

'{n}'：匹配前一个表达式恰好 n 次。

'{n,}'：匹配前一个表达式至少 n 次。

'{n,m}'：匹配前一个表达式至少 n 次但不超过 m 次。

（5）**转义字符（Escape Characters）**。

'\'：用于转义下一个字符，使其不再具有特殊含义。例如，'\.'匹配字符'.'而不是元字符'.'。

（6）**分组（Grouping）**。

'()'：用于将多个表达式组合在一起形成子表达式，可以指定子表达式的数量和重复次数。

参 考 文 献

[1] 谭浩强. C++程序设计[M]. 4版. 北京：清华大学出版社，2021.
[2] LIANG Y D. C++程序设计(英文版)[M]. 3版. 北京：机械工业出版社，2013.
[3] STROUSTRUP B. C++之旅[M]. 3版. 北京：电子工业出版社，2023.
[4] PROSISE J. MFC Windows 程序设计[M]. 2版. 北京：清华大学出版社，2022.
[5] 刘德山，金百东. C++ STL 基础及应用[M]. 2版. 北京：清华大学出版社，2015.